国家出版基金资助项目

现代数学中的著名定理纵横谈丛书

丛书主编　王梓坤

SCHWARZ LEMMA

刘培杰数学工作室　编译

内容简介

本书系统地介绍了 Schwarz 引理、保角映射以及复函数的逼近，并且着重地介绍了 Carathéodory 和 Kobayashi 度量及其在复分析中的应用. 论述深入浅出，简明生动，读后有益于提高数学修养，开阔知识视野.

本书可供从事这一数学分支相关学科的数学工作者、大学生以及数学爱好者研读.

图书在版编目(CIP)数据

Schwarz 引理/刘培杰数学工作室编译. —哈尔滨：哈尔滨工业大学出版社，2016.5

(现代数学中的著名定理纵横谈丛书)

ISBN 978－7－5603－5876－5

Ⅰ.①S… Ⅱ.①刘… Ⅲ.①多复变函数论 Ⅳ.①O174.56

中国版本图书馆 CIP 数据核字(2016)第 035207 号

策划编辑 刘培杰 张永芹
责任编辑 张永芹 刘立娟
封面设计 孙茵艾
出版发行 哈尔滨工业大学出版社
社 址 哈尔滨市南岗区复华四道街 10 号 邮编 150006
传 真 0451－86414749
网 址 http://hitpress.hit.edu.cn
印 刷 哈尔滨市石桥印务有限公司
开 本 787mm×960mm 1/16 印张 17.75 字数 183 千字
版 次 2016 年 5 月第 1 版 2016 年 5 月第 1 次印刷
书 号 ISBN 978－7－5603－5876－5
定 价 68.00 元

◎代序

读书的乐趣

你最喜爱什么——书籍.

你经常去哪里——书店.

你最大的乐趣是什么——读书.

这是友人提出的问题和我的回答.真的,我这一辈子算是和书籍,特别是好书结下了不解之缘.有人说,读书要费那么大的劲,又发不了财,读它做什么?我却至今不悔,不仅不悔,反而情趣越来越浓.想当年,我也曾爱打球,也曾爱下棋,对操琴也有兴趣,还登台伴奏过.但后来却都一一断交,“终身不复鼓琴”.那原因便是怕花费时间,玩物丧志,误了我的大事——求学.这当然过激了一些.剩下来唯有读书一事,自幼至今,无日少废,谓之书痴也可,谓之书橱也可,管它呢,人各有志,不可相强.我的一生大志,便是教书,而当教师,不多读书是不行的.

读好书是一种乐趣,一种情操;一种向全世界古往今来的伟人和名人求教的方法，一种和他们展开讨论的方式；一封出席各种社会、体验各种生活、结识各种人物的邀请信；一张迈进科学宫殿和未知世界的入场券；一股改造自己、丰富自己的强大力量．书籍是全人类有史以来共同创造的财富，是永不枯竭的智慧的源泉．失意时读书，可以使人重整旗鼓；得意时读书，可以使人头脑清醒；疑难时读书，可以得到解答或启示；年轻人读书，可明奋进之道；年老人读书，能知健神之理．浩浩乎！洋洋乎！如临大海，或波涛汹涌，或清风微拂，取之不尽，用之不竭．吾于读书，无疑义矣，三日不读，则头脑麻木，心摇摇无主．

潜能需要激发

我和书籍结缘，开始于一次非常偶然的机会．大概是八九岁吧，家里穷得揭不开锅，我每天从早到晚都要去田园里帮工．一天，偶然从旧木柜阴湿的角落里，找到一本蜡光纸的小书，自然很破了．屋内光线暗淡，又是黄昏时分，只好拿到大门外去看．封面已经脱落，扉页上写的是《薛仁贵征东》．管它呢，且往下看．第一回的标题已忘记，只是那首开卷诗不知为什么至今仍记忆犹新：

日出遥遥一点红，飘飘四海影无踪．

三岁孩童千两价，保主跨海去征东．

第一句指山东，二、三两句分别点出薛仁贵（雪、人贵）．那时识字很少，半看半猜，居然引起了我极大的兴趣，同时也教我认识了许多生字．这是我有生以来独立看的第一本书．尝到甜头以后，我便千方百计去找书，向小朋友借，到亲友家找，居然断断续续看了《薛丁山征西》《彭公案》《二度梅》等，樊梨花便成了我心中的女英雄.我真入迷了.从此,放牛也罢,车水也罢,我总要带一本书,还练出了边走田间小路边读书的本领,读得津津有味,不知人间别有他事.

当我们安静下来回想往事时,往往会发现一些偶然的小事却影响了自己的一生.如果不是找到那本《薛仁贵征东》,我的好学心也许激发不起来.我这一生,也许会走另一条路.人的潜能,好比一座汽油库,星星之火,可以使它雷声隆隆、光照天地;但若少了这粒火星,它便会成为一潭死水,永归沉寂.

抄,总抄得起

好不容易上了中学,做完功课还有点时间,便常光顾图书馆.好书借了实在舍不得还,但买不到也买不起,便下决心动手抄书.抄,总抄得起.我抄过林语堂写的《高级英文法》,抄过英文的《英文典大全》,还抄过《孙子兵法》,这本书实在爱得狠了,竟一口气抄了两份.人们虽知抄书之苦,未知抄书之益,抄完毫末俱见,一览无余,胜读十遍.

始于精于一,返于精于博

关于康有为的教学法,他的弟子梁启超说:"康先生之教,专标专精、涉猎二条,无专精则不能成,无涉猎则不能通也."可见康有为强烈要求学生把专精和广博(即"涉猎")相结合.

在先后次序上,我认为要从精于一开始.首先应集中精力学好专业,并在专业的科研中做出成绩,然后逐步扩大领域,力求多方面的精.年轻时,我曾精读杜布(J. L. Doob)的《随机过程论》,哈尔莫斯(P. R. Halmos)的《测度论》等世界数学名著,使我终身受益.简言之,即"始于精于一,返于精于博".正如中国革命一样,必须先有一块根据地,站稳后再开创几块,最后连成一片.

丰富我文采,澡雪我精神

辛苦了一周,人相当疲劳了,每到星期六,我便到旧书店走走,这已成为生活中的一部分,多年如此.一次,偶然看到一套《纲鉴易知录》,编者之一便是选编《古文观止》的吴楚材.这部书提纲挈领地讲中国历史,上自盘古氏,直到明末,记事简明,文字古雅,又富于故事性,便把这部书从头到尾读了一遍.从此启发了我读史书的兴趣.

我爱读中国的古典小说,例如《三国演义》和《东周列国志》.我常对人说,这两部书简直是世界上政治阴谋诡计大全.即以近年来极时髦的人质问题(伊朗人质、劫机人质等),这些书中早就有了,秦始皇的父亲便是受害者,堪称"人质之父".

《庄子》超尘绝俗,不屑于名利.其中"秋水""解牛"诸篇,诚绝唱也.《论语》束身严谨,勇于面世,"己所不欲,勿施于人",有长者之风.司马迁的《报任少卿书》,读之我心两伤,既伤少卿,又伤司马;我不知道少卿是否收到这封信,希望有人做点研究.我也爱读鲁迅的杂文,果戈理、梅里美的小说.我非常敬重文天祥、秋瑾的人品,常记他们的诗句:"人生自古谁无死,留取丹心照汗青""谁言女子非英物,夜夜龙泉壁上鸣".唐诗、宋词、《西厢记》《牡丹亭》,丰富我文采,澡雪我精神,其中精粹,实是人间神品.

读了邓拓的《燕山夜话》,既叹服其广博,也使我动了写《科学发现纵横谈》的心.不料这本小册子竟给我招来了上千封鼓励信.以后人们便写出了许许多多的“纵横谈”.

从学生时代起,我就喜读方法论方面的论著.我想,做什么事情都要讲究方法,追求效率、效果和效益,方法好能事半而功倍.我很留心一些著名科学家、文学家写的心得体会和经验.我曾惊讶为什么巴尔扎克在51年短短的一生中能写出上百本书,并从他的传记中去寻找答案.文史哲和科学的海洋无边无际,先哲们的明智之光沐浴着人们的心灵,我衷心感谢他们的恩惠.

读书的另一面

以上我谈了读书的好处,现在要回过头来说说事情的另一面.

读书要选择.世上有各种各样的书:有的不值一看,有的只值看20分钟,有的可看5年,有的可保存一辈子,有的将永远不朽.即使是不朽的超级名著,由于我们的精力与时间有限,也必须加以选择.决不要看坏书,对一般书,要学会速读.

读书要多思考.应该想想,作者说得对吗?完全吗?适合今天的情况吗?从书本中迅速获得效果的好办法是有的放矢地读书,带着问题去读,或偏重某一方面去读.这时我们的思维处于主动寻找的地位,就像猎人追找猎物一样主动,很快就能找到答案,或者发现书中的问题.

有的书浏览即止,有的要读出声来,有的要心头记住,有的要笔头记录.对重要的专业书或名著,要勤做笔记,“不动笔墨不读书”.动脑加动手,手脑并用,既可加深理解,又可避忘备查,特别是自己的灵感,更要及时抓住.清代章学诚在《文史通义》中说:“札记之功必不可少,如不札记,则无穷妙绪如雨珠落大海矣.”

许多大事业、大作品,都是长期积累和短期突击相结合的产物.涓涓不息,将成江河;无此涓涓,何来江河?

爱好读书是许多伟人的共同特性,不仅学者专家如此,一些大政治家、大军事家也如此.曹操、康熙、拿破仑、毛泽东都是手不释卷,嗜书如命的人.他们的巨大成就与毕生刻苦自学密切相关.

王梓坤

目录

§1 几道数学竞赛培训题

北京大学社会学教授郑也夫指出：中国教育的一大弊病是过度复习，为拿高分花大量时间去做类似的问题，数学竞赛也不例外，培训试题太多.

先来看三道复数的竞赛培训试题.

试题 1 已知 $z,a,x\in\mathbf{C}$，$x=\dfrac{a-z}{1-a\bar{z}}$，且 $|z|=1$，求证：$|x|=1$.

试题 2 证明：若对 $z_1,z_2\in\mathbf{C}$，$|z_1-\bar{z}_2|=|1-z_1z_2|$ 成立，则 $|z_1|$，$|z_2|$ 中至少有一个等于 1.

试题 3 设 $z,w\in\mathbf{C}$，且 $z\neq w$，$|z|=2$，求 $\left|\dfrac{z-w}{4-\bar{z}w}\right|$ 的值.

这三个问题的共同之处在于都出现形式 $\dfrac{z_1-z_2}{1-\bar{z}_1z_2}$，在试题 2 中只是将 z_2 令为 $\bar{z}_2$，于是有

$$\left|\frac{z_1-\bar{z}_2}{1-\bar{z}_1\bar{z}_2}\right|=\frac{|z_1-\bar{z}_2|}{1-\bar{z}_1\bar{z}_2}=\frac{|z_1-\bar{z}_2|}{|1-z_1z_2|}$$

在试题 3 中令 $z_1=\dfrac{z}{|z|}$，$z_2=\dfrac{w}{2}$，则 $z=2z_1$，$w=2z_2$ 代入 $\left|\dfrac{z-w}{4-\bar{z}w}\right|$ 中得 $\left|\dfrac{2z_1-2z_2}{4-4\bar{z}_1z_2}\right|=\dfrac{1}{2}\left|\dfrac{z_1-z_2}{1-\bar{z}_1z_2}\right|$.

再看一道培训讲座例题(《中学生数学》2005 增刊

第六讲复数，长沙市雅礼中学杨日武).

设 $|a|<1$，对复平面上任何点 z，$\left|\frac{z-a}{1-\bar{a}z}\right|$ 或者小于 1，或者等于 1，或者大于 1，从而整个平面分成三个子集. 所述的条件等价于

$$|z-a|^2 \lesseqgtr |1-\bar{a}z|^2$$

或

$$(1-|a|^2)(|z|^2-1) \lesseqgtr 0$$

第一个集合是开圆盘 $|z|<1$，第二个集合是单位圆周 $|z|=1$，第三个集合是闭单位圆盘的外部 $|z|>1$，对于 $z=\infty$，该表达式的值为 $|a|^{-1}$，从而 $z=\infty$ 属于第三个集合.

§2　保角映射

一般地说,在域 D 定义的函数 $w=f(z)$,把 D 内的曲线

$$C:z(t)=x(t)+\mathrm{i}g(t),a\leqslant t\leqslant b$$

映射为 w 平面的曲线

$$\Gamma:f(z(t))=f(x(t)+\mathrm{i}g(t)),a\leqslant t\leqslant b$$

称 Γ 为在 f 下 C 的象(图 1).

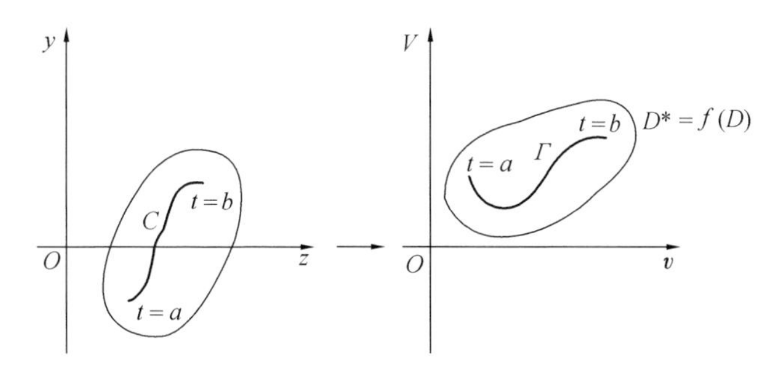

图 1

下面我们建立保角映射的概念:

设 C_1,C_2 为通过 z_C 的两条光滑曲线,在 $w=f(z)$ 下,它们在 w 平面的象为 Γ_1,Γ_2,当在 z_0 处 C_1,C_2 的切线夹角与 $w_0=f(z_0)$ 处 Γ_1,Γ_2 的切线的夹角,包括角的取向在内相等时,则称 $w=f(z)$ 在 z_0 保角映射. 最容易而且基本的保角映射即一次映射

$$w=f(z)=\frac{az+b}{cz+d},ad-bc\neq 0$$

这种类型的有理数称为一次函数，由此函数决定的从 z 平面到 w 平面的映射称为一次映射.

一次映射具有下列重要性质：

定理 1(圆圆对应)　一次映射将 z 平面上的圆变为 w 平面上的圆，但直线看作圆的一种.

定理 2(镜像原理)　如在一次映射下 z 平面的圆 O 变为 w 平面上的圆 O'，则关于圆 O 互相处于镜像位置的两点 P,Q 变为关于圆 O' 处于镜像位置的两点.

利用以上两定理可证明 1920 年 A. Winternitz 在《Monatsh Math.》Vol. 30：123 证明的如下结论：

设 C 是单位圆内的一个圆周，则存在单位圆到其自身的形如

$$w=e^{i\alpha}\frac{z-a}{1-\bar{a}z}$$

的变换，它把圆周 C 映射到以原点为中心的圆周.

证明　按假设，沿圆周 C 我们有

$$\left|\frac{z-a}{1-\bar{a}z}\right|=\text{常数}$$

即 a 和 $\frac{1}{\bar{a}}$(若 $a=0$，则为 0 和 ∞) 是关于 C 以及单位圆周公共的调和点对. 设 z_0 表示 C 的圆心，r 为其半径，$z_0\neq 0, r<1-|z_0|$，则 $a(|a|<1)$ 满足二次方程

$$(a-z_0)\left(\frac{1}{\bar{a}}-\bar{z}_0\right)=r^2$$

或

$$(|a|-|z_0|)\left(\frac{1}{|a|}-|z_0|\right)=r^2$$

其中 $\arg a=\arg z_0$，a 是任意的.

§3　一道德意志联邦共和国竞赛题

上述保角变换在竞赛试题中时有出现.

1981年德意志联邦共和国数学竞赛第二试有一题如下:

试题 4　如果一个平面到其自身上的一一映射将每一个圆变换为一个圆.证明:该变换一定将每一条直线变换为一条直线.

注　一个平面到其自身上的一一映射是这样一种映射,它满足:

(1) 将平面上的每一个点唯一地映射为平面上的某一点;

(2) 不同的点映射为不同的点;

(3) 平面上每一点都是某一点的象点.

证明　设此平面为π,平面π上的那个一一映射记为$f(x)$,其逆映射记为$f^{-1}(x)$,显然它也是一个平面π上的一一映射,下面我们只需证明:

(1) 设平面π上有一点A,且$f(A)=A'$,那么一定有

f(过点A的一条直线L)$\supseteq$过点A'的某条直线L'

这是因为我们若过点A作一圆B,使B和L相切(图2),由假设可知,圆B一定被f映射为另一个圆B',即

$$f(B)=B'$$

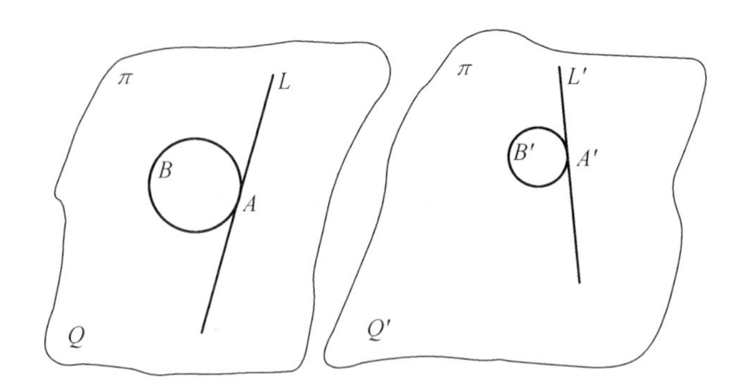

图 2

因为 $f(A)=A'$，所以圆 B' 一定过点 A'，过点 A' 作圆 B' 的切线 L'，我们就是要证明

$$f(L)\supseteq L'$$

因为我们把平面 π 上除直线 L 以外的部分记为 Q，直线 L' 以外的部分记为 Q'，这就有

$$L\cap Q'=\varnothing,\pi=L\cap Q$$

$$L'\cap Q=\varnothing,\pi=L'\cap Q'$$

因为平面 π 上 Q 中的每一点，若不是 B 上的点，此点记为 C，那么一定可以作一圆 D，使 D 过 A，C 两点，而且与圆 B 相切. 因为 f 将圆映射为圆，若记 $f(D)=D'$，那么 D' 一定是一圆，而且此圆过 A'，亦一定与圆 B' 相切. 因圆 B 与圆 D 只有一个交点，所以圆 B' 与圆 D' 亦只能有一个交点，因此圆 D' 与圆 B' 相切于 A'. 再记 $f(C)=C'$，那么 C' 一定在圆 D' 上(图 3)，也就是 C' 一定在 Q' 内，所以

$$f(Q)\subseteq Q'$$

因为 $\pi=f(Q)\cup f(L)$，而且

$$f(A)\cap f(L)=\varnothing$$

所以

$$f(L) \supseteq L'$$

这也就是

f(过点 A 的一条直线 L) $\supseteq$ 过点 A' 的某条直线 L'

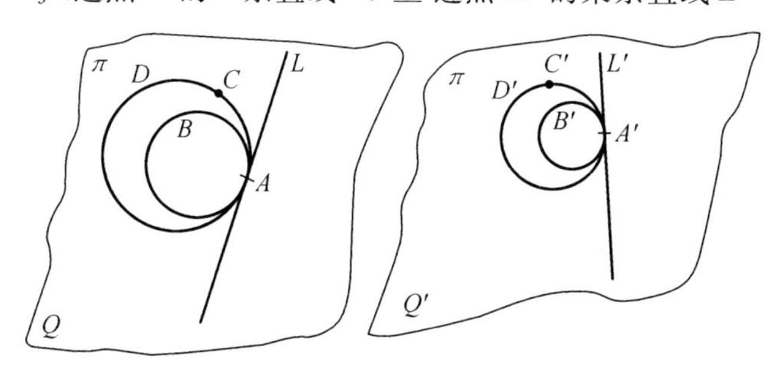

图 3

(2) 我们要证明:f^{-1} 亦是将圆映射为圆. 设平面上有一圆 E',其上有三点 H'_1, H'_2, H'_3,设

$$H_1 = f^{-1}(H'_1)$$
$$H_2 = f^{-1}(H'_2)$$
$$H_3 = f^{-1}(H'_3)$$

我们首先证明一定可以选择 H'_1, H'_2, H'_3,使 H_1, H_2, H_3 三点是不共线的,否则的话,对圆 E' 上的任意三点 H'_1, H'_2, H'_3,一定会使 H_1, H_2, H_3 共线. 固定 H'_1, H'_2,由 H_1, H_2 确定的直线记为 M. 这样,也就是 $f^{-1}(E') \subseteq M$,从而有 $E' \subseteq f(M)$,但由(1) 知

$$f(M) \subseteq \text{某直线}$$

因此有

$$E' \subseteq f(M) \subseteq \text{某直线}$$

这样 $E' \subseteq$ 某直线,但因直线决不能包含圆,所以导致矛盾,故一定存在圆 E' 上的三点 H'_1, H'_2, H'_3,使 H_1, H_2, H_3 三点不共线,这样过 H_1, H_2, H_3 三点可以确定一个圆 E(图 4). 我们要证明 $f^{-1}(E') = E$. 这是因

为 $f(E)$ 一定是一个圆，而且此圆过 H'_1, H'_2, H'_3 三点. 所以此圆一定是 E'，因此 $f(E)=E'$，也就是 $E=f^{-1}(E')$. 综上 f^{-1} 一定将圆映射为圆.

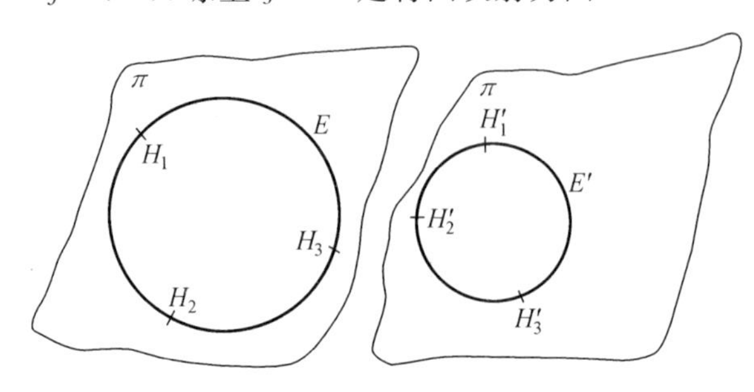

图 4

(3) 现在我们证明：f(直线)=直线. 设平面 π 上有一条直线 L，由(1) 知 $f(L)$ 一定包含一条直线 L'，即

$$f(L)\supseteq L' \tag{1}$$

再由(2) 可知，f^{-1} 亦是一个平面 π 上的一一映射，而且亦是把圆映射为圆，所以同样有

$$f^{-1}(L')\supseteq L \tag{2}$$

这也是

$$L'\supseteq f(L)$$

这样结合式(1) 与式(2)，便得

$$f(L)\supseteq L'\supseteq f(L)$$

亦即

$$f(L)=L'$$

也就是

$$f(\text{直线})=\text{直线}$$

值得指出的是保角映射在应用方面也大有前途，现在在微波通信器材设计中已经有了直接应用.

§4 Schwarz 引理

复变函数论中一个基本定理称为 Schwarz 引理.

Schwarz 引理 令 $D=\{z| \ |z|<1\}$，如果 $f:D\to C$ 在 D 内解析，$|f(z)|\leqslant 1$，并且 $f(0)=0$，那么：

(1) 在 D 内，$|f(z)|\leqslant|z|$；

(2) 如果对于 $z_0\in D-\{0\}$，$|f(z_0)|=|z_0|$，那么在 D 内，$f(z)=\lambda z$，其中 λ 是模为 1 的复常数.

在 Schwarz 引理中，对函数及其定义域做了一些特殊的假设，应用分式线性映射，可以得到比较一般的结果.

定理 3 设 $f:D\to C$ 在 D 内解析，$|f(z)|\leqslant 1$，并且 $f(z_0)=w_0$，其中 $z_0\in D$，那么在 D 内

$$\left|\frac{f(z)-w_0}{1-\overline{w}_0 f(z)}\right|\leqslant\left|\frac{z-z_0}{1-\overline{z}_0 z}\right|$$

在上式中，只有当 $f(z)$ 是分式线性映射时，等式才可能成立.

这个定理曾作为复分析的试题出现在美国加州大学洛杉矶分校（UCLA）1986 年秋季的博士资格考试中（见《数学译林》，1990 年第 4 期，P. 358）.

在 1985 年春季的试题中也出现了一道以此为素材的问题.

试题 5 对 $|\alpha|<1$，设

$$T_\alpha(z)=\frac{z-\alpha}{1-\bar{\alpha}z}$$

$\Delta\alpha=\{T_\alpha z \mid |z|\leqslant\frac{1}{2}\}$ 为圆盘，$r_\alpha=\Delta\alpha$ 为半径，$d_\alpha=\inf\{1-|w| \mid w\in\Delta\alpha\}=\Delta\alpha$ 为到 $\{|w|=1\}$ 之距离.

试证：存在有限正常数 a 和 b，使得

$$a\leqslant\inf_{|\alpha|<1}\frac{r_\alpha}{d_\alpha}\leqslant\sup_{|\alpha|<1}\frac{r_\alpha}{d_\alpha}\leqslant b$$

§5　同时代的两位 Schwarz

中文译名为许瓦兹的著名数学家共有三位.

在数学史上有两位同时代的 Schwarz,其中一位是捷克数学家 Schwarz,1914 年 5 月 18 日出生,曾任捷克科学院院士、斯洛伐克工学院教授.他是半群论的创立者之一,尤其在拓扑半群论方面做出了贡献,曾获得捷克国家奖金和劳动勋章.

我们要介绍的是另一位德国的 Schwarz,他 1843 年 1 月 25 日生于赫尔姆斯多夫.1860 年进入柏林工业学院学习,1864 年毕业并获得哲学博士学位,他开始学习化学,后受 Kummer(库默尔)和 Weirstrass(魏尔斯特拉斯)影响转攻数学,1867 年任助理教授,两年后转为正教授,在苏黎世瑞士工业大学任教,1875 年到哥廷根主持数学讲座,1892 年作为 Weirstrass 的继任者赴柏林大学就职.任教期间当选为普鲁士科学院和巴伐利亚科学院院士,并和 Kummer 的一个女儿结了婚.Schwarz 作为数学家具有极强的几何直觉.

1884 年,Schwarz 对三维空间的等周问题,提供了严密的解法,并且他还用纯几何的方法解决了如下问题:求每个顶点都在已知锐角三角形的三条边上,且周长最短的三角形.Schwarz 得到的结论是此三角形的三个顶点是已知锐角三角形三条高的垂足.1880 年,Schwarz 在给 Hermite(埃尔米特)的信中指出,当时教科书中的曲面面积概念有问题,并举出一个著名的反例.根据这个例子证明了,用当时通常采用的曲面面积的概念会得出一个确定的圆柱面的面积的值可以是任何实数,甚至是无穷大的结论.于是他用测度的概念重新给出了曲面面积的合理的定义.

另外一个容易弄混的数学家也译为许瓦兹,但他的名字中多了一个字母 t,即 Schwartz,这是一位法国大数学家,现代概率论的主要奠基人莱维是他的岳父,Schwartz 是法国布尔巴基学派的创始人,曾获 1950 年第二届菲尔兹奖.

§6　一个伯克利问题

1977年加利福尼亚大学伯克利分校数学系开始了面向博士学位的数学笔试，作为对博士生最主要的要求之一.

在1991年的试题中有一题为：

试题6　令函数 f 在单位圆盘中是解析的，具有 $|f(z)|\leqslant 1$ 且 $f(0)=0$，假设在 $(0,1)$ 中有一个数 r 使得 $f(r)=f(-r)=0$，证明

$$|f(z)|\leqslant|z|\left|\frac{z^2-r^2}{1-r^2z^2}\right|$$

证明　Schwarz引理意味着函数 $f_1(z)=\frac{f(z)}{z}$ 满足 $|f_1(z)|\leqslant 1$，由前文知，线性分式映射 $z\mapsto\frac{z-r}{1-rz}$ $(r\in\mathbf{R}\Rightarrow\bar{r}=r)$ 将单位圆盘映满它自身，应用Schwarz引理到函数 $f_2(z)=f_1\left(\frac{z-r}{1-rz}\right)$ 上，我们断言函数 $f_3(x)=\frac{f_1(x)}{\frac{z+r}{1+rz}}$ 满足 $|f_3(z)|\leqslant 1$，类似地，(映射 $z\mapsto\frac{z+r}{1+rz}$ 将单位圆映满它自身) 把Schwarz引理应用于函数 $f_4(z)=f_3\left(\frac{z+r}{1+rz}\right)$，意味着函数 $f_5(z)=\frac{f_3(z)}{\frac{z-r}{1-rz}}$ 满足 $|f_5(z)|\leqslant 1$，于是，合在一起有

$$|f(z)| \leqslant |z| \left|\frac{z-r}{1-rz}\right| \left|\frac{z+r}{1+rz}\right| |f_5(z)| \leqslant$$
$$|z| \left|\frac{z-r}{1-rz}\right| \left|\frac{z+r}{1+rz}\right|$$

即为所求的不等式.

另外还有许多类似的问题:

问题 1 设 f 是解析函数,对于 $|z|<1$ 有 $|f(z)|<1$. 考虑函数 $g: D \to D$,它的定义是

$$g(z)=\frac{f(z)-a}{1-\bar{a}f(z)}$$

其中 $a=f(0)$. 证明:对于 $|z|<1$ 有

$$\frac{|f(0)|-|z|}{1-|f(0)||z|} \leqslant |f(z)| \leqslant \frac{|f(0)|+|z|}{1+|f(0)||z|}$$

问题 2 设 f 在 $D=\{z \mid |z|<1\}$ 内是解析的,并且假设对于 D 内所有的 z 都有 $|f(z)| \leqslant M$.

(1) 如果对于 $1 \leqslant k \leqslant n$ 有 $f(z_k)=0$,证明:对于 $|z|<1$,有

$$|f(z)| \leqslant M \prod_{k=1}^{n} \frac{|z-z_k|}{|1-\bar{z}_k z|}$$

(2) 如果对于 $1 \leqslant k \leqslant n$ 有 $f(z_k)=0$,其中每一个 $z_k \neq 0$,且 $f(0)=m\mathrm{e}^{\mathrm{i}d}(z_1 z_2 \cdots z_n)$,求关于 f 的公式.

设函数 $f(z)$ 在单位圆 $|z|<1$ 内正则,有零点 $z_1, z_2, \cdots, z_n$,又设 $f(z)$ 在 $|z|<1$ 内有界,则在 $|z|<1$ 内成立更强的不等式

$$|f(z)| \leqslant \left|\frac{z-z_1}{1-\bar{z}_1 z} \cdot \frac{z-z_2}{1-\bar{z}_2 z} \cdot \cdots \cdot \frac{z-z_n}{1-\bar{z}_n z}\right| M$$

等号在开圆盘 $|z|<1$ 的每一点上或者都成立,或者都不成立.

§7 中国大学生夏令营试题

与美国普特南竞赛相应的有中国大学生数学夏令营,该夏令营由中国科学院数学研究所举办,命题者多为中国著名数学家.可惜只办了十届就停止了.

在其试题中我们也发现了保角映射 $w=\dfrac{z+z_0}{1+z\overline{z}_0}$.

以下的试题及解答选自许以超、陆柱家主编的《中国大学生数学夏令营题解》.

试题7 设 $f(z)$ 为单位圆盘 $D=\{z\in \mathbf{C}\mid |z|<1\}$ 上的全纯函数,在 $|z|=1$ 上有 $|f(z)|\leqslant 1$,又设 $z_0\in D$ 是 $f(z)$ 的一个 m 重零点,z_0 满足

$$|z_0|\leqslant \frac{m-1}{m}$$

其中 m 是正整数,$m\geqslant 2$,试证

$$|f(-z_0)|<\mathrm{e}^{-\frac{1}{2m}}$$

(第四届全国大学生数学夏令营试题)

证明 考虑到单位圆盘 D 到自身上的一一保角变换

$$w=\frac{z+z_0}{1+z\overline{z}_0}$$

于是在 D 上有全纯函数

$$g(z)=f\left(\frac{z+z_0}{1+z\overline{z}_0}\right)$$

由题设,于是有 $|g(z)|\leqslant 1$ 在 $|z|=1$ 上成立.令

z_0 为 $f(z)$ 之 m 重零点，而 $g(0)=f(z_0)$，所以原点为 $g(z)$ 的 m 重零点. 在原点附近将 $g(z)$ 展成幂级数，便知道函数

$$h(z)=\begin{cases}\dfrac{g(z)}{z^m}, z\neq 0, \mid z\mid\leqslant 1\\ \dfrac{1}{m!}\ \dfrac{\mathrm{d}^m g(z)}{\mathrm{d}z^m}\bigg|_{z=0}, z=0\end{cases}$$

在单位圆盘 D 上全纯，且在单位圆周 $|z|=1$ 上有

$$|h(z)|=|g(z)|\leqslant 1$$

当 $h(z)$ 为常数时，有 $g(z)=cz^m$，其中 c 为复数，且 $|c|\leqslant 1$；当 $h(z)$ 不是常数时，由最大模原理可知在单位圆盘 D 上

$$|h(z)|<1$$

即

$$|g(z)|<|z|^m$$

总之，有

$$|g(z)|\leqslant|z|^m, \forall z\in D$$

即

$$\left|f\left(\frac{z+z_0}{1+\bar{z}_0 z}\right)\right|\leqslant|z|^m, \forall z\in D$$

令

$$z'=\frac{z+z_0}{1+\bar{z}_0 z}$$

有

$$z'+z'z\bar{z}_0=z+z_0$$

即有

$$(1-\bar{z}_0 z')z=z'-z_0$$

令 $|z_0|<1$，$|z'|<1$，所以

$$z=\frac{z'-z_0}{1-\bar{z}_0 z'}$$

这证明了

$$|f(z)| \leqslant \left|\frac{z-z_0}{1-\bar{z}_0 z}\right|^m, \forall z \in D$$

特别地

$$|f(-z_0)| \leqslant \left|\frac{-2z_0}{1+|z_0|^2}\right|^m = \frac{2^m |z_0|^m}{(1+|z_0|^2)^m}$$

注意到题设

$$|z_0| \leqslant \frac{m-1}{m}$$

记 $|z_0| = x$，有 $0 \leqslant x \leqslant \frac{m-1}{m}$，而对 $k(x) = \frac{2x}{1+x^2}$ 有

$$k'(x) > 0, 0 \leqslant x \leqslant \frac{m-1}{m}$$

所以在区间 $\left[0, \frac{m-1}{m}\right]$ 上，$k(x)$ 单调递增，因此在此区间上

$$k(x) \leqslant \frac{\frac{2(m-1)}{m}}{1+\left(\frac{m-1}{m}\right)^2} = \frac{2m(m-1)}{m^2+(m-1)^2} = \frac{2m^2-2m}{2m^2-2m+1}$$

即证明了

$$|f(-z_0)| \leqslant \left(\frac{2m^2-2m}{2m^2-2m+1}\right)^m = \left(\frac{2m^2-2m+1}{2m(m-1)}\right)^{-m} = \left(1+\frac{1}{2m(m-1)}\right)^{-m}$$

为了证 $|f(-z_0)| < e^{-\frac{1}{2m}}$，需要证

$$\ln|f(-z_0)| < -\frac{1}{2m}$$

今已知

$$\ln|f(-z_0)|\leqslant -m\ln\left(1+\frac{1}{2m(m-1)}\right)$$

问题化为要证

$$\ln\left(1+\frac{1}{2m(m-1)}\right)>\frac{1}{2m^2}$$

事实上,考虑函数

$$l(x)=\ln(1+x)-\frac{m-1}{m}x$$

有

$$\frac{\mathrm{d}l(x)}{\mathrm{d}x}=\frac{1}{1+x}-\frac{m-1}{m}$$

因此当 $0<x<\frac{1}{m-1}$ 时有

$$\frac{m-1}{m}<\frac{1}{1+\lambda}<1$$

所以$\frac{\mathrm{d}l(x)}{\mathrm{d}x}>0$,即在开区间$\left(0,\frac{1}{m-1}\right)$中 $l(x)$ 严格单调递增. 今 $l(0)=0$,所以由

$$0<\frac{1}{2m(m-1)}<\frac{1}{m-1}$$

得

$$\ln\left(1+\frac{1}{2m(m-1)}\right)-\frac{m-1}{m}\cdot\frac{1}{2m(m-1)}>0$$

即

$$\ln\left(1+\frac{1}{2m(m-1)}\right)>\frac{1}{2m^2}$$

注 若设 $f(z)$ 在点 $z=z_0$ 有 $m-1$ 重零点,则题设不成立. 事实上,令

$$z_0=\frac{m-1}{m}$$

$$f(z)=\left(\frac{z-z_0}{1-\bar{z}_0 z}\right)^{m-1}$$

则

$$f(-z_0)=\left(\frac{-2z_0}{1+|z_0|^2}\right)^{m-1}$$

因此

$$|f(-z_0)|=\left(\frac{\frac{2(m-1)}{m}}{1+\left(\frac{m-1}{m}\right)^2}\right)^{m-1}=$$

$$\left(\frac{2m(m-1)}{m^2+(m-1)^2}\right)^{m-1}=$$

$$\left(\frac{2m^2-2m+1}{2m^2-2m}\right)^{-m+1}=$$

$$\left(1+\frac{1}{2m(m-1)}\right)^{1-m}>\mathrm{e}^{-\frac{1}{2m}}$$

§8　与非欧几何的联系

Euclid(欧几里得)《几何原本》中的第五公设(即平行公设)曾引起人们广泛的关注. 人们试图用其他公设证明它,但都失败了. 1837 年 Lobachevsky(罗巴切夫斯基)提出了与 Euclid 第五公设不同的公设,并在此基础上建立了一种新几何,打破了传统欧氏几何一统天下的局面. 然而,Lobachevsky 几何在开始时很长一段时间内不为人们所接受,因为它没有一个实在模型. 第一个这样的模型是 Beltrami(贝尔特拉米)给出的,将 Lobachevsky 几何局部地在伪球面上实现,后来,Klein(克莱因)与 Poincaré(庞加莱)先后给出了非欧几何的整体模型,使 Lobachevsky 几何在单位圆内实现,从此人们对它有了某种真实感,Poincaré 的模型尤其受到人们的关注,这是因为解析函数在 Poincaré 度量下有许多优美的性质.

Poincaré 将单位圆 Δ 设想为一张 Lobachevsky 平面,单位圆内与单位圆周正交的圆弧视作非欧直线,两条非欧直线之交角就是两圆弧在交点处的夹角. 非欧圆同样定义为到一点(非欧圆心)非欧距离等于常数的点的集合,它实际上也是一个欧氏圆周,但一般说来非欧圆心与欧氏圆心不重合, 在此观点之下, Lobachevsky 几何中的所有命题都变成了单位圆内关于圆弧或圆周的命题,成为一种真实自然的几何现象.

这就是为什么将 Poincaré 度量称作非欧度量的缘由.

G. Pick 对 A. Winternitz 定理做了一个几何解释:把 z 平面上的单位圆盘映射成 w 平面上的单位圆盘,并且把前一圆盘内一点 z_0 映射成后一圆盘的原点的分式线性映射是

$$w = e^{i\alpha}\frac{z - z_0}{1 - \bar{z}_0 z} \tag{1}$$

其中 α 是一实数. 我们也可把 z 和 w 两平面上的单位圆盘看作 z 平面上的同一单位圆盘 D,于是式(1) 可看作把 D 中的点映射成 D 中的点 w,而把 D 整体保持不变的分式线性映射. 让 z_0 及 α 变动,全部式(1) 型的分式线性映射构成一个群 G. 我们可以在 D 内建立一种非欧几何,即把 D 看成一种非欧平面的象,在 D 内任意两点间,可定义非欧距离,它在群 G 中的映射下保持不变.

设 G 中的映射(1) 把 D 内不同两点 z_1 及 z_2 映射成 D 内不同两点 w_1 及 w_2,通过计算得到

$$w_1 = w_2 = e^{i\alpha}\frac{(z_1 - z_2)(1 - |z_0|^2)}{(1 - \bar{z}_0 z_1)(1 - \bar{z}_0 z_2)}$$

$$1 - \bar{w}_1 w_2 = \frac{(1 - \bar{z}_1 z_2)(1 - |z_0|^2)}{(1 - \bar{z}_0 z_1)(1 - \bar{z}_0 z_2)}$$

从而

$$\left|\frac{z_1 - z_2}{1 - \bar{z}_1 z_2}\right| = \left|\frac{w_1 - w_2}{1 - \bar{w}_1 w_2}\right| \tag{2}$$

于是

$$\delta(z_1, z_2) = \left|\frac{z_1 - z_2}{1 - \bar{z}_1 z_2}\right| \tag{3}$$

是群 G 中映射下的不变式.

在式(2) 中令 $z_1 \to z_2$,可以推出:在 D 内

$$\left|\frac{\mathrm{d}w}{\mathrm{d}z}\right|=\frac{1-|w|^2}{1-|z|^2}$$

亦即

$$\frac{|\mathrm{d}w|}{1-|w|^2}=\frac{|\mathrm{d}z|}{1-|z|^2}$$

于是可取在群 G 中映射下不变的微分式

$$\mathrm{d}s=\frac{z|\mathrm{d}z|}{1-|z|^2}$$

作为双曲长度(一种非欧长度)元素,在这种度量下,D 内任何可求长曲线 γ 有非欧长度

$$\int_\gamma \frac{z|\mathrm{d}z|}{1-|z|^2}$$

它在 G 中映射下不变.

关于这个 G. Pick 的观点可参见余家荣、路见可主编的《复变函数专题选讲(一)》(高等教育出版社,1993). 进一步论述可见 Mats Andersson 著《复分析中的若干论题》(Topics in Complex Analysis,清华大学出版社,2005).

§9　与多复变函数论的联系

Schwarz 引理的研究一直是多复变数函数论中一个活跃的领域，我们知道单复变函数的 Schwarz 引理是考虑在单位圆 B 内解析的函数 $f(z)$，当 $|f(z)|\leqslant 1$，且 $f(0)=0$ 时，则有 $|f(z)|\leqslant|z|$. 原来 Schwarz 的证明仅仅对 $f(z)$ 是单叶的情形，而现在为人们所熟知的形式和证明实际上是来源于 C. Carathéodory，而 Pick 则给出了 Schwarz 引理的几何含义，即若 $f:B\to B$ 是解析映射，则对于 B 中任两点 z_1, z_2，有

$$\left|\frac{f(z_1)-f(z_2)}{1-\overline{f(z_1)}f(z_2)}\right|\leqslant\left|\frac{z_1-z_2}{1-\bar{z}_1 z_2}\right| \tag{1}$$

这等价于对任一点 $z\in B$，有

$$\frac{|f'(z)|}{1-|f(z)|^2}\leqslant\frac{1}{1-|z|^2} \tag{2}$$

等式在一点成立当且仅当 f 是把 B 一一地映为 B.

第一个不等式的几何含义是在解析映射下非欧距离缩小，第二个不等式是非欧体积缩小，这两个结论在单复变数中是等价的.

由于 Schwarz 引理在单复变函数论中应用很广泛，所以很多人都致力于把它推广到多复变数，有的人研究距离缩小，有的人研究体积缩小，这两者在多复变数中通常是不等价的.

如 Carathéodory 在 $\mathbf{C}^n$ 的有界域 D 中引进度量

$$M_D(a,b)=\sup_{\varphi\in\varepsilon(0)}E(\varphi(a),\varphi(b))$$

其中

$$E(t_1,t_2)=\frac{1}{2}\ln\frac{1+\left|\dfrac{t_2-t_1}{1-\bar{t}_1t_2}\right|}{1-\left|\dfrac{t_1-t_2}{1-\bar{t}_1t_2}\right|}$$

表示单位圆 B 中两点 t_1,t_2 的非欧距离. $\varepsilon(D)$ 表示在 D 中解析的函数适合 $|\varphi|<1$ 的集合, a,b 为 D 中任意两点,这个度量被称为 Carathéodory 度量,它是距离缩小的,即若 $f:D\rightarrow D$ 是解析映射,则对任两点 $a,b\in D$ 有

$$M_D(f(a),f(b))\leqslant M_D(a,b)$$

在一般情形仅知道 $M_D(a,b)$ 是 a 与 b 的连续函数,而并不是 a 与 b 的可微分函数,因此不能由此导出一个微分度量,故不能由此直接得出体积缩小的结论.

§ 10　复函数的逼近

线性逼近的问题可做如下描述.设 φ 是定义在某个确定空间 A 上函数的集,f 是定义在 A 上的函数,问能否求得一个接近于函数 f 的线性组合 $P=a_1\varphi_1+\cdots+a_n\varphi_n$(其中 $\varphi_i\in\varphi$)? 这里有两个先决的问题:其一是选择集 φ,其二是确定 P 与 f 之间偏差的度量.

设 z 是实或复标量的 Banach(巴拿赫)空间(完备的赋范线性空间),又设 $\boldsymbol{x}_1,\cdots,\boldsymbol{x}_n$ 是 z 中给定的向量,考察形如 $\boldsymbol{y}=\sum_{i=1}^{n}a_i\boldsymbol{x}_i$ 的线性组合(多项式),其中 a_i 是标量.对于每个 $\boldsymbol{x}\in z$,$\boldsymbol{x}$ 借助多项式 $\boldsymbol{y}$ 的逼近阶 $E_n(\boldsymbol{x})$ 为

$$E(\boldsymbol{x})=E_n(\boldsymbol{x})=\inf_{\boldsymbol{y}}\|\boldsymbol{x}-\boldsymbol{y}\|$$

倘若下确界在某个 $\boldsymbol{y}=\boldsymbol{y}_0$ 所达到,则称此 $\boldsymbol{y}_0$ 为 $\boldsymbol{x}$ 的最佳逼近线性组合,或最佳逼近多项式.

考察在圆 A:$|z|\leqslant 1$ 上的函数 $f(z)=(z-\alpha)^{-1}$,α 是复常数,且 $|\alpha|>1$,设

$$P_n(z)=\frac{1}{z-\alpha}-Cz^n\frac{\bar{\alpha}z-1}{z-\alpha}=\frac{1-Cz^n(\bar{\alpha}z-1)}{z-\alpha}\tag{1}$$

显然,P_n 是 n 阶多项式当且仅当

$$1-C\alpha^n(\bar{\alpha}\alpha-1)=0$$

于是,设

$$C=\frac{\alpha^{-n}}{|\alpha|^{2}-1} \tag{2}$$

1959 年 Al'per 在《Uspehi》上发表了题为“Asymptotic Values of Best Approximation of Analytic Functions in a Complex Domain”的论文，他证明了下面的定理：

Al'per **定理** 设 P_n 和 C 由式(1)与式(2)定义，那么 P_n 是 f 的最佳逼近多项式，且

$$E_n(f)=C$$

证明 对于 $|z|=1$，有

$$\left|\frac{\bar{\alpha}z-1}{z-\alpha}\right|=\left|\frac{\frac{\alpha}{z}-1}{z-\alpha}\right|=1$$

又因为$\frac{\bar{\alpha}z-1}{z-\alpha}$是 $|z|\leqslant 1$ 中的解析函数，故当 $|z|<1$ 时，此表达式不超过1. 设 $F=f-P_n$，且设 A_0 是 A 的子集，在其上函数 $|F(z)|$ 达到它的最大值 $\|F\|$. 可以看到 A_0 恰恰就是圆周 $|z|=1$，并且 $\|F\|=|C|$.

余下还要证明：不存在 n 阶多项式 Q_n，使得

$$|F(z)-Q_n(z)|<|C|,\ |z|\leqslant 1$$

证明可参见 G. G. Lorentz《函数逼近论》(上海：上海科学技术出版社，1981).

§11 与插值问题的联系

在单位圆内全纯的函数 $f(z)$ 称为属于 $H^p(0<p<+\infty)$ 空间，如果

$$\sup_{T<1}\left\{\int_0^{2\pi}|f(re^{ix})|^p d\theta\right\}<+\infty$$

设$\{z_k\}$是$|z|<1$内的任意一点列，$\{w_k\}$为一列复数，插值问题是讨论在什么样的情况下存在函数 $f(z)\in H^p$ 使得 $f(z_k)=w_k, k=1,2,\cdots$.

1958年，L. Carleson在《Amer. J. Math.》(1958(154)：137-152) 证明了一个重要结果：若 $0<p\leqslant+\infty$，则 $T_p(H^p)=l^p$ 的充要条件是$\{z_k\}$为一致分离的.

$|z|<1$ 内的点列$\{z_k\}$称为一致分离的，如果存在正数 δ 使

$$\prod_{\substack{j=1\\ j\neq k}}^{\infty}\left|\frac{z_k-z_j}{1-\bar{z}_j z_k}\right|\geqslant\delta, k=1,2,\cdots$$

再记 T_p 为 $H^p(0<p\leqslant+\infty)$，H^∞ 为 $|z|<1$ 上全体有界全纯函数构成的空间上的线性算术，由

$$T_p(f)=\{(1-|z_k|^2)^{\frac{1}{p}}f(z_k)\}$$

定义，记 $t^p(0<p<+\infty)$ 为以数列 $(a_1,a_2,\cdots)$ 为元素构成的空间，适合条件 $z|a_j|^p<+\infty$，l^∞ 则为全体有界数列构成的空间.

§12 Carathéodory 和 Kobayashi 度量及其在复分析中的应用

1 序　言

在19世纪末，Henri Poincaré引入一个原创性的深刻思想，即在复平面开单位圆盘 D 上构造一个度量，使其在 D 的共形自映射[①]下是不变度量的思想. 单位圆盘上的共形映射是由旋转

$$\rho\theta:\zeta\to e^{i\theta}\zeta, 0\leqslant\theta<2\pi$$

和 Möbius(麦比乌斯) 变换

$$\varphi_a:\zeta\to\frac{\zeta-a}{1-\bar{a}\zeta}, a\in\mathbf{C}, |a|<1$$

生成的，其中旋转保持欧氏距离不变，而 Möbius 变换不保持欧氏距离不变(图5).

用无穷小形式描述 Poincaré 度量最为方便. 我们设

$$\rho(\boldsymbol{\xi})=\frac{1}{1-|\boldsymbol{\xi}|^2}$$

那么点 P 的向量 $\boldsymbol{\xi}$ 的 Poincaré 长度定义为

$$\|\boldsymbol{\xi}\|_{\rho,\mathrm{Poinc}}\equiv\rho(P)\cdot|\boldsymbol{\xi}|$$

---

① 通常在文献中"共形映射"意味着全纯映射. 本节中我们的用法多少有些特殊：一个共形映射一定是全纯的，并且是一对一的，通常它也是映上的. 后一属性将在上下文中标明. —— 原注

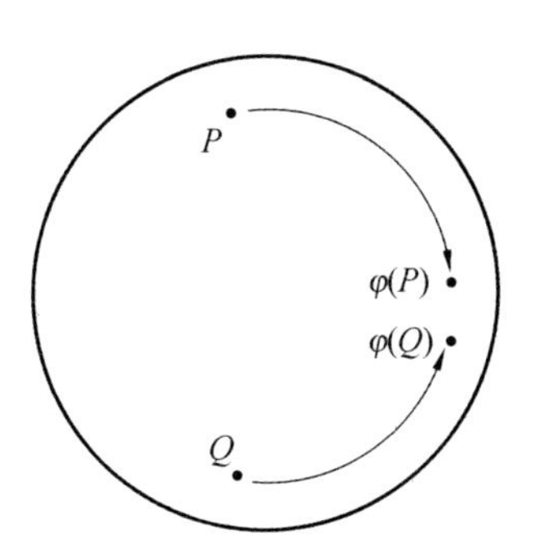

图 5　Möbius 变换不保持欧氏距离

其中 $|\boldsymbol{\xi}|$ 是向量 $\boldsymbol{\xi}$ 的欧氏长度. 本节中我们将采用 Finsler(芬斯勒) 度量的记号,我们将 Poincaré 度量表示为

$$F_P^{\Omega}(P,\boldsymbol{\xi})=\frac{|\boldsymbol{\xi}|}{1-|P|^2}$$

现在我们定义分段 C^1 曲线 $\gamma:[0,1]\to D$ 的长度为

$$L_P(\gamma)\equiv\int_0^1 F_P^{\Omega}(\gamma(t),\gamma'(t))\mathrm{d}t$$

则单位圆盘中两点 P,Q 的 Poincaré 距离,记为 $\mathrm{d}F(P,Q)$,就定义为所有联结 P,Q 两点的分段 C^1 曲线的 Poincaré 长度的下确界.

可以说 Poincaré 度量对于圆盘是特殊的. 事实上我们感兴趣的是对平面上(或高维复空间中) 的任意一个域[①],构造一个共形的或双全纯的不变度量. 有多种不同的方法来构造这种度量. 当然最典型的方法是利用单值化定理,我们将在下一节讨论这个方法. 早期

① 此处,平面中的一个域是一个连通开集. —— 原注

一个内蕴的方法和技巧是由 Stefan Bergman(伯格曼)在 1923 年给出的,Carathéodory 在 1927 年创造了另一个方法,近年来的一个方法是由小林昭七在 1967 年发展的.

Carathéodory 度量和小林度量的构造都具有基本、内蕴、灵活和易于理解的优点,可以从 Riemann(黎曼)映射定理的证明中直接得到. 这是现代数学的一个漂亮的典范. 本节将专门研究这两个度量.

2 单值化定理

Köbe 和 Poincaré 的单值化定理是 Riemann 映射定理的一个不同寻常的推广,但是本文不提供其证明,只做简要的介绍.

若 X 是一个拓扑空间,满足某些技术性假设①,则它有一个单连通的万有覆盖空间 $\hat{X}$. 这个万有覆盖空间构造如下:固定点 $x_0 \in X$,考虑从 x_0 出发的 X 中的所有路径构成的空间,覆盖映射

$$\pi : \hat{X} \to X$$

是局部全纯的.

若 X 是复平面中的一个区域 Ω,或更一般一些,是一个 Riemann 面,则万有覆盖空间 $\hat{X}$ 是一个二维量对象(因为 π 是局部全纯的),且 $\hat{X}$ 可以赋予复结构,它由 X 的复结构通过 π 局部拉回得到. 所以 $\hat{X}$ 是单连通解

① 技术性假设是指:空间是道路连通的,局部道路连通的,或半局部单连通的. 对于平面的任意开子集,或者任意 Riemann 曲面,这些条件都是当然被满足的. —— 原注

析的. 那么,它的意义是什么?

万有覆盖定理令人印象深刻地回答了这一问题. 在给出回答之前,我们先重述一下这种问题,即剥离初始材料以引导到所讨论的问题.

问题 单连通的共形等价的 Riemann 面共有哪几类?

答案 仅有的单连通的共形等价的 Riemann 面有单位圆盘、复平面 C 和 Riemann 球面 $\hat{C}$.

事实上,我们可以陈述得更多. 让我们回到上述有关动机的讨论. 如果 X 是一个球面,那么得到的万有覆盖空间 $\hat{X}$ 也是一个球面,这是仅有的以球面为万有覆盖空间的情况.

如果 X 是复平面,或是复平面除去一点,或是环面,或是圆柱面,那么万有覆盖空间 $\hat{X}$ 是平面,这是以平面为万有覆盖空间的仅有的几种情形(我们注意到,除去一点的复平面与一个柱面是共形等价的).

其他的情形,万有覆盖空间是单位圆盘. 换句话说,平面上的任何一个域,除了 C 和 $C\backslash\{0\}$,它的万有覆盖空间是单位圆盘.

这是一个非常强的结果,是研究 Riemann 面的重要工具.

现假设 U 是平面上的域,即不是 C,也不是 C 除去一点,那么它的万有覆盖空间是圆盘(或共形等价于圆盘),并且我们有覆盖映射 $\pi:D\to U$. 然后我们可以将圆盘上的 Poincaré 度量诱导到 U 上. 也就是说对于点 $P\in U$,点 P 处切向量的长度可以由 π 拉回到 D 上的向量来测量. 所以,事实上任何一个平面上的域,都可以配备一个不变度量. 我们称这种域为双曲的. 本节的一个要点是：内蕴地构造不变度量各有其优势. Carathéodory 和小林结构可以推广到更广泛的情形，甚至到多变量的复流形，并且已经被证明是函数论的重要工具.

3　源自于 Schwarz 引理和 Schwarz-Pick 引理的推动

Carathéodory 和小林度量的构造的思路以一种很自然的方式产生自 Schwarz 引理. 事实上，不变度量的构造与更一般的 Schwarz-Pick 引理更密切相关. 我们借此机会回顾一下它们的思路.

经典的 Schwarz 引理是每一个复分析课程的必不可少的部分，其中一种形式叙述如下：

引理 1　设 $f:D\to D$ 是全纯的，假设 $f(0)=0$，则：

(a) $|f(z)|\leqslant|z|$，对 $\forall z\in D$；

(b) $|f'(0)|\leqslant 1$.

下述两个陈述，至少就其重要性而言是唯一性同等的陈述：

(c) 若 $|f(z)|=|z|$ 对某个 $z\neq 0$ 成立，则 f 是一个旋转：$f(z)=\lambda z$；

(d) 若 $|f'(0)|=1$ 成立，则 f 是一个旋转.

有许多方法证明这一结果. 典型的证明是考虑 $g(z)=\dfrac{f(z)}{z}$，在圆上 $|z|=1-\varepsilon$，我们有 $g(z)\leqslant\dfrac{1}{1-\varepsilon}$，因此 $f(z)\leqslant\dfrac{|z|}{1-\varepsilon}$. 由于不等式对 $\forall\varepsilon>0$ 成立，结论(a)得证. 由 Cauchy(柯西)不等式，$|f'(0)|\leqslant 1$ 显然.

对于唯一性，如果 $|f(z)|=|z|$ 对某个 $z\neq 0$ 成

立,则 $|g(z)|=1$. 由最大模原理使得 $|f(z)|=|z|$ 对任意的 z 成立,因此 f 是一个旋转. 如果 $|f'(0)|=1$ 成立,则 $|g(0)|=1$,再由最大模原理也得到 f 是一个旋转.

Schwarz-Pick 引理不需要 $f(0)=0$ 这一较强条件,一旦我们构造了一个适当的公式,则证明是直接的:

命题 1 设 $f:D\to D$ 是全纯的. 假设 $a\neq b$ 是 D 中的两点,$f(a)=\alpha$,$f(b)=\beta$,则:

(a) $\left|\dfrac{\beta-\alpha}{1-\bar{\alpha}\beta}\right|\leqslant\left|\dfrac{b-a}{1-\bar{a}b}\right|$;

(b) $|f'(a)|\leqslant\dfrac{1-|\alpha|^2}{1-|a|^2}$.

并且同样有两个唯一性结果:

(c) 若 $\left|\dfrac{\beta-\alpha}{1-\bar{\alpha}\beta}\right|=\left|\dfrac{b-a}{1-\bar{a}b}\right|$ 成立,则 f 是单位圆盘 D 的自共形映射;

(d) 若 $|f'(a)|=\dfrac{1-|\alpha|^2}{1-|a|^2}$,则 f 是单位圆盘 D 的自共形映射.

证明 我们简要概述证明,对于 D 中的一个复数 a,有

$$\varphi_a(\zeta)=\frac{\zeta-a}{1-\bar{a}\zeta}$$

是 Möbius 变换. 这是 D 的自共形映射且将 a 映到 0. 注意到 φ_{-a} 是 φ_a 的逆变换.

现在对于给定的 f,考虑

$$g(z)=\varphi_a\cdot f\cdot\varphi_{-a}$$

则 $g:D\to D$ 且 $g(0)=0$. 于是对 g 应用 Schwarz 引理,

由引理 1 的(a) 有

$$|g(z)| \leqslant |z|$$

令 $z=\varphi_a(\zeta)$,得到

$$|\varphi_a \cdot f(\zeta)| \leqslant |\varphi_a(\zeta)|$$

将 $\zeta=b$ 代入,整理后得到

$$\left|\frac{\beta-\alpha}{1-\bar{\alpha}\beta}\right| \leqslant \left|\frac{b-a}{1-\bar{a}b}\right|$$

这就是(a).

对于(b),我们无疑有

$$|(\varphi_a \cdot f \cdot \varphi_{-a})'(0)| \leqslant 1$$

由链式法则我们有

$$\begin{aligned} &|(\varphi'_a(f \cdot \varphi_{-a}(0)))| \cdot |f'(\varphi_{-a}(0))| \cdot \\ &|(\varphi'_{-a}(0))| \leqslant 1 \end{aligned} \tag{1}$$

于是将

$$\varphi'_a(\zeta)=\frac{1-|a|^2}{(1-\bar{a}\zeta)^2}$$

代入到式(1),得到

$$\left(\frac{1-|\alpha|^2}{(1-|\alpha|^2)^2}\right) \cdot |f'(a)| \cdot (1-|a|^2) \leqslant 1$$

(b) 得证.

我们将(c) 和(d) 的证明留给读者作为练习.

量

$$\rho(a,b)=\frac{|a-b|}{|1-\bar{a}b|}$$

称为拟双曲度量. 它是 D 上的一个度量(细节留给读者). 它不等同于 Poincaré-Bergman 度量. 事实上它根本不是 Riemann 度量,但“圆盘的共形映射在拟双曲度量下是保距的”成立. 练习:利用 Schwarz-Pick 引理证明这一论断.

Schwarz-Pick 引理通常的解释是，从圆盘到圆盘的全纯函数 f，将每一个圆 $D(0,r)$，$0<r<1$ 映到它在分式线性变换下圆盘的象集内，即

$$z\to\frac{z+\alpha}{1+\bar{\alpha}z}$$

其中 $f(0)=\alpha$. 这个象集在 $-1<\alpha<1$ 的情形下是圆心在实轴上的标准欧氏圆盘，当 $0<\alpha<1$ 时，直径由以下区间给出

$$\left[\frac{\alpha-r}{1-\alpha r},\frac{\alpha+r}{1+\alpha r}\right]$$

当定义 Carathéodory 度量和小林度量时读者将会看到，Schwarz 引理所起的作用，当然，Schwarz 引理也会频繁地出现在关于这两个度量的一些基本结果的证明中.

4 关于小林度量的基本事实

按照本节开始时的 Poincaré 度量的范例，我们将定义小林度量的无穷小形式. 这就是说我们将定义每一点的切向量的长度. 我们总是假定 Ω 是连通的开集或者说 Ω 是一个域. 按照惯例，我们设 $D=\{\zeta\in C\mid|\zeta|<1\}$ 为单位圆盘，设 $\Omega(D)$ 为从 D 到 Ω 的所有全纯函数的集合. 如果 $z\in\Omega$，则我们进一步设 $\Omega^z(D)$ 为 $\Omega(D)$ 的满足 $f(0)=z$ 的子集.

设 $\Omega\subseteq C$ 是一个域，固定点 $P\in\Omega$，向量 $\boldsymbol{\xi}$ 是平面上点 P 的切向量. 我们定义 $\boldsymbol{\xi}$ 在点 P 的小林昭七或小林 — Royden 长度的无穷小形式为

$$F_K^{\Omega}(P,\boldsymbol{\xi})=\inf\{\alpha\mid\alpha>0\text{ 且 }\exists f\in\Omega(D)\text{ 满足 }f(0)=P,f'(0)=\frac{\boldsymbol{\xi}}{\alpha}\}=$$

$$\inf\left\{\frac{|\boldsymbol{\xi}|}{|f'(0)|}\,\middle|\, f\in\Omega^{P}(D)\right\}$$

一般情形下,F_K^{Ω} 不满足三角不等式.尽管如此,我们可以像 Poincaré 度量的讨论那样,从它出发构造一个度量.

注 回顾标准的现代的 Riemann 映射定理,我们指出一个不是复平面 C 的单连通域,可以构造一个 D 到 Ω 的共形映射.我们固定一个点 $P\in\Omega$,考虑由全纯映射 $\varphi:D\to\Omega$ 且 $\varphi(0)=P$ 组成的集合 S.根据正规族的理论易知存在一个元素 φ^*,使其在零点导数的模取到最大值.这个函数 φ^* 就是我们要找的共形映射.

现在来看小林－Royden 度量的定义.在点 P 和 $\boldsymbol{\xi}$ 方向这个度量是 $\frac{|\boldsymbol{\xi}|}{|f'(0)|}$ 关于圆盘到 Ω 所有全纯映射 f 的下确界.这说明与极大化 $|f'(0)|$ 相同.因此我们可以清楚 Riemann 映射定理的证明体现在小林－Royden 度量的定义中.①

定义1 设 $\Omega\subseteq C$ 是开集,$\gamma:[a,b]\to\Omega$ 是分段 C^1 曲线,那么 γ 的小林－Royden 长度定义为②

$$L_K^{\Omega}(\gamma)=L_K(\gamma)=\int_0^1 F_K^{\Omega}(\gamma(t),\gamma'(t))\mathrm{d}t$$

定义2 设 $\Omega\subseteq C$ 是开集,$z,w\in\Omega$,则 z,w 两点间的(积分后)小林－Royden 距离定义为

---

① 事实上,隐含在小林度量中的想法具有很长的历史,甚至早在1920年,T. Rado 观察同样的极佳问题,使之可以用来证明一个平面域的单值化定理.—— 原注

② 需要说明为什么 F_K^{Ω} 是可积的.事实上,不难知道 F_K^{Ω} 是下半连续的,因为它是连续函数列的下确界,而这对于可积性而言是充分的.—— 原注

$$K^{\Omega}(z,w)=K(z,w)=$$
$$\inf\{L_K(\gamma)\mid \gamma \text{ 为联结 } z,w \text{ 两点的分段 } C^1 \text{ 曲线}\}$$

当然必须注意,K^{Ω} 不需要是经典意义上的距离函数(即不是一个度量).作为一个例子,如果 Ω 是整个复平面,则 K^{Ω} 就恒等于0.当 K^{Ω} 对一个域是真正的非退化的距离函数时,则 Ω 称为双曲的(这等价于我们前面的"双曲的"含义).对于实际的效果,双曲性是有界性的一种不变形式.换句话说,双曲型的域具有有界域的关键特征.此外,双曲性还有一个好处,就是在共形映射下是不变的.

小林度量的最重要和最有趣的特点之一是:全纯函数在这个度量下是距离下降的.见下面的命题.

命题2(小林度量的距离下降性)　如果 Ω_1,Ω_2 是 C 中的域,$z,w\in\Omega_1$,$\boldsymbol{\xi}\in C$,若 $f:\Omega_1\to\Omega_2$ 是全纯的,则

$$F_K^{\Omega_2}(f(z),f'(z)\boldsymbol{\xi})\leqslant F_K^{\Omega_1}(z,\boldsymbol{\xi})$$

且

$$K^{\Omega_2}(f(z),f(w))\leqslant K^{\Omega_1}(z,w)$$

注　注意到链式法则的需要,我们在计算 $F_K^{\Omega_2}(f(z),\cdot)$ 时,将因子 $f'(z)$ 放在切向量之前.

命题的证明　我们证明第一个不等式,第二个不等式的证明留给读者.

设 $\varphi:D\to\Omega_1$ 满足 $\varphi(0)=z$,我们称 φ 为域 Ω_1 上点 z 的小林度量的待选映射,则 $f\cdot\varphi$ 是域 Ω_2 上点 $f(z)$ 的小林度量的待选.因此

$$F_K^{\Omega_2}(f(z),f'(z)\boldsymbol{\xi})=\inf_{g\in\Omega_2^{f(z)}(D)}\frac{|f'(z)\boldsymbol{\xi}|}{|g'(0)|}\leqslant$$
$$\frac{|f'(z)\boldsymbol{\xi}|}{|(f\cdot\varphi)'(0)|}=\frac{|\boldsymbol{\xi}|}{|\varphi'(0)|}$$

对所有的待选映射 φ 取下确界，得到

$$F_{K^2}^{\Omega_2}(f(z),f'(z)\boldsymbol{\xi}) \leqslant F_{K^1}^{\Omega_1}(z,\boldsymbol{\xi})$$

推论 1 如果 $f:\Omega_1 \to \Omega_2$ 是共形的，则 f 在小林—Royden 度量下是等距的. 也就是说 f 保持距离

$$F_{K^1}^{\Omega_1}(z,\boldsymbol{\xi}) = F_{K^2}^{\Omega_2}(f(z),f'(z)\boldsymbol{\xi})$$

且

$$K^{\Omega_1}(z,w) = K^{\Omega_2}(f(z),f(w))$$

注 在此我们提出一个告诫，了解一些微分几何的读者习惯“等距”这样的术语，并将认为这种映射保持经典意义上的距离. 但我们现在考虑的度量可以退化到 0，所以我们使用的“等距”这一术语有更一般的含义.

推论 1 的证明 我们证明第一个论断，第二个留给读者. 由命题我们知道

$$F_{K^2}^{\Omega_2}(f(z),f'(z)\boldsymbol{\xi}) \leqslant F_{K^1}^{\Omega_1}(z,\boldsymbol{\xi}) \tag{2}$$

而我们也可以应用命题到 $f^{-1}:\Omega_2 \to \Omega_1$，则有

$$F_{K^1}^{\Omega_1}(f^{-1}(a),(f^{-1})'(a)\boldsymbol{\tau}) \leqslant F_{K^2}^{\Omega_2}(a,\boldsymbol{\tau})$$

现假设 $a = f(z)$，$\boldsymbol{\tau} = f'(f^{-1}(a))\boldsymbol{\xi}$，则得到

$$F_{K^1}^{\Omega_1}(z,\boldsymbol{\xi}) \leqslant F_{K^2}^{\Omega_2}(f(z),f'(z)\boldsymbol{\xi}) \tag{3}$$

由式(2) 和式(3) 得到

$$F_{K^1}^{\Omega_1}(z,\boldsymbol{\xi}) = F_{K^2}^{\Omega_2}(f(z),f'(z)\boldsymbol{\xi})$$

推论 2 如果 $\Omega_1 \subseteq \Omega_2 \subseteq C$，则对任意的 $z,w \in \Omega_1$，$\boldsymbol{\xi} \in C$，有

$$F_{K^1}^{\Omega_1}(z,\boldsymbol{\xi}) \geqslant F_{K^2}^{\Omega_2}(z,\boldsymbol{\xi}) \text{ 和 } K^{\Omega_1}(z,w) \geqslant K^{\Omega_2}(z,w)$$

证明 应用命题到恒同映射 $i:\Omega_1 \to \Omega_2$，显然.

5 关于 Carathéodory 度量的一些基本事实

和上一小节类似，我们将先定义 Carathéodory 度

量的无穷小形式. 这就是说我们将给出每一点的切向量的长度. 通常我们设 Ω 为一连通的开集或者说 Ω 是一个域. 按照惯例我们设 $D(\Omega)$ 为从 Ω 到 D 的所有全纯函数的集合. [①]如果 $z \in \Omega$, 则我们进一步设 $D^z(\Omega)$ 为元素 $g \in D(\Omega)$ 的满足条件 $g(z)=0$ 的子集.

设 $\Omega \subseteq C$ 是一个域, 固定点 $P \in \Omega$ 和一个向量 $\boldsymbol{\xi}$, $\boldsymbol{\xi}$ 可以看作平面上点 P 的切向量. 我们定义 $\boldsymbol{\xi}$ 在点 P 的 Carathéodory 长度的无穷小形式为

$$F_C^{\Omega}(P, \boldsymbol{\xi}) = \sup_{f \in D^P(\Omega)} \{ | f'(P)\boldsymbol{\xi} | \}$$

注 注意到小节 3 开始时对小林度量定义的注释, 值得注意的是: 考虑从域 Ω 到圆盘 D 的映射以及极大化在点 P 的导数, 我们也能够证明 Riemann 映射定理. 现在回到 Carathéodory 度量的定义, 这个度量在点 P 处的 $\boldsymbol{\xi}$ 方向是所有从 Ω 到 D 的映射 f 的极大化表达式 $| f'(P)\boldsymbol{\xi} |$, 这相当于极大化 $| f'(P) |$. 因此, 我们看到由 Riemann 映射定理的证明可以导致 Carathéodory 度量的定义.

值得注意的是: 对 Carathéodory 度量来说, 根据正规族的理论易知极值函数总是存在的. 极值函数经常称为 Ahlfors(阿尔弗斯) 函数. 从多方面讲, 它是 Riemann 映射定理的推广.

定理 4 设 $\Omega \subseteq C$ 是开集, $\gamma: [a, b] \to \Omega$ 是分段 C^1 曲线, 那么 γ 的 Carathéodory 长度定义为

$$L_C^{\Omega}(\gamma) = L_C(\gamma) = \int_0^1 F_C^{\Omega}(\gamma(t), \gamma'(t)) \mathrm{d}t$$

---

① 当然, 有可能 $D(\Omega)$ 是平凡的, 例如, 当 Ω 是整个平面时. ——原注

我们说 F_C 是可积的与小节 1 中说 F_K 是可积的理由是相似的.

接下来我们将定义 Carathéodory 距离在 Ω 中的积分. 这里的方法与小林度量不同. 事实上我们希望 Carathéodory 度量在对于全纯函数是距离收缩的所有度量中具有极小性. 这是一个必要的新方法:

定义 3 设 $\Omega \subseteq C$ 是开集, $z, w \in \Omega$, 则 z, w 两点间的 Carathéodory 距离定义为

$$C^{\Omega}(z, w) = \sup_{f \in D(\Omega)} d_P(f(z), f(w))$$

其中 d_P 是 D 上的 Poincaré 距离.

注 当然, 如果 Ω 是整个平面时, Carathéodory 距离是平凡的.

Carathéodory 距离的最重要最有意义的性质之一是, 在此度量下全纯函数是距离收缩的. 我们将证明下面的命题.

命题 3(Carathéodory 度量的距离下降性) 如果 Ω_1, Ω_2 是 C 中的域, $z, w \in \Omega_1$, $\boldsymbol{\xi} \in C$, 且若 $f: \Omega_1 \to \Omega_2$ 是全纯的, 则

$$F_C^{\Omega_2}(f(z), f'(z)\boldsymbol{\xi}) \leqslant F_C^{\Omega_1}(z, \boldsymbol{\xi})$$

且

$$C^{\Omega_2}(f(z), f(w)) \leqslant C^{\Omega_1}(z, w)$$

注 注意到链式法则的需要, 我们在计算 $F_C^{\Omega_2}(f(z), \cdot)$ 时, 将因子 $f'(z)$ 放在切向量之前.

命题的证明 我们证明第一个不等式, 而把第二个不等式的证明留给读者.

设 $\varphi: \Omega_2 \to D$ 满足 $\varphi(f(z)) = 0$, 我们称 φ 为域 Ω_2 上点 $f(z)$ 的 Carathéodory 度量的待选映射, 则 $\varphi \cdot f$ 是域 Ω_1 上点 z 的 Carathéodory 度量的待选映射. 因此

$$F_C^{\Omega_1}(z,\boldsymbol{\xi}) = \sup_{g \in D^z(\Omega_1)} |g'(z)\boldsymbol{\xi}| \geqslant |(\varphi \cdot f)'(z)\boldsymbol{\xi}| = |\varphi'(0)| \cdot |f'(z)| \cdot |\boldsymbol{\xi}|$$

对所有的待选映射 φ 取上确界,得到

$$F_C^{\Omega_1}(z,\boldsymbol{\xi}) \geqslant F_C^{\Omega_2}(f(z),f'(z)\boldsymbol{\xi})$$

推论 1 如果 $f:\Omega_1 \to \Omega_2$ 是共形的,则 f 是 Carathéodory 度量下等距的.也就是说 f 保持距离

$$F_C^{\Omega_1}(z,\boldsymbol{\xi}) = F_C^{\Omega_2}(f(z),f'(z)\boldsymbol{\xi})$$

且

$$C^{\Omega_1}(z,w) = C^{\Omega_2}(f(z),f(w))$$

证明 我们证明第二个论断,第一个留给读者.由命题我们知道

$$C^{\Omega_2}(f(z),f(w)) \leqslant C^{\Omega_1}(z,w) \tag{4}$$

而我们也可以应用命题到 $f^{-1}:\Omega_2 \to \Omega_1$,则有

$$C^{\Omega_1}(f^{-1}(a),f^{-1}(b)) \leqslant C^{\Omega_2}(a,b)$$

现假设 $a=f(z),b=f(w)$,则得到

$$C^{\Omega_1}(z,w) \leqslant C^{\Omega_2}(f(z),f(w)) \tag{5}$$

由式(4)和式(5)得到

$$C^{\Omega_1}(z,w) = C^{\Omega_2}(f(z),f(w))$$

推论 2 如果 $\Omega_1 \subseteq \Omega_2 \subseteq C$,则对任意的 $z,w \in \Omega_1,\boldsymbol{\xi} \in C$,有

$$F_C^{\Omega_1}(z,\boldsymbol{\xi}) \geqslant F_C^{\Omega_2}(z,\boldsymbol{\xi}) \text{ 和 } C^{\Omega_1}(z,w) \geqslant C^{\Omega_2}(z,w)$$

证明 应用命题到恒同映射 $i:\Omega_1 \to \Omega_2$,显然.

6 小林度量和 Carathéodory 度量的比较

首先,小林度量总是大于 Carathéodory 度量的.

命题 4 设 $\Omega \subseteq C$ 是域,$P \in \Omega,\boldsymbol{\xi}$ 是向量,则

$$F_C^{\Omega}(P,\boldsymbol{\xi}) \leqslant F_K^{\Omega}(P,\boldsymbol{\xi})$$

证明 设 $\varphi:D \to \Omega$ 为在点 $P \in \Omega$ 的小林度量的

待选映射,$\psi:\Omega\rightarrow D$ 为在点 $P\in\Omega$ 的 Carathéodory 度量的待选映射,则 $h=\psi\cdot\varphi:D\rightarrow D$ 且 $h(0)=0$. 由 Schwarz 引理有

$$|h'(0)|\leqslant 1$$

即

$$|\psi'(P)|\leqslant\frac{1}{|\varphi'(0)|}$$

先对右边所有的小林度量的待选映射 φ 取下确界,再对左边所有的 Carathéodory 度量的待选映射 ψ 取上确界,则得到

$$F_C^{\Omega}(P,\boldsymbol{\xi})\leqslant F_K^{\Omega}(P,\boldsymbol{\xi})$$

我们以 C^{Ω} 一个有趣的极值性质来结束这一节.

定理 5 设 $\Omega\subseteq C$ 是开集,d 是 Ω 上的任一度量,满足

$$d(z,w)\geqslant d_P(f(z),f(w))$$

对所有的 $f\in D(\Omega)$,$z,w\in\Omega$ 成立,则

$$d(z,w)\geqslant C^{\Omega}(z,w)$$

证明 留为练习,使用 C^{Ω} 的定义.

值得注意的是小林度量满足类似的极值性质.

定理 6 设 $\Omega\subseteq C$ 是开集,d 是 Ω 上的任一度量,满足

$$d(z,w)\geqslant d_P(f(z),f(w))$$

对所有的 $f\in D(\Omega)$,$z,w\in\Omega$ 成立,则

$$d(z,w)\leqslant K^{\Omega}(z,w)$$

在本节中,Carathéodory 度量和小林度量实际上是可以互换的,任何一个利用了 Carathéodory 度量的证明,都可以利用小林度量加以证明,反之亦然,而且两个都很有趣,它们以共轭的方式被定义,且一个(小

林昭七）总是大于另一个(Carathéodory). 我们知道小林度量是最大的度量，全纯映射关于这个度量是距离减少的，而 Carathéodory 度量是最小的. K. T. Hahn 的一个有趣的最新的结果是 Bergman 度量总是大于 Carathéodory 度量，而且由 Diederich 和 Fornaess 的例子，我们也知道 Bergman 度量与小林度量一般是不可比较的.

§ 13　陆启铿论 Schwarz 引理

Schwarz 引理的研究一直是多复变数函数论中一个活跃的领域，习知单复变函数的 Schwarz 引理是考虑在单位圆 B 内解析的函数 $f(z)$，当 $|f(z)|\leqslant 1$，且 $f(0)=0$ 时，则有 $|f(z)|\leqslant|z|$. 原来 Schwarz 的证明(Gesammelte Abhandlungen，1890，Vol. Ⅱ，P. 109)仅仅对 $f(z)$ 是单叶的情形，而现在所熟知的形式和证明实际上是来源于 C. Carathéodory(Math. Ann. ，1912，52(1)：107-144). 而 Pick(Math. Ann. ，1915，77：1-6；7-23)则给出了 Schwarz 引理的几何含义，即若 $f:B\to B$ 是解析映射，则对 B 中任两点 z_1，z_2 有

$$\left|\frac{f(z_1)-f(z_2)}{1-\overline{f(z_1)}f(z_2)}\right|\leqslant\left|\frac{z_1-z_2}{1-\overline{z}_1 z_2}\right| \tag{1}$$

这等价于对任一点 $z\in B$，有

$$\frac{|f'(z)|}{1-|f(z)|^2}\leqslant\frac{1}{1-|z|^2} \tag{2}$$

等式在一点成立当且仅当 f 是把 B 一一地映为 B.

上面第一个不等式的几何含义是在解析映射下非欧距离缩小，第二个不等式是非欧体积缩小.

此后，在单复变数中 Schwarz 引理最重要的是 Ahlfors 的推广(Trans. Amer. Math. Soc. ，1938，43：359-364)：在单位圆 B 中令

$$ds^2=\frac{|dz|^2}{(1-|z|^2)^2} \tag{3}$$

（称为 Poincaré 度量）. 设 W 是 Riemann 曲面，$f:B\to W$ 是解析的，若 W 中有度量 $d\sigma^2=\rho^2(w)\,|\,dw\,|^2$，它的曲率 $k=-\frac{1}{\rho^2}\cdot\frac{\partial^2\log\rho^2}{\partial w\partial\overline{w}}$ 小于单位圆中 Poincaré 度量的曲率（等于 -4），则恒有 $f^*d\sigma^2\leqslant ds^2$，这里 $f^*d\sigma^2$ 表示将 $w=f(z)$ 代入 $d\sigma^2$ 中. 这个结果第一次指出了曲率与距离缩小的关系.

由于 Schwarz 引理在单复变数函数论中的应用是很多的（例如见上面所引用的 Carathéodory 与 Ahlfors 的文章），因此有不少人努力把它推广到多复变数. 有的人研究距离缩小，有的人研究体积缩小，这两者在多复变数中通常是不等价的.

Carathéodory（Math. Ann.，1926，97：76-98）在 $\mathbf{C}^n$ 的有界域 D 中引进度量

$$M_D(a,b)=\sup_{\varphi\in\varepsilon(D)}E(\varphi(a),\varphi(b))\qquad(4)$$

其中

$$E(t_1,t_2)=\frac{1}{2}\log\left(1+\left|\frac{t_2-t_1}{1-\overline{t}_1t_2}\right|\right)\Big/\left(1-\left|\frac{t_2-t_1}{1-\overline{t}_1t_2}\right|\right)$$

表示单位圆 B 中两点 t_1,t_2 的非欧距离，$\varepsilon(D)$ 表示在 D 中解析的函数适合 $|\varphi|<1$ 的集合，a,b 为 D 中任意两点，这个度量现称为 Carathéodory 度量，它是距离缩小的，即若 $f:D\to D$ 是解析映射，则对任两点 $a,b\in D$ 有

$$M_D(f(a),f(b))\leqslant M_D(a,b)$$

在一般情形仅知道 $M_D(a,b)$ 是 a 与 b 的连续函数，而并不是 a 与 b 的可微分函数（例如双圆柱的情形就是如此），因此不能由此导出一微分度量，故不能由此直接得出体积缩小的结论. H. Cartan（Bull. Soc. Math. de France，1930，58：199-219）证明：若 D 是 $\mathbf{C}^n$ 中包含原点

的一有界域，$f:D\to D$ 是解析映射且适合 $f(\mathbf{0})=\mathbf{0}$，则 $\left|\det\frac{\partial f}{\partial z}\right|_{z=0}\leqslant 1$，等号成立的充要条件为 f 把 D 一一地映为自身，这里$\frac{\partial f}{\partial z}$ 表示映射 f 的函数矩阵，这个结果是说在原点体积是缩小的. 如果 D 是可选的，不难证明，在 D 的任一点也是体积缩小的. 但是与单复变数的情形不一样，体积缩小不能导出距离缩小.

单复变数的 Schwarz 引理最初仅限于单位圆讨论，因此自然地考虑把 D 限制为单位超球

$$B^n=\{z=(z_1,\cdots,z_n)\in\mathbf{C}^n,z\bar{z}'<1\}$$

时的 Schwarz 引理，这时把 z 看作 $1\times n$ 矩阵，z' 表示 z 的转置，$\bar{z}$ 表示 z 的复共轭. Bochner Martin(Several complex variables，1948)，Bureau(J. Math. Pure Appl.，1952，3:160-190) 证明：若 $f:B^n\to B^n$ 是解析映射，且 $f(\mathbf{0})=\mathbf{0}$，则

$$f(z)\,\overline{f(z)}'\leqslant z\bar{z}'$$

由于知道超球 B^n 中任两点 z_1,z_2 的非欧距离为

$$\frac{1}{2}\log(1+\sqrt{\chi(z_2,z_1)})/(1-\sqrt{\chi(z_2,z_1)})$$

其中

$$\chi(z_2,z_1)=(z_2-z_1)(1-\bar{z}_1/z_2)^{-1}\cdot\overline{(z_2-z_1)}'/(1-z_1\bar{z}'_2)$$

(陆启铿，多复变函数与酉几何，数学进展，1956，2:567-661)，上面的 Schwarz 引理即

$$\chi(\mathbf{0},f(z))\leqslant\chi(\mathbf{0},z)$$

由 B^n 的可递性不难得出

$$\chi(f(z_2),f(z_1))\leqslant\chi(z_2,z_1)$$

此即距离缩小. 由于 $\chi(z_2,z_1)$ 对 z_2,z_1 是可微分的，取

$z_1=z, z_2=z+\mathrm{d}z$,用 Taylor 展式,有

$$\chi(z+\mathrm{d}z,z)=\mathrm{d}s^2+\cdots$$

其中

$$\mathrm{d}s^2=\frac{\mathrm{d}z(1-\bar{z}'z)^{-1}\mathrm{d}\bar{z}'}{1-z\bar{z}'}=\sum_{\alpha,\beta=1}^{n}h_{\alpha\beta}(z,\bar{z})\mathrm{d}z_\alpha\mathrm{d}\bar{z}_\beta$$

略去不等式

$$\chi(f(z+\mathrm{d}z),f(z))\leqslant\chi(z+\mathrm{d}z,z)$$

中 $\mathrm{d}z$ 高于二阶的项,有

$$f^*\mathrm{d}s^2\leqslant\mathrm{d}s^2$$

这是微分度量的距离缩小,由此显然得出

$$\det(h_{\alpha\bar{\beta}}(f,\bar{f}))\left|\det\frac{\partial f}{\partial z}\right|^2\leqslant\det(h_{\alpha\beta}(z,\bar{z}))$$

此即体积缩小.

然而超球不过是典型域的非常特殊的一种(见华罗庚,多复变函数论中典型域的调和分析,科学出版社,1956),自然会考虑到典型域的 Schwarz 引理的形式. Ozaki-Kashiwagi-Tsuboi(Sci. Rep. Tokyo. Kyoiku. Daigaku, Section A,1954,4:109-116;317-318) 在典型域

$$R_I=\{\boldsymbol{I}-\boldsymbol{Z}\bar{\boldsymbol{Z}}'>\boldsymbol{0},\boldsymbol{Z}\text{ 为 }m\times n\text{ 复矩阵}\}$$

中定义度量 $\|\boldsymbol{Z}\|=1.u.b\left\{\frac{\boldsymbol{u}'\boldsymbol{Z}\bar{\boldsymbol{Z}}'\bar{\boldsymbol{u}}'}{\boldsymbol{u}\bar{\boldsymbol{u}}'}\right\}^{\frac{1}{2}}$,而证明 $f:R_I\to R_I$ 是解析的,且 $f(\boldsymbol{0})=\boldsymbol{0}$ 时有

$$\|f(\boldsymbol{Z})\|\leqslant\|\boldsymbol{Z}\|$$

王大明证明这样定义的度量 $\|\boldsymbol{Z}\|$ 就是域 R_I 的由原点到点 $\boldsymbol{Z}$ 的 Carathéodory 度量,因此上面结果包含于 Carathéodory 的 Schwarz 引理之中.

如果我们把 Schwarz 引理看作是单位圆 B 内解析的有界函数的一阶导数的估值,即若 $f(z)$ 在 B 内解析,且 $|f(z)|\leqslant M$,则有

$$\left|\frac{\mathrm{d}f(z)}{\mathrm{d}z}\right| \leqslant M\frac{1}{1-|z|^2} \tag{5}$$

其中$\dfrac{1}{1-|z|^2}$是 Poincaré 度量 $\mathrm{d}s$ 中 $|\mathrm{d}z|$ 的系数.

在 $\mathbf{C}^n$ 的有界域 D 中存在 Bergman 核函数 $K(z,\bar{t})$,由此可以定义 Bergman 度量

$$\mathrm{d}s^2=\mathrm{d}zT(z,\bar{z})\mathrm{d}\bar{z}', T(z,\bar{z})=\left(\frac{\partial^2\log K(z,\bar{z})}{\partial z_\alpha\partial\bar{z}_\beta}\right)_{1\leqslant\alpha,\beta\leqslant n}$$

这个度量有很好的性质,它是内蕴的,并且是实解析的. 对于这个度量,形式(5)的 Schwarz 引理可以推广为:若 $f=(f_1(z),\cdots,f_n(z))$ 在 $\mathbf{C}^n$ 的有界域 D 内解析,且 $f(z)\overline{f(z)}'\leqslant M^2$,则必有

$$\frac{\partial f}{\partial z}\overline{\frac{\partial f'}{\partial z}}\leqslant M^2T(z,\bar{z}) \tag{6}$$

(陆启铿,数学学报,1957,7:370-420),这里 $\boldsymbol{A}\leqslant\boldsymbol{B}$ 表示方阵 $\boldsymbol{B}-\boldsymbol{A}$ 是正定的. 由此可以推出:若 D 是 $\mathbf{C}^n$ 中有界域并且可递,则存在一仅与 D 有关的正数 $K_0(D)$(大于或等于1),使得当 $f:D\to D$ 是解析时,有

$$f^*\mathrm{d}s^2\leqslant k_0(D)\mathrm{d}s^2 \tag{7}$$

$k_0(D)$ 是一解析不变量. 在典型域的情形,$k_0(D)$ 的值皆可计算出来,并且 $k_0(D)=1$ 的充要条件为 D 是超球. 由此可见一般的 Bergman 度量不是距离缩小的. 1966 年,A. Korànyi 证明在典型域的情形,$k_0(D)$ 等于对称空间的秩. 1967 年小林(J. Math. Soc. Japan)证明:如果 R 是典型域,其全纯曲率大于或等于 $-A$,而 F 是一 Kaehler 流形,其全纯曲率小于或等于 $-B$(A,B 为正数),则对任一解析映射 $f:R\to F$ 有 $f\mathrm{d}s_F^2$ 小于或等于$\dfrac{A}{B}\mathrm{d}s_R^2$. 这是把曲率与 Schwarz 引理联系起来,

证明的方法也是由 Dinglas(Fostschrift zur Gedächtnisfeier für Karl Weierstrass,1966:477-494)及陈省身(Proc. Symposia in Pure Math. ,1968,11:157-170)推广 Ahlfors 的结果到多复变数的. 他们证明:若 B^n 是单位超球,F 是 Hermite-Einstein 流形,其标量曲率小于或等于 $-2n(n+1)$,则对任一解析映射 $f:B^n \to F$ 是体积缩小的. 丘成桐(1975,Summer Institute,Shing-Tung Yau)证明更一般的情形:设 F 是完备的 Kaehler 流形,其 Ricci 曲率大于一负常数,A 是一 Hermite 流形,其全纯双截曲率小于一负常数,则对任意解析映射 $f:F \to N$ 恒有 $f^* \mathrm{d}s_N^2 \leqslant k\mathrm{d}s_F^2$,其中 k 是只与 F 及 N 的曲率有关的常数.

小林(J. Math. Soc. Japan,1967,19:460-480)在一复流形 F 上如下地引进一伪度量:设 $a,b \in F$,任一 F 的点串 $p_0=a,p_1,\cdots,p_{k-1},p_k=b$ 称为由 a 到 b 的链,如果有一串映单位圆 B 入 F 的映射 $f_1,\cdots,f_k$ 及 B 的两点串 $a_1,\cdots,a_k$ 与 $b_1,\cdots,b_k$,使得 $f_i(a_i)=p_{i-1}$,$f_i(b_i)=p_i,i=1,\cdots,k$. 命

$$K_F(a,b)=\inf[E(a_1,b_1)+\cdots+E(a_k,b_k)]$$

inf 是对所有可能的链. 这是一伪度量,即满足所有度量的性质,除了 $K_F(a,b)=0$ 未必有 $a=b$. 设 F 与 N 皆是复流形,$f:F \to N$ 是解析的,则

$$K_N(f(a),f(b)) \leqslant K_F(a,b)$$

即小林伪度量是距离缩小的. 如果 F 上的小林伪度量是真正的度量,即 $K_F(a,b)=0$ 的充要条件为 $a=b$,则称为双曲流形. 关于双曲流形已经有许多结果可参阅(S. Kobayashi,Bull. Amer. Math. Soc. ,1976,82:357-416),这里从略.

还有其他的人寻求距离缩小的度量，如Chern-Levine-Nirenberg(Global Analysis,1969:119-139)定义了新的距离缩小度量,但应用较少.

如Carathéodory度量一样,小林度量一般不是可微分的,故不能用两点无穷接近的方法直接定义微分度量(如果能够,自然有体积缩小). 于是Reiffen(Math. Ann.,1965,161)另外定义Carathéodory微分度量

$$C_D(z,\dot{z})=\sup_{f\in\varepsilon(D)}\left|\sum_{\alpha=1}^{n}\frac{\partial f}{\partial z_\alpha}\dot{z}_\alpha\right| \tag{7'}$$

其中$\dot{z}$属于D的点z的切空间$T_Z(D)$. Royden(Several Complex Variables Ⅱ,Lecture notes in Math.,185:125-137)定义小林的微分度量为

$$F_F(z,\dot{z})=\inf\frac{1}{R} \tag{8}$$

其中R取所有实数,使得存在解析映射$\varphi(u)$把半径为R的圆$|u|<R$映入F且适合$\varphi(0)=z,\dot{z}=\dfrac{\mathrm{d}\varphi(0)}{\mathrm{d}u}$. 对于这些微分度量在解析映射下的距离是缩小的,然而一般地这些微分度量不能记为微分几何的微分度量$\sum\limits_{\alpha,\beta=1}^{n}h_{\alpha\bar{\beta}}\dot{z}_\alpha\dot{\bar{z}}_\beta$的形式,故仍不能直接由此得出体积缩小的结论.

如设法定义一些距离缩小的度量一样,有人设法定义一些体积缩小的测度. D. A. Pelles(Amer. J. Math.,1975,97:1-15)在复流形F上定义如下测度:令$\lambda_n(E)$为单位超球B^n上的点集E的非欧体积,即

$$\lambda_n(E)=\int_E\frac{\mathrm{d}V}{(1-z\bar{z}')^{n+1}}$$

其中dV为欧氏体积元素. 设A为复流形F的子集. 令$A_i(i=1,2,\cdots)$为B^n中如下的子集,使得对应有一串

$f_i:A_i \to F$ 且适合 $A \subseteq \bigcup_{i=1}^{\infty} f(A_i)$. 令 A 的测度为 $\mu_F(A)=\inf\left\{\sum_i \lambda_n(A_i)\right\}$. 若 f 是映 F 入复流形 N 的解析映射,则体积缩小,即 $\mu_N(f(A)) \leqslant \mu_F(A)$.

近年来,国外有一种趋势是把 Schwarz 引理推广到实的情形,最初是 Kierman(Trans. Amer. Math. Soc. ,1971,148:185-197). 考虑 Riemann 曲面的 K 拟共形映射的 Schwarz引理,例如,若 $w:B \to B$ 是单位圆的拟解析映射,则有

$$|w(z_1)-w(z_2)| \leqslant 16\,|z_1-z_2|^{\frac{1}{k}},\quad z_1,z_2 \in B$$

后来被人推广到实 n 维 Riemann 流形的调和 K 拟共形映射 (J. Math. Jokushima Univ. ,1971,5:17-23). 陈省身与 Goldberg 曾讨论在一定条件下调和映射是体积缩小的(Amer. J. Math. ,1975,97:133-147). 接着 Goldberg-Ishihara 讨论了在什么条件下调和 K 拟共形映射是距离缩小的.

若在式(5) 中把 Schwarz 引理看作是映射函数 f 的一阶微分估值,而令 $\mathrm{d}s$ 表示 Poincaré 度量,则(5) 能写为

$$\left|\frac{\mathrm{d}f(z)}{\mathrm{d}s}\right| \leqslant M \tag{9}$$

而(6) 亦可相应地记为

$$\sum\left|\frac{\mathrm{d}f_\alpha(z)}{\mathrm{d}s}\right|^2 \leqslant M \tag{10}$$

其中 $\mathrm{d}s$ 是 Bergman 度量,$f=(f_1,\cdots,f_n)$ 是映射函数. 自然要问,高阶微分的估值是什么? 但我们知道 $\frac{\mathrm{d}^2 f(z)}{\mathrm{d}s^2}$ 不是在解析映射下协变的. 实际上,固有微分的概念在单复变函数论中是曾经不自觉地应用过的,

不过似乎还未有人指出过这就是微分几何上的固有微分(intrinsic derivative). 例如考虑单位圆上的单叶函数 $f(z)$ 时,习知有不等式

$$\left| z\frac{f''(z)}{f'(z)}-\frac{2|z|^2}{1-|z|^2}\right| \leqslant \frac{4|z|}{1-|z|^2}$$

(例如见 Hayman, Multivalent functions, 1958, 公式(1.6)),此即

$$\left| f''(z)-\frac{2\bar{z}}{1-|z|^2}\right| f'(z) \leqslant \frac{4|f'(z)|}{1-|z|^2}$$

左边绝对值中的表达式其实就是 $f(z)$ 的二阶固有微分 $\frac{\delta^2 f(z)}{\delta s^2}$,则上式能记为

$$\left|\frac{\delta^2 f}{\delta s^2}\right| \leqslant 4\left|\frac{\delta f(z)}{\delta s}\right|$$

由此可见,上式是共形映射下不变的. 如果 $f(B)$ 是一凸域,此不等式可以改进为

$$\left|\frac{\delta^2 f}{\delta s^2}\right| < 2\left|\frac{\delta f}{\delta s}\right|$$

(例如见 Ahlfors, Conformal Invariant, 定理 1.5).

在 $\mathbf{C}^n$ 的有界域 D 中我们可利用 Bergman 的核函数 $K(\boldsymbol{z},\bar{\boldsymbol{t}})$ 来定义固有微分,而把一阶本性微分的估值式(10) 推广到高阶的固有微分的估值,并得出

$$\left|\sum_{\alpha=1}^{n}\frac{\delta^m f_\alpha}{\delta s^m}\right|^2 \leqslant \frac{M^2}{K(\boldsymbol{z},\bar{\boldsymbol{z}})}\int_D \left|\frac{\delta^m K(\boldsymbol{z},\bar{\boldsymbol{t}})}{\delta s^m}\right|^2 \mathrm{d}v_t \quad (11)$$

(陆启铿,有界域解析映射的固有微分的估值,科学通报,1978). 当 $m=1$ 时上式即式(10).

如果我们以 $\dot{z}=\frac{\mathrm{d}\boldsymbol{z}}{\mathrm{d}s}$ 及以

$$F_m(\boldsymbol{z},\dot{z})=\left[\frac{1}{m!\ m!\ K(\boldsymbol{z},\bar{\boldsymbol{z}})}\times\right.$$

$$\int_D \left| \frac{\delta^m K(z,\bar{t})}{\delta s^n} \right|^2 \mathrm{d}v_t \Bigg]^{\frac{1}{2m}}$$

来定义一 Finsler 几何，利用不等式(11) 可以证明 Carathéodory 微分度量

$$C_D(z,\dot{z}) \leqslant \lim_{m\to+\infty} F_m(z,\dot{z})$$

特别在典型域的情形

$$C_D(z,\dot{z}) = \lim_{m\to+\infty} F_m(z,\dot{z}) = \lim_{m\to\infty} F_m(z,\dot{z}) = F_D(z,\dot{z})$$

即小林与 Carathéodory 微分几何皆是此 Finsler 几何的极限情形. 看来对于一般的有界域 D, 似有 $\lim\limits_{m\to\infty} F_m(z,\dot{z}) \leqslant F_D(z,\dot{z})$,但是对此还未能证明.

另一未解决的问题是,什么样的有界域 D 的核函数 $K(z,\bar{t})(z\in D, t\in D)$ 没有零点? 这个问题对于解析映射是十分重要的. 我们知道有界域的许多特有例子的核函数没有零点(陆启铿, 数学学报,1996,16:269-281). Shwarzcynski(Proc. Amer. Math. Soc., 1966,16) 称 $K(z,\bar{t})$ 无零点的域为 L 域. 他证明如果有一串域 $D_m\subseteq D$ 的有界域 D, 当每一 D_m 是 L 域时, D 必是 L 域. 但他指出 $n=1$ 时圆环 $0<r<|z|<1$ 不是 L 域, 接着 Rosenthal(Proc. Amer. Math. Soc., 1969, 21:33-38) 证明当 $n=1$ 时如果 D 是双连通并且是 L 域, 则必解析等价于挖去一点的圆. Matsura(Proc. J. Math., 1973, 49:405-424) 证明有界的完备的圆型域必定是 L 域. Suita-Yamada(Proc. Amer. Math. Soc., 1976, 59:222-224) 证明非单连通的有限的 Riemann 曲面不是 L 域, 现在主要问题是单连通的有界域或再加条件, 同时是拟凸域($n>1$) 时 (Greene-Wu, Function theory on manifolds which possess a pole, Lecture Notes in Math.) 是否是 L 域?

§14 陆启铿再论多复变数函数的 Schwarz 引理

1 内容的简单介绍

尝试把 Schwarz 引理推广到多个复变数函数论者，曾有 H. Cartan，Carathéodory，Bergman，Bochner-Martin，Bureau，Фукс，Ozaki-Kashiwagi-Tsuboi，Stöhr. 但从这些前人的结果中，仍然使人产生一个问题，即 Schwarz 引理能否推广与在什么意义下能推广.

根据几何与函数论的观点，我们称 Schwarz 引理在 n 个复变数空间的一有界单叶域 $\mathscr{D}$ 成立，如果下述两个命题成立：

(1) 对任一把域 $\mathscr{D}$ 映入其内部的解析变换 $\boldsymbol{w}=f(\boldsymbol{z})$，恒有

$$ds^2(\boldsymbol{w},\overline{\boldsymbol{w}})\leqslant ds^2(\boldsymbol{z},\overline{\boldsymbol{z}}) \tag{1}$$

其中 $ds^2(\boldsymbol{z},\overline{\boldsymbol{z}})$ 表示在域 $\mathscr{D}$ 内的点 $\boldsymbol{z}$ 与微分向量 $d\boldsymbol{z}=(dz_1,\cdots,dz_n)$ 的域 $\mathscr{D}$ 的 Bergman 度量；

(2) 在式(1)中等号成立当且仅当变换 $\boldsymbol{w}=f(\boldsymbol{z})$ 是属于把 $\mathscr{D}$ 映为自己的拓扑解析变换群.

一域 $\mathscr{D}$ 称为等价于 n 个复变数空间的另一域 $\mathscr{D}_1$，如果有一拓扑的解析变换把 $\mathscr{D}$ 映为 $\mathscr{D}_1$.

当 $n=1$ 时，习知 Schwarz 引理在单位圆成立，而单位圆是复平面中唯一(在等价意义下)有界、单叶与对称的(在 É. Cartan 意义下)域，并且能够具体以不等

式 $|z|<1$ 表之.在考虑推广 Schwarz 引理之前,自然会先考虑到什么是单位圆的推广.

在多复变数情形,我们定义一典型域 $\mathscr{R}$,其等价于下列四种域之一,或者有限个四种域的拓扑乘积:

$\mathscr{R}_{\mathrm{I}}$: $I-Z\overline{Z}'>\mathbf{0}$,$Z$ 是一 $m\times n$ 矩阵;

$\mathscr{R}_{\mathrm{II}}$: $I-Z\overline{Z}'>\mathbf{0}$,$Z$ 是一 $n\times n$ 对称方阵;

$\mathscr{R}_{\mathrm{III}}$: $I+Z\overline{Z}>\mathbf{0}$,$Z$ 是一 $n\times n$ 斜对称方阵;

$\mathscr{R}_{\mathrm{IV}}$: $1+|zz'|^2-2\overline{z}z'>0$,$1-|zz'|>0$,$z=(z_1,\cdots,z_n)$ 是一 $1\times n$ 矩阵.

这里一哈尔密方阵 $A>\mathbf{0}$(或 $A\geqslant\mathbf{0}$)表示 A 是正定的(或半正定的).此外,我们对两个 $n\times n$ 的哈尔密方阵 A 与 B 常用 $A<B$(或 $A\leqslant B$)表示 $B-A>\mathbf{0}$(或 $B-A\geqslant\mathbf{0}$).

在等价意义下,所有典型域皆是有界、单叶与对称的域,并且能具体地以一组不等式表之.自然的就会首先考虑是否 Schwarz 引理在任一典型域成立,回答是否定的.我们有下面的结果:

定理 7 Schwarz 引理在一典型域 $\mathscr{R}$ 成立,当且仅当 $\mathscr{R}$ 等价于一单位超球.

从这个定理的充分性知其包含了 Bochner-Martin 与 Bureau 的结果.从这个定理的必要性知,纵然典型域的情形 Schwarz 引理一般也不成立.这就会使人考虑是否可以在另一意义下推广 Schwarz 引理于非超球的情形.

有人曾经不用 Bergman 度量而定义另一种度量(例如 Carathéodory, Ozaki-Kashiwagi-Tsuboi),使对于这种度量能够推广 Schwarz 引理的第一部分.但他们都没有推广第二部分.有一些作者(例如 H. Cartan,

Bergman）是不用任何几何的度量，而从纯粹数论的观点来推广 Schwarz 引理的.

另一方面是不考虑改变 Bergman 度量，而考虑是否存在一正常数 k 只与 $\mathscr{D}$ 有关者，使得对任一把 $\mathscr{D}$ 映入其内部的解析映射皆有

$$\mathrm{d}s^2(\boldsymbol{w},\overline{\boldsymbol{w}}) \leqslant k^2 \mathrm{d}s^2(\boldsymbol{z},\overline{\boldsymbol{z}})$$

有人曾考虑 $n=2$ 的情形. 当 $\mathscr{D}$ 是两个复变数空间的一有界单叶域，且适合：

(1) $\mathscr{D}$ 的边界能以具有二级连续偏微分的实值函数 $\Phi(z_1,z_2;\overline{z}_1,\overline{z}_2)$ 表之，即 $\mathscr{D}$ 在 $\Phi(z_1,z_2;\overline{z}_1,\overline{z}_2)>0$ 的一边而边界上的点适合 $\Phi(z_1,z_1;\overline{z}_2,\overline{z}_2)=0$；

(2) 存在正数 σ 使 $\Phi(z_1,z_2;\overline{z}_1;\overline{z}_2)$ 的 Levi 判别式 $L(\Phi)\geqslant\sigma$，则有一只与 $\mathscr{D}$ 有关的正常数 k，使得对任一把 $\mathscr{D}$ 映入其内部的解析映射 $\boldsymbol{w}=f(\boldsymbol{z})$，其函数行列式不为零者，恒有

$$\mathrm{d}s^2(\boldsymbol{w},\overline{\boldsymbol{w}}) \leqslant k^2 \mathrm{d}s^2(\boldsymbol{z},\overline{\boldsymbol{z}})$$

在这里没有考虑 Schwarz 引理的第二部分，同时这个结果不包含 $\mathscr{D}=\{|z_1|<1,|z_2|<1\}$ 的情形，因为双圆柱的边界不适合条件(2).

这里我们只考虑 n 个复变数空间的有界单叶可递域，而证明下述定理：

定理 8　如果有界单叶域 $\mathscr{D}$ 是可递的，则：

(1) 存在一只与 $\mathscr{D}$ 有关的正常数 k，使得对任一把 $\mathscr{D}$ 映入其内部的解析映射 $\boldsymbol{w}=f(\boldsymbol{z})$ 恒有

$$\mathrm{d}s^2(\boldsymbol{w},\overline{\boldsymbol{w}}) \leqslant k^2 \mathrm{d}s^2(\boldsymbol{z},\overline{\boldsymbol{z}})$$

(2) 如果把 $\mathscr{D}$ 映入其内部的解析映射 $\boldsymbol{w}=f(\boldsymbol{z})$，且有一点 $\boldsymbol{z}$ 使

$$\mathrm{d}s^2(\boldsymbol{w},\overline{\boldsymbol{w}}) = \mathrm{d}s^2(\boldsymbol{z},\overline{\boldsymbol{z}})$$

则解析映射 $w=f(z)$ 必须属于把 $\mathscr{D}$ 映为自己的拓扑的解析变换群. 反之是显然的.

只与 $\mathscr{D}$ 有关的最小的常数 k 使得上述定理之第一部分成立者,我们称之为域 $\mathscr{D}$ 的 Schwarz 常数,以 $k_0(\mathscr{D})$ 表之[①]. $k_0(\mathscr{D})$ 显然对于拓扑的解析变换是一绝对不变量,换言之,如果 $\mathscr{D}$ 与 $\mathscr{D}_1$ 等价,则 $k_0(\mathscr{D})=k(\mathscr{D}_1)$. 定理 7 说明此常数 $k_0(\mathscr{D})$ 完全决定是否一典型域为一超球,换言之:

定理 7′ 一典型域 $\mathscr{R}$ 等价于一单位超球的必要且充分的条件为 $k_0(\mathscr{R})=1$.

陆启铿确定的所有典型域的 Schwarz 常数,即当 $m\leqslant n$ 时,$k_0(\mathscr{R}_{\mathrm{I}})=\sqrt{m}$;$k_0(\mathscr{R}_{\mathrm{II}})=\sqrt{n}$;$k_0(\mathscr{R}_{\mathrm{III}})=\sqrt{\left[\frac{n}{2}\right]}$,其中 $\left[\frac{n}{2}\right]$ 表示 $\frac{n}{2}$ 的整数部分;当 $n\geqslant 2$ 时,$k_0(\mathscr{R}_{\mathrm{IV}})=\sqrt{2}$. 此外,如果 $\mathscr{R}'\times\mathscr{R}''$ 表示两典型域的拓扑乘积,则

$$k_0(\mathscr{R}'\times\mathscr{R}'')=\sqrt{k_0^2(\mathscr{R}')+k_0^2(\mathscr{R}'')}$$ [②]

定理 8 的第一部分只是下面更一般的结果之特例:

定理 9 如果有界单叶域 $\mathscr{D}$ 是可递的,则存在一只与 $\mathscr{D}$ 有关的正常数 k,使得对任一有界单叶域 $\mathscr{G}$ 及任一把 $\mathscr{G}$ 映入 $\mathscr{D}$ 的解析映射 $w=f(z)$,恒有

---

① 最小的常数是一不变量的这个思想来源于华罗庚教授,作者是受到他的启发.

② 由此可见双圆柱 $P_2=\{|z_1|<1,|z_2|<1\}$ 的 Schwarz 常数为 $k_0(P_2)=\sqrt{2}$,而 S. Bergman 曾经宣称 Schwarz 引理的第一部分在双圆柱成立,这是错误的.

$$\frac{\partial \boldsymbol{w}}{\partial \boldsymbol{z}} T_{\mathscr{D}}(\boldsymbol{w}, \bar{\boldsymbol{w}}) \overline{\frac{\partial \boldsymbol{w}'}{\partial \boldsymbol{z}}} \leqslant k^2 T_{\mathscr{G}}(\boldsymbol{z}, \bar{\boldsymbol{z}})$$

其中

$$\frac{\partial \boldsymbol{w}}{\partial \boldsymbol{z}} = \left(\frac{\partial w_j}{\partial z_i}\right)_{1 \leqslant i, j \leqslant n}$$

$$T_{\mathscr{D}}(\boldsymbol{w}, \bar{\boldsymbol{w}}) = \left(\frac{\partial^2 \log K_{\mathscr{D}}(\boldsymbol{w}, \bar{\boldsymbol{w}})}{\partial w_i \partial \bar{w}_j}\right)_{1 \leqslant i, j \leqslant n}$$

与

$$T_{\mathscr{G}}(\boldsymbol{z}, \bar{\boldsymbol{z}}) = \left(\frac{\partial^2 \log K_{\mathscr{G}}(\boldsymbol{z}, \bar{\boldsymbol{z}})}{\partial z_i \partial \bar{z}_j}\right)_{1 \leqslant i, j \leqslant n}$$

皆是 $n \times n$ 方阵，$K_{\mathscr{D}}(\boldsymbol{w}, \bar{\boldsymbol{w}})$ 与 $K_{\mathscr{G}}(\boldsymbol{z}, \bar{\boldsymbol{z}})$ 分别是域 $\mathscr{D}$ 与 $\mathscr{G}$ 的 Bergman 核函数.

特别地，当 $\mathscr{G} \subseteq \mathscr{D}$ 而变换 $\boldsymbol{w} = f(\boldsymbol{z})$ 是么变换，即 $\boldsymbol{w} = \boldsymbol{z}$ 时，我们有：

定理 9′ 如果有界单叶域 $\mathscr{D}$ 是可递的，则存在一只与 $\mathscr{D}$ 有关的正常数 k，使对任一单叶域 $\mathscr{G} \subseteq \mathscr{D}$，恒有

$$T_{\mathscr{D}}(\boldsymbol{z}, \bar{\boldsymbol{z}}) \leqslant k^2 T_{\mathscr{G}}(\boldsymbol{z}, \bar{\boldsymbol{z}})$$

对任一点 $\boldsymbol{z} \in \mathscr{G}$.

只与 $\mathscr{D}$ 有关的最小之正常数 k 使得定理 9′ 成立者，我们称之为联系(associated) 于域 $\mathscr{D}$ 的常数，而以 $k_1(\mathscr{D})$ 表之. $k_1(\mathscr{D})$ 也是一对拓扑的解析变换之绝对不变量. 在一般情形下，$k_1(\mathscr{D})$ 是不等于 $k_0(\mathscr{D})$ 的.

最后，我们简述一下上面结果证明之轮廓. 我们知道一个复变数 Schwarz 引理在单位圆之证明是利用单位圆之可递性及下面的结果：如果 $w = f(z)$ 是把单位圆映入其内部的解析映射使原点固定不变者，则 $\left|\frac{\mathrm{d}w}{\mathrm{d}z}\right|_{z=0} \leqslant 1$；等号成立当且仅当变换 $w = f(z)$ 属于把单位圆映为自己的拓扑的解析变换群. 同样，我们首先

推广这个结果到多个复变数的情形,而有:

基本定理 如果 $\mathscr{D}$ 是任一有界单叶域.

Ⅰ. 对任意 n 个函数 $f(z)=(f_1(z),\cdots,f_n(z))$,其中每一 $f_i(z)$ 皆在 $\mathscr{D}$ 解析,并且适合

$$|f_1(z)|^2+\cdots+|f_n(z)|^2\leqslant M^2$$

M 是一正常数,则恒有

$$\frac{\partial f}{\partial z}\overline{\frac{\partial f'}{\partial z}}\leqslant M^2T_{\mathscr{D}}(z,\bar{z})$$

Ⅱ. 如果解析变换 $\boldsymbol{w}=f(z)$ 是把 $\mathscr{D}$ 映入其内部使原点不变者,则方阵 $\left(\frac{\partial \boldsymbol{w}}{\partial z}\right)_{z=0}$ 的特征根之绝对值皆小于或等于1,所有特征根之绝对值皆等于1的必要且充分的条件为变换 $\boldsymbol{w}=f(z)$ 属于把 $\mathscr{D}$ 映为自己的拓扑的解析变换群.

基本定理之第 Ⅱ 部分是 H. Cartan 定理的一个推广.

定理7的充分性与定理9皆是由已知域的可递性与基本定理而得者.定理7的必要性,我们是对每一典型域除等价于超球者外皆举一反例以证明之.

至于基本定理之证明,我们首先对 Schwarz 不等式做一显然的推广,即

$$\int_{\mathscr{D}}\bar{\boldsymbol{\lambda}}'\boldsymbol{\varphi}\dot{z}\left(\overline{\int_{\mathscr{D}}\bar{\boldsymbol{\lambda}}'\boldsymbol{\varphi}\dot{z}}\right)'\leqslant\int_{\mathscr{D}}\boldsymbol{\varphi}\bar{\boldsymbol{\varphi}}'\dot{z}\int_{\mathscr{D}}\bar{\boldsymbol{\lambda}}'\boldsymbol{\lambda}\dot{z}$$

其中 $\boldsymbol{\varphi}=(\varphi_1(z),\cdots,\varphi_n(z))$ 与 $\boldsymbol{\lambda}=(\lambda_1(z),\cdots,\lambda_n(z))$ 是 $1\times n$ 矩阵,$\lambda_i(z)$ 与 $\varphi_j(z)$ 皆是在 $\mathscr{D}$ 绝对值平方可积的函数,$\dot{z}$ 表示欧氏体积元素,然后以

$$\varphi_i(z)=f_i(z)K(z,\bar{t})$$

及

$$\lambda_j(z)=K(z,\bar{t})\frac{\partial K_{\mathscr{D}}(t,\bar{t})}{\partial \bar{t}_j}-K(t,\bar{t})\frac{\partial K_{\mathscr{D}}(z,\bar{t})}{\partial \bar{t}_j}$$

代入 Schwarz 不等式,经一些计算后即得基本定理的第 Ⅰ 部分. 基本定理之第 Ⅱ 部分是从第 Ⅰ 部分及应用 H. Cartan 定理(见前注)而得者.

上述各定理的一些推论,不在引言中叙述而包含在下文中.

2　本节所用的符号及所引用的结果的说明

为简便起见,如非特别声明,下文所称的域是指 n 个复变数 $\boldsymbol{z}=(z_1,\cdots,z_n)$ 空间的有界单叶域. 我们以 $\bar{\alpha}$ 表示一数 α 的共轭数,以 $K(\boldsymbol{z},\bar{\boldsymbol{t}})$ 表示一域 $\mathscr{D}$ 的 Bergman 核函数,这是在 $\mathscr{D}$ 内的对 $\boldsymbol{z}$ 及 $\bar{\boldsymbol{t}}=(\bar{t}_1,\cdots,\bar{t}_n)$ 的解析函数,当 $\bar{\boldsymbol{t}}$ 固定时,对 $\boldsymbol{z}$ 是在 $\mathscr{D}$ 绝对值平方可积的. 此外,它具有下列性质

$$\overline{K(\boldsymbol{z},\bar{\boldsymbol{t}})}=K(\boldsymbol{t},\bar{\boldsymbol{z}}),K(\boldsymbol{z},\bar{\boldsymbol{z}})>0$$

对任一在 $\mathscr{D}$ 解析的并绝对值平方可积的函数 $g(\boldsymbol{z})$,恒有

$$g(\boldsymbol{t})=\int_{\mathscr{D}}g(\boldsymbol{z})K(\boldsymbol{t},\bar{\boldsymbol{z}})\dot{z} \tag{2}$$

$$\frac{\partial g(\boldsymbol{t})}{\partial t_j}=\int_{\mathscr{D}}g(\boldsymbol{z})\ \frac{\partial K(\boldsymbol{t},\bar{\boldsymbol{z}})}{\partial t_j}\dot{z},j=1,\cdots,n \tag{3}$$

其中 $\int_{\mathscr{D}}$ 是在 $\mathscr{D}$ 的 $2n$ 重积分号之简写.

令

$$T_{l\bar{k}}(\boldsymbol{z},\bar{\boldsymbol{z}})=\frac{\partial^2\log\ K(\boldsymbol{z},\bar{\boldsymbol{z}})}{\partial z_l\partial\bar{z}_k},l,k=1,\cdots,n \tag{4}$$

及

$$T(\boldsymbol{z},\bar{\boldsymbol{z}})=\begin{pmatrix}T_{1\bar{1}}(\boldsymbol{z},\bar{\boldsymbol{z}}) & \cdots & T_{1\bar{n}}(\boldsymbol{z},\bar{\boldsymbol{z}})\\ \vdots & & \vdots\\ T_{n\bar{1}}(\boldsymbol{z},\bar{\boldsymbol{z}}) & \cdots & T_{n\bar{n}}(\boldsymbol{z},\bar{\boldsymbol{z}})\end{pmatrix} \tag{5}$$

$T(z,\bar{z})$ 是一正定的哈尔密方阵，我们称之为域 $\mathscr{D}$ 的度量方阵.

有时为了与另一域的核函数及度量方阵区别起见，我们以 $K_{\mathscr{D}}(z,\bar{z})$ 与 $T_{\mathscr{D}}(z,\bar{z})$ 代替 $K(z,\bar{z})$ 与 $T(z,\bar{z})$.

如果 $\boldsymbol{A}=(a_{\alpha j})_{\substack{1\leqslant\alpha\leqslant m\\1\leqslant j\leqslant n}}$ 是一 $m\times n$ 矩阵，我们以 $\overline{\boldsymbol{A}}$ 表示$m\times n$ 矩阵$(\overline{a}_{\alpha j})$，以 $\boldsymbol{A}'$ 表示矩阵 $\boldsymbol{A}$ 的置换.

在域 $\mathscr{D}$ 定义的解析变换，为简单起见，我们以

$$\boldsymbol{w}=f(\boldsymbol{z})$$

表之，此即

$$\boldsymbol{w}=(w_1,\cdots,w_n),f(\boldsymbol{z})=(f_1(\boldsymbol{z}),\cdots,f_n(\boldsymbol{z}))$$

每一 $f_i(\boldsymbol{z})$ 皆是在 $\mathscr{D}$ 解析的函数. 我们以$\dfrac{\partial\boldsymbol{w}}{\partial\boldsymbol{z}}$ 表示变换的 Jacobi 方阵，即

$$\frac{\partial\boldsymbol{w}}{\partial\boldsymbol{z}}=\begin{pmatrix}\dfrac{\partial w_1}{\partial z_1} & \cdots & \dfrac{\partial w_n}{\partial z_1}\\ \vdots & & \vdots\\ \dfrac{\partial w_1}{\partial z_n} & \cdots & \dfrac{\partial w_n}{\partial z_n}\end{pmatrix}$$

若解析变换把 $\mathscr{D}$ 映为一域 $\mathscr{G}$，其 Jacobi 方阵$\dfrac{\partial\boldsymbol{w}}{\partial\boldsymbol{z}}$是非异的，则有

$$T_{\mathscr{D}}(\boldsymbol{z},\bar{\boldsymbol{z}})=\frac{\partial\boldsymbol{w}}{\partial\boldsymbol{z}}T_{\mathscr{G}}(\boldsymbol{w},\bar{\boldsymbol{w}})\overline{\frac{\partial\boldsymbol{w}'}{\partial\boldsymbol{z}}}\tag{6}$$

从本节开始到这里为止的结果之未有证明者，皆可从 Bergman 所著《Sur les fonctions orthogonales de plusieurs variables etc.》得见之.

如果两 $n\times n$ 哈尔密方阵$\boldsymbol{A}$ 与$\boldsymbol{B}$ 适合$\boldsymbol{A}\leqslant\boldsymbol{B}$，易证对任一 $n\times n$ 矩阵$\boldsymbol{C}$，恒有

$$\boldsymbol{C}\boldsymbol{A}\overline{\boldsymbol{C}}' \leqslant \boldsymbol{C}\boldsymbol{B}\overline{\boldsymbol{C}}' \tag{7}$$

又若三个 $n\times n$ 哈尔密方阵 $\boldsymbol{A},\boldsymbol{B},\boldsymbol{C}$ 适合 $\boldsymbol{A}\leqslant\boldsymbol{B}$，$\boldsymbol{B}\leqslant\boldsymbol{C}$，则显然有 $\boldsymbol{A}\leqslant\boldsymbol{C}$. 故我们写 $\boldsymbol{A}\leqslant\boldsymbol{B}\leqslant\boldsymbol{C}$ 时是有意义的.

如果在 $\mathscr{D}$ 定义的解析变换 $\boldsymbol{w}=f(\boldsymbol{z})$ 其Jacobi方阵是非异的，易见

$$\left(\frac{\partial \boldsymbol{w}}{\partial \boldsymbol{z}}\right)^{-1}=\frac{\partial \boldsymbol{z}}{\partial \boldsymbol{w}}=\begin{pmatrix}\frac{\partial z_1}{\partial w_1} & \cdots & \frac{\partial z_n}{\partial w_1}\\ \vdots & & \vdots\\ \frac{\partial z_1}{\partial w_n} & \cdots & \frac{\partial z_n}{\partial w_n}\end{pmatrix} \tag{8}$$

又如 $\boldsymbol{z}=\varphi(\boldsymbol{t})$ 是把一域 $\mathscr{G}$ 映入 $\mathscr{D}$ 的解析变换，则

$$\frac{\partial \boldsymbol{w}}{\partial \boldsymbol{t}}=\frac{\partial \varphi(\boldsymbol{t})}{\partial \boldsymbol{t}}\cdot\frac{\partial f(\boldsymbol{z})}{\partial \boldsymbol{z}} \tag{9}$$

$m\times n$ 矩阵 $\boldsymbol{A}=(a_{\alpha j})$ 的元素 $a_{\alpha j}$ 若是在 $\mathscr{D}$ 可积的函数，我们定义矩阵 $\boldsymbol{A}$ 在 $\mathscr{D}$ 的积分为

$$\int_{\mathscr{D}}\boldsymbol{A}\dot{z}=\begin{pmatrix}\int_{\mathscr{D}}a_{11}\dot{z} & \cdots & \int_{\mathscr{D}}a_{1n}\dot{z}\\ \vdots & & \vdots\\ \int_{\mathscr{D}}a_{m1}\dot{z} & \cdots & \int_{\mathscr{D}}a_{mn}\dot{z}\end{pmatrix}$$

在前文中述及的及下文将再引用的H. Cartan定理，是指：

设有界单叶域 $\mathscr{D}$ 包含原点，若解析变换 $\boldsymbol{w}=f(\boldsymbol{z})$ 是把 $\mathscr{D}$ 映入其内部使原点固定不变者，则

$$\left|\det\left(\frac{\partial \boldsymbol{w}}{\partial \boldsymbol{z}}\right)_{\boldsymbol{z}=\boldsymbol{0}}\right|\leqslant 1$$

等号成立的必要且充分的条件为 $\boldsymbol{w}=f(\boldsymbol{z})$ 属于把 $\mathscr{D}$ 映为自己的拓扑的解析变换群.

这里所用 $\det \boldsymbol{A}$ 表示方阵 $\boldsymbol{A}$ 的行列式.

3　基本定理的证明

引理 2(Schwarz 不等式之推广)　设 $\boldsymbol{\lambda}(z)=(\lambda_1(z),\cdots,\lambda_n(z))$ 与 $\boldsymbol{\varphi}(z)=(\varphi_1(z),\cdots,\varphi_n(z))$ 是两 n 维向量,它们的支量 $\lambda_i(z)$ 与 $\varphi_j(z)$ 皆是在域 $\mathscr{D}$ 定义的绝对值平方可积的函数,则恒有

$$\int_{\mathscr{D}}\bar{\boldsymbol{\lambda}}'\boldsymbol{\varphi}\dot{z}\left(\overline{\int_{\mathscr{D}}\bar{\boldsymbol{\lambda}}'\boldsymbol{\varphi}\dot{z}}\right)'\leqslant\int_{\mathscr{D}}\boldsymbol{\varphi}\bar{\boldsymbol{\varphi}}'\dot{z}\int_{\mathscr{D}}\bar{\boldsymbol{\lambda}}'\boldsymbol{\lambda}\dot{z}\tag{10}$$

证明　设 $\boldsymbol{u}=(u_1,\cdots,u_n)$ 是一常数向量,如是有

$$\boldsymbol{u}\int_{\mathscr{D}}\bar{\boldsymbol{\lambda}}'\boldsymbol{\varphi}\dot{z}\left(\overline{\int_{\mathscr{D}}\bar{\boldsymbol{\lambda}}'\boldsymbol{\varphi}\dot{z}}\right)'\bar{\boldsymbol{u}}'=\int_{\mathscr{D}}(\boldsymbol{u}\bar{\boldsymbol{\lambda}}')\boldsymbol{\varphi}\dot{z}\int\bar{\boldsymbol{\varphi}}'(\boldsymbol{\lambda}\bar{\boldsymbol{u}}')\dot{z}=$$

$$\sum_{j=1}^{n}\left|\int_{\mathscr{D}}(\boldsymbol{u}\bar{\boldsymbol{\lambda}}')\varphi_j\dot{z}\right|^2\leqslant\sum_{j=1}^{n}\int_{\mathscr{D}}|\varphi_j|^2\dot{z}\int_{\mathscr{D}}|\boldsymbol{u}\bar{\boldsymbol{\lambda}}'|^2\dot{z}=$$

$$\int_{\mathscr{D}}\boldsymbol{\varphi}\bar{\boldsymbol{\varphi}}'\dot{z}\int_{\mathscr{D}}\boldsymbol{u}\bar{\boldsymbol{\lambda}}'\boldsymbol{\lambda}\bar{\boldsymbol{u}}'\dot{z}=\boldsymbol{u}\left(\int_{\mathscr{D}}\boldsymbol{\varphi}\bar{\boldsymbol{\varphi}}'\dot{z}\int_{\mathscr{D}}\bar{\boldsymbol{\lambda}}'\boldsymbol{\lambda}\dot{z}\right)\bar{\boldsymbol{u}}'$$

上式 $\boldsymbol{u}$ 可以是任意之常数向量,因此(10)恒成立.引理证毕.

现在 $f_j(z)(j=1,\cdots,n)$ 是一组在 $\mathscr{D}$ 解析的函数,并且有一正数 M,使得对任一点 $z\in\mathscr{D}$ 恒有

$$|f_1(z)|^2+\cdots+|f_n(z)|^2\leqslant M^2\tag{11}$$

不等式(11)表示每一 $f_j(z)$ 皆在 $\mathscr{D}$ 有界,因此若 $\boldsymbol{t}$ 是域 $\mathscr{D}$ 中一固定点,令

$$\varphi_j(z)=f_j(z)K(z,\bar{t}),j=1,\cdots,n\tag{12}$$

则 $\varphi_j(z)$ 对 z 是在 $\mathscr{D}$ 解析并绝对值平方可积的函数.

令

$$\lambda_j(z)=K(z,\bar{t})\frac{\partial K(t,\bar{t})}{\partial\bar{t}_j}-K(t,\bar{t})\frac{\partial K(z,\bar{t})}{\partial\bar{t}_j},j=1,\cdots,n\tag{13}$$

每一 $\lambda_j(z)$ 对 z 来说,也是在 $\mathscr{D}$ 解析的并绝对值平方可

积的函数.

由式(2) 及(3) 知

$$\int_{\mathscr{D}} \overline{\lambda_i(z)} \varphi_j(z) \dot{z} =$$

$$\frac{\partial K(t,\bar{t})}{\partial t_i} \int_{\mathscr{D}} \varphi_j(z) K(t,\bar{z}) \dot{z} -$$

$$K(t,\bar{t}) \int_{\mathscr{D}} \varphi_j(z) \frac{\partial K(t,\bar{z})}{\partial t_i} \dot{z} =$$

$$\varphi_j(t) \frac{\partial K(t,\bar{t})}{\partial t_i} - K(t,\bar{t}) \frac{\partial \varphi_j(t)}{\partial t_i} =$$

$$-K^2(t,\bar{t}) \frac{\partial}{\partial t_i}\left[\frac{\varphi_j(t)}{K(t,\bar{t})}\right] =$$

$$-K^2(t,\bar{t}) \frac{\partial f_j(t)}{\partial t_i}, i,j = 1,\cdots,n$$

由此知

$$\int_{\mathscr{D}} \bar{\boldsymbol{\lambda}}' \boldsymbol{\varphi} \dot{z} = \begin{pmatrix} \int_{\mathscr{D}} \bar{\lambda}_1 \varphi_1 \dot{z} & \cdots & \int_{\mathscr{D}} \bar{\lambda}_1 \varphi_n \dot{z} \\ \vdots & & \vdots \\ \int_{\mathscr{D}} \bar{\lambda}_n \varphi_1 \dot{z} & \cdots & \int_{\mathscr{D}} \bar{\lambda}_n \varphi_n \dot{z} \end{pmatrix} =$$

$$-K^2(t,\bar{t}) \begin{pmatrix} \frac{\partial f_1}{\partial z_1} & \cdots & \frac{\partial f_n}{\partial z_1} \\ \vdots & & \vdots \\ \frac{\partial f_1}{\partial z_1} & \cdots & \frac{\partial f_n}{\partial z_n} \end{pmatrix} =$$

$$-K^2(t,\bar{t}) \frac{\partial f(t)}{\partial t} \tag{14}$$

同样,由

$$\int_{\mathscr{D}} \overline{\lambda_i(z)} \lambda_j(z) \dot{z} =$$

$$\frac{\partial K(t,\bar{t})}{\partial t_i}\frac{\partial K(t,\bar{t})}{\partial \bar{t}_j}\int_{\mathscr{D}}K(z,\bar{t})K(t,\bar{z})\dot{z}-$$

$$K(t,\bar{t})\frac{\partial K(t,\bar{t})}{\partial \bar{t}_j}\int_{\mathscr{D}}K(z,\bar{t})\frac{\partial K(t,\bar{z})}{\partial t_i}\dot{z}-$$

$$K(t,\bar{t})\frac{\partial K(t,\bar{t})}{\partial t_i}\int_{\mathscr{D}}\frac{\partial K(z,\bar{t})}{\partial \bar{t}_j}K(t,\bar{z})\dot{z}+$$

$$K^2(t,\bar{t})\int_{\mathscr{D}}\frac{\partial K(z,\bar{t})}{\partial \bar{t}_j}\frac{\partial K(t,\bar{z})}{\partial t_i}\dot{z}=$$

$$\frac{\partial K(t,\bar{t})}{\partial t_i}\frac{\partial K(t,\bar{t})}{\partial \bar{t}_j}K(t,\bar{t})-K(t,\bar{t})\frac{\partial K(t,\bar{t})}{\partial \bar{t}_j}\frac{\partial K(t,\bar{t})}{\partial t_i}-$$

$$K(t,\bar{t})\frac{\partial K(t,\bar{t})}{\partial t_i}\frac{\partial K(t,\bar{t})}{\partial \bar{t}_j}+K^2(t,\bar{t})\frac{\partial^2 K(t,\bar{t})}{\partial t_i\partial \bar{t}_j}=$$

$$K(t,\bar{t})\left[K(t,\bar{t})\frac{\partial^2 K(t,\bar{t})}{\partial t_i\partial \bar{t}_j}-\frac{\partial K(t,\bar{t})}{\partial t_i}\frac{\partial K(t,\bar{t})}{\partial \bar{t}_j}\right]=$$

$$K^3(t,\bar{t})\frac{\partial^2\log K(t,\bar{t})}{\partial t_i\partial \bar{t}_j}=$$

$$K^3(t,\bar{t})T_{i\bar{j}}(t,\bar{t}),i,j=1,\cdots,n$$

可知

$$\int_{\mathscr{D}}\bar{\boldsymbol{\lambda}}'\boldsymbol{\lambda}\dot{z}=\begin{pmatrix}\int_{\mathscr{D}}\bar{\lambda}_1\lambda_1\dot{z} & \cdots & \int_{\mathscr{D}}\bar{\lambda}_1\lambda_n\dot{z}\\ \vdots & & \vdots\\ \int_{\mathscr{D}}\bar{\lambda}_n\lambda_1\dot{z} & \cdots & \int_{\mathscr{D}}\bar{\lambda}_n\lambda_n\dot{z}\end{pmatrix}=$$

$$K^3(t,\bar{t})\begin{pmatrix}T_{1\bar{1}}(t,\bar{t}) & \cdots & T_{1\bar{n}}(t,\bar{t})\\ \vdots & & \vdots\\ T_{n\bar{1}}(t,\bar{t}) & \cdots & T_{n\bar{n}}(t,\bar{t})\end{pmatrix}=$$

$$K^3(t,\bar{t})T(t,\bar{t}) \tag{15}$$

由(14),(15)与引理2得

$$K^4(t,\bar{t})\frac{\partial f(t)}{\partial t}\overline{\frac{\partial f(t)}{\partial t}}'\leqslant K^3(t,\bar{t})\int_{\mathscr{D}}\boldsymbol{\varphi}\bar{\boldsymbol{\varphi}}'\dot{z}T(t,\bar{t})$$

即

$$\frac{\partial f(\boldsymbol{t})}{\partial \boldsymbol{t}}\overline{\frac{\partial f(\boldsymbol{t})}{\partial \boldsymbol{t}}}' \leqslant \frac{1}{K(\boldsymbol{t},\bar{\boldsymbol{t}})}\int_{\mathscr{D}} \boldsymbol{\varphi}\bar{\boldsymbol{\varphi}}'\dot{z}T(\boldsymbol{t},\bar{\boldsymbol{t}}) \qquad (16)$$

由(11)与(12)知

$$\boldsymbol{\varphi}\bar{\boldsymbol{\varphi}}' = |\varphi_1(\boldsymbol{z})|^2 + \cdots + |\varphi_n(\boldsymbol{z})|^2 = (|f_1(\boldsymbol{z})|^2 + \cdots + |f_n(\boldsymbol{z})|^2)|K(\boldsymbol{z},\bar{\boldsymbol{t}})|^2 \leqslant M^2 |K(\boldsymbol{z},\bar{\boldsymbol{t}})|^2$$

故式(16)变为

$$\frac{\partial f(\boldsymbol{t})}{\partial \boldsymbol{t}}\overline{\frac{\partial f(\boldsymbol{t})}{\partial \boldsymbol{t}}}' \leqslant \frac{M^2}{K(\boldsymbol{t},\bar{\boldsymbol{t}})}\int_{\mathscr{D}} |K(\boldsymbol{z},\bar{\boldsymbol{t}})|^2\dot{z}T(\boldsymbol{t},\bar{\boldsymbol{t}}) = \frac{M^2}{K(\boldsymbol{t},\bar{\boldsymbol{t}})}K(\boldsymbol{t},\bar{\boldsymbol{t}})T(\boldsymbol{t},\bar{\boldsymbol{t}})$$

此即

$$\frac{\partial f(\boldsymbol{t})}{\partial \boldsymbol{t}}\overline{\frac{\partial f(\boldsymbol{t})}{\partial \boldsymbol{t}}}' \leqslant M^2 T(\boldsymbol{t},\bar{\boldsymbol{t}}) \qquad (17)$$

$\boldsymbol{t}$可以是$\mathscr{D}$中任一点. 这完全证明了基本定理之第Ⅰ部分.

现在假定$\mathscr{D}$包含原点, $\boldsymbol{w}=f(\boldsymbol{z})$是把$\mathscr{D}$映入其内部的解析映射使原点固定不变者. 由于$\mathscr{D}$是有界的, 因此必存在一正常数$M$使得对任一点$\boldsymbol{z}\in\mathscr{D}$时, $f(\boldsymbol{z})=(f_1(\boldsymbol{z}),\cdots,f_n(\boldsymbol{z}))$适合$f(\boldsymbol{z})\overline{f(\boldsymbol{z})}'\leqslant M^2$. 由式(17)知

$$\left(\frac{\partial f(\boldsymbol{z})}{\partial \boldsymbol{z}}\right)_{\boldsymbol{z}=\boldsymbol{0}}\left(\overline{\frac{\partial f(\boldsymbol{z})}{\partial \boldsymbol{z}}}\right)'_{\boldsymbol{z}=\boldsymbol{0}} \leqslant M^2 T(\boldsymbol{0},\boldsymbol{0})$$

由于$T(\boldsymbol{0},\boldsymbol{0})$是一常数的正定哈尔密方阵, 故必存在一正数$a$, 使得

$$T(\boldsymbol{0},\boldsymbol{0}) \leqslant a\boldsymbol{I}$$

这里$\boldsymbol{I}$是$n\times n$么方阵. 如是

$$\left(\frac{\partial f(\boldsymbol{z})}{\partial \boldsymbol{z}}\right)_{\boldsymbol{z}=\boldsymbol{0}}\left(\overline{\frac{\partial f(\boldsymbol{z})}{\partial \boldsymbol{z}}}\right)'_{\boldsymbol{z}=\boldsymbol{0}} \leqslant aM^2\boldsymbol{I} \qquad (18)$$

把$f_j(\boldsymbol{z})$在原点附近展为幂级数. 由于解析变换$\boldsymbol{w}=f(\boldsymbol{z})$把原点固定不变, 这些展式皆无常数项. 设

$$f_j(\boldsymbol{z})=a_{1j}z_1+\cdots+a_{nj}z_n+\cdots, j=1,\cdots,n \quad (19)$$

令

$$\boldsymbol{A}=\begin{pmatrix} a_{11} & \cdots & a_{1n} \\ \vdots & & \vdots \\ a_{n1} & \cdots & a_{nn} \end{pmatrix} \quad (20)$$

则

$$\left(\frac{\partial f(\boldsymbol{z})}{\partial \boldsymbol{z}}\right)_{\boldsymbol{z}=\boldsymbol{0}}=\boldsymbol{A}$$

而(18)可以写为

$$\boldsymbol{A}\overline{\boldsymbol{A}}' \leqslant aM^2\boldsymbol{I} \quad (18)'$$

作变换 $\boldsymbol{t}=f(\boldsymbol{w})=f(f(\boldsymbol{z}))$，这也是使原点不变的把 $\mathscr{D}$ 映入其内部的解析映射，因此有

$$\left(\frac{\partial f(f(\boldsymbol{z}))}{\partial \boldsymbol{z}}\right)_{\boldsymbol{z}=\boldsymbol{0}}\overline{\left(\frac{\partial f(f(\boldsymbol{z}))}{\partial \boldsymbol{z}}\right)}'_{\boldsymbol{z}=\boldsymbol{0}} \leqslant aM^2\boldsymbol{I}$$

由于

$$\left(\frac{\partial f(f(\boldsymbol{z}))}{\partial \boldsymbol{z}}\right)_{\boldsymbol{z}=\boldsymbol{0}}=\left(\frac{\partial f(\boldsymbol{z})}{\partial \boldsymbol{z}}\right)_{\boldsymbol{z}=\boldsymbol{0}}\left(\frac{\partial f(\boldsymbol{w})}{\partial \boldsymbol{w}}\right)_{\boldsymbol{w}=\boldsymbol{0}}=\boldsymbol{A}^2$$

故有

$$\boldsymbol{A}^2\overline{\boldsymbol{A}}'^2 \leqslant aM^2\boldsymbol{I}$$

当我们把变换 $\boldsymbol{w}=f(\boldsymbol{z})$ 重复 k 次，这仍然是把 $\mathscr{D}$ 映入其内部的解析变换，并使原点固定不变，因此有

$$\boldsymbol{A}^k\overline{\boldsymbol{A}}'^k \leqslant aM^2\boldsymbol{I} \quad (21)$$

习知存在酉方阵 $\boldsymbol{U}$，使得 $\boldsymbol{A}=\boldsymbol{U\Gamma}\overline{\boldsymbol{U}}'$，其中 $\boldsymbol{\Gamma}$ 是一三角方阵，设其为

$$\boldsymbol{\Gamma}=\begin{pmatrix} \mu_1 & & * \\ & \ddots & \\ \boldsymbol{0} & & \mu_n \end{pmatrix}$$

其中 $\mu_1,\cdots,\mu_n$ 便是 $\boldsymbol{A}$ 的特征根，也就是 $\left(\frac{\partial f(\boldsymbol{z})}{\partial \boldsymbol{z}}\right)_{\boldsymbol{z}=\boldsymbol{0}}$ 的

特征根.

以 $\boldsymbol{A}=\boldsymbol{U\Gamma\bar{U}}'$ 代入(21)得

$$\boldsymbol{U\Gamma}^k\overline{\boldsymbol{\Gamma}^k}'\bar{\boldsymbol{U}}'\leqslant aM^2\boldsymbol{I}$$

此即

$$\boldsymbol{\Gamma}^k\overline{\boldsymbol{\Gamma}^k}'\leqslant aM^2\boldsymbol{I} \tag{21$'$}$$

因

$$\boldsymbol{\Gamma}^k=\begin{pmatrix}\mu_1^k & & * \\ & \ddots & \\ \boldsymbol{0} & & \mu_n^k\end{pmatrix}$$

$$\boldsymbol{\Gamma}^k\overline{\boldsymbol{\Gamma}^k}'=\begin{pmatrix}|\mu_1|^{2k}+\text{非负实数} & & * \\ & \ddots & \\ * & & |\mu_n|^{2k}\end{pmatrix}$$

由(21)$'$知必须

$$|\mu_1|^{2k}\leqslant aM^2,\cdots,|\mu_n|^{2k}\leqslant aM^2$$

对任一正整数 k,因此必须

$$|\mu_1|\leqslant 1,\cdots,|\mu_n|\leqslant 1 \tag{22}$$

这里证明了 $\boldsymbol{w}=f(\boldsymbol{z})$ 在原点之Jacobi方阵 $\left(\frac{\partial f(\boldsymbol{z})}{\partial \boldsymbol{z}}\right)_{\boldsymbol{z}=\boldsymbol{0}}$ 之特征根之绝对值必须小于或等于1.

由于

$$\left|\det\left(\frac{\partial f(\boldsymbol{z})}{\partial \boldsymbol{z}}\right)_{\boldsymbol{z}=\boldsymbol{0}}\right|=|\mu_1|\cdots|\mu_n| \tag{23}$$

从(22)与(23)知

$$\left|\det\left(\frac{\partial f(\boldsymbol{z})}{\partial \boldsymbol{z}}\right)_{\boldsymbol{z}=\boldsymbol{0}}\right|=1$$

的必要且充分的条件为

$$|\mu_1|=\cdots=|\mu_n|=1$$

因此由H. Cartan定理知,$\boldsymbol{w}=f(\boldsymbol{z})$ 是属于把 $\mathscr{D}$ 映为自

己的拓扑的解析变换群之充要条件为所有 $\left(\frac{\partial f(z)}{\partial z}\right)_{z=0}$ 之特征根之绝对值皆等于 1. 这证明了基本定理之第 Ⅱ 部分.

至此基本定理完全证明.

4 在可递域的 Schwarz 引理第二部分之研究

引理 3 如果 Schwarz 引理的第二部分(或第一部分)在一域 $\mathscr{G}$ 成立,则此引理之第二部分(或第一部分)在任一等价于 $\mathscr{G}$ 的域 $\mathscr{D}$ 亦成立.

这个引理是显然的,因由式(6) 知如果 $\mathscr{D}$ 能经拓扑的解析变换 $w=\varphi(z)$ 把 $\mathscr{D}$ 映为 $\mathscr{G}$,则

$$\mathrm{d}s_{\mathscr{D}}^{2}(z,\bar{z})=\mathrm{d}s_{\mathscr{G}}^{2}(w,\bar{w})$$

令此变换之逆变换为 $z=\varphi^{-1}(w)$,则对任一把 $\mathscr{D}$ 映入其内部的解析映射 $\overset{*}{z}=\psi(z)$,对应有一把 $\mathscr{G}$ 映入其内部的解析映射 $\overset{*}{w}=\varphi\psi\varphi^{-1}(w)$,反之亦然.

现在设 $\mathscr{D}$ 是包含原点的可递域,并且假定此域的度量方阵 $T(z,\bar{z})$ 在原点的值为

$$T(\mathbf{0},\mathbf{0})=\boldsymbol{I} \tag{24}$$

若

$$w=f(z) \tag{25}$$

是一解析映射把 $\mathscr{D}$ 映入其内部,并有一点 $z_0\in\mathscr{D}$ 使

$$\mathrm{d}s^{2}(w_0,\bar{w}_0)=\mathrm{d}s^{2}(z_0,\bar{z}_0) \tag{26}$$

其中 $w_0=f(z_0)$. 式(26) 即

$$\mathrm{d}z\left(\frac{\partial w}{\partial z}\right)_{z=z_0}T(w_0,\bar{w}_0)\overline{\left(\frac{\partial w}{\partial z}\right)_{z=z_0}'}\,\overline{\mathrm{d}z}'=$$

$$\mathrm{d}zT(z_0,\bar{z}_0)\overline{\mathrm{d}z}'$$

对任一向量 $\mathrm{d}z=(\mathrm{d}z_1,\cdots,\mathrm{d}z_n)$,故有

$$\left(\frac{\partial \boldsymbol{w}}{\partial \boldsymbol{z}}\right)_{z=z_0} T(\boldsymbol{w}_0,\overline{\boldsymbol{w}}_0)\overline{\left(\frac{\partial \boldsymbol{w}}{\partial \boldsymbol{z}}\right)'_{z=z_0}}=T(\boldsymbol{z}_0,\overline{\boldsymbol{z}}_0) \quad (26)'$$

由于 $\mathscr{D}$ 是可递的，对任一 $\boldsymbol{z}_0\in\mathscr{D}$，存在一解析变换

$$\overset{*}{\boldsymbol{z}}=\varphi(\boldsymbol{z};\boldsymbol{z}_0,\overline{\boldsymbol{z}}_0) \quad (27)$$

把点 $\boldsymbol{z}_0$ 映为原点而把 $\mathscr{D}$ 拓扑的映为自己. 由式(6)知，经变换(27)

$$T(\boldsymbol{z},\overline{\boldsymbol{z}})=\frac{\partial\varphi(\boldsymbol{z};\boldsymbol{z}_0,\overline{\boldsymbol{z}}_0)}{\partial\boldsymbol{z}}T(\overset{*}{\boldsymbol{z}},\overline{\overset{*}{\boldsymbol{z}}})\overline{\frac{\partial\varphi(\boldsymbol{z};\boldsymbol{z}_0,\overline{\boldsymbol{z}}_0)'}{\partial\boldsymbol{z}}}$$

以 $\boldsymbol{z}=\boldsymbol{z}_0$ 代入得

$$\begin{aligned}T(\boldsymbol{z}_0,\overline{\boldsymbol{z}}_0)&=\left(\frac{\partial\varphi(\boldsymbol{z};\boldsymbol{z}_0,\overline{\boldsymbol{z}}_0)}{\partial\boldsymbol{z}}\right)_{z=z_0}\times\\ &T(\mathbf{0},\mathbf{0})\overline{\left(\frac{\partial\varphi(\boldsymbol{z};\boldsymbol{z}_0,\overline{\boldsymbol{z}}_0)}{\partial\boldsymbol{z}}\right)'_{z=z_0}}=\\ &\left(\frac{\partial\varphi(\boldsymbol{z};\boldsymbol{z}_0,\overline{\boldsymbol{z}}_0)}{\partial\boldsymbol{z}}\right)_{z=z_0}\overline{\left(\frac{\partial\varphi(\boldsymbol{z};\boldsymbol{z}_0,\overline{\boldsymbol{z}}_0)}{\partial\boldsymbol{z}}\right)'_{z=z_0}}\end{aligned} \quad (28)$$

同样，存在解析变换

$$\overset{*}{\boldsymbol{w}}=\varphi(\boldsymbol{w};\boldsymbol{w}_0,\overline{\boldsymbol{w}}_0)$$

把 $\boldsymbol{w}_0\in\mathscr{D}$ 映为原点而把 $\mathscr{D}$ 拓扑的映为自己，且

$$\begin{aligned}T(\boldsymbol{w}_0,\overline{\boldsymbol{w}}_0)&=\left(\frac{\partial\varphi(\boldsymbol{w};\boldsymbol{w}_0,\overline{\boldsymbol{w}}_0)}{\partial\boldsymbol{w}}\right)_{w=w_0}\times\\ &\overline{\left(\frac{\partial\varphi(\boldsymbol{w};\boldsymbol{w}_0,\overline{\boldsymbol{w}}_0)}{\partial\boldsymbol{w}}\right)'_{w=w_0}}\end{aligned} \quad (29)$$

把(28)与(29)代入(26)′可得

$$\begin{aligned}&\left(\frac{\partial\varphi(\boldsymbol{z};\boldsymbol{z}_0,\overline{\boldsymbol{z}}_0)}{\partial\boldsymbol{z}}\right)^{-1}_{z=z_0}\left(\frac{\partial f(\boldsymbol{z})}{\partial\boldsymbol{z}}\right)_{z=z_0}\left(\frac{\partial\varphi(\boldsymbol{w};\boldsymbol{w}_0,\overline{\boldsymbol{w}}_0)}{\partial\boldsymbol{w}}\right)_{w=w_0}\times\\ &\overline{\left(\frac{\partial\varphi(\boldsymbol{w};\boldsymbol{w}_0,\overline{\boldsymbol{w}}_0)}{\partial\boldsymbol{w}}\right)'_{w=w_0}}\ \overline{\left(\frac{\partial f(\boldsymbol{z})}{\partial\boldsymbol{z}}\right)'_{z=z_0}}\times\\ &\overline{\left(\frac{\partial\varphi(\boldsymbol{z};\boldsymbol{z}_0,\overline{\boldsymbol{z}}_0)}{\partial\boldsymbol{z}}\right)'^{-1}_{z=z_0}}=\boldsymbol{I}\end{aligned} \quad (30)$$

令(27)之逆变换为

$$z=\varphi^{-1}(\overset{*}{z};z_0,\bar{z}_0)$$

则此变换是把点 $\overset{*}{z}=\mathbf{0}$ 变为 $z=z_0$. 由于

$$\left(\frac{\partial\varphi(z;z_0,\bar{z}_0)}{\partial z}\right)^{-1}_{z=z_0}=\left(\frac{\partial\varphi^{-1}(\overset{*}{z};z_0,\bar{z}_0)}{\partial\overset{*}{z}}\right)_{\overset{*}{z}=\mathbf{0}}$$

因此(30)可写为

$$\begin{aligned}&\left(\frac{\partial\varphi^{-1}(\overset{*}{z};z_0,\bar{z}_0)}{\partial\overset{*}{z}}\right)_{\overset{*}{z}=\mathbf{0}}\left(\frac{\partial f(z)}{\partial z}\right)_{z=z_0}\times\\&\left(\frac{\partial\varphi(w;w_0,\bar{w}_0)}{\partial w}\right)_{w=w_0}\times\\&\overline{\left(\frac{\partial\varphi(w;w_0,\bar{w}_0)}{\partial w}\right)'_{w=w_0}}\ \overline{\left(\frac{\partial f(z)}{\partial z}\right)'_{z=z_0}}\times\\&\overline{\left(\frac{\partial\varphi^{-1}(\overset{*}{z};z_0,\bar{z}_0)}{\partial\overset{*}{z}}\right)'_{\overset{*}{z}=\mathbf{0}}}=\boldsymbol{I}\end{aligned}\qquad(30)'$$

作变换

$$\overset{*}{w}=\varphi(f(\varphi^{-1}(\overset{*}{z};z_0,\bar{z}_0));w_0,\bar{w}_0)=\psi(\overset{*}{z})\qquad(31)$$

这个变换显然是把 $\mathscr{D}$ 映入其内部的解析映射,并且当 $\overset{*}{z}=\mathbf{0}$ 时 $\overset{*}{w}=\mathbf{0}$,即使原点固定不变. 此外

$$\frac{\partial\overset{*}{w}}{\partial\overset{*}{z}}=\frac{\partial\varphi^{-1}(\overset{*}{z};z_0,\bar{z}_0)}{\partial\overset{*}{z}}\frac{\partial f(z)}{\partial z}\frac{\partial\varphi(w;w_0,\bar{w}_0)}{\partial w}$$

把 $\overset{*}{z}=\mathbf{0}$ 代入上式得

$$\begin{aligned}\left(\frac{\partial\overset{*}{w}}{\partial\overset{*}{z}}\right)_{\overset{*}{z}=\mathbf{0}}=&\left(\frac{\partial\varphi^{-1}(\overset{*}{z};z_0,\bar{z}_0)}{\partial\overset{*}{z}}\right)_{\overset{*}{z}=\mathbf{0}}\times\\&\left(\frac{\partial f(z)}{\partial z}\right)_{z=z_0}\left(\frac{\partial\varphi(w;w_0,\bar{w}_0)}{\partial w}\right)_{w=w_0}\end{aligned}$$

由(30)′知

$$\left(\frac{\partial\overset{*}{w}}{\partial\overset{*}{z}}\right)_{\overset{*}{z}=\mathbf{0}}\overline{\left(\frac{\partial\overset{*}{w}}{\partial\overset{*}{z}}\right)'_{\overset{*}{z}=\mathbf{0}}}=\boldsymbol{I}$$

此示 $\left(\frac{\partial \overset{*}{w}}{\partial \overset{*}{z}}\right)_{\overset{*}{z}=0}$ 是一酉方阵,其特征根之绝对值必须皆等于 1. 由基本定理之第 Ⅱ 部分知变换 $\overset{*}{w}=\psi(\overset{*}{z})$ 必须属于把 $\mathscr{D}$ 映为自己的拓扑的解析变换群. 由(31) 知变换

$$w=f(z)=\varphi^{-1}(\psi(\overset{*}{z});w_0,\overline{w}_0)=$$
$$\varphi^{-1}(\psi(\varphi(z;z_0,\overline{z}_0));w_0,\overline{w}_0)$$

也是属于把 $\mathscr{D}$ 映为自己的拓扑的解析变换群.

这里证明了,如果 $\mathscr{D}$ 是一可递域包含原点,并且 $T(\mathbf{0},\mathbf{0})=\boldsymbol{I}$. 若解析映射 $w=f(z)$ 把 $\mathscr{D}$ 映入其内部,并且有一点 z 使

$$\mathrm{d}s^2(w,\overline{w})=\mathrm{d}s^2(z,\overline{z})$$

则 $w=f(z)$ 必须属于把 $\mathscr{D}$ 映为自己的拓扑的解析变换群.

如果 $T(\mathbf{0},\mathbf{0})\neq\boldsymbol{I}$,可作包含原点之域 $\mathscr{D}^*$ 等价于 $\mathscr{D}$ 者使 $T_{\mathscr{D}^*}(\mathbf{0},\mathbf{0})=\boldsymbol{I}$. 因为 $T_{\mathscr{D}}(\mathbf{0},\mathbf{0})$ 是正定的哈尔密方阵,必有一非异的常数方阵 $\boldsymbol{S}$ 使

$$T_{\mathscr{D}}(\mathbf{0},\mathbf{0})=\boldsymbol{S}\overline{\boldsymbol{S}}'$$

作线性变换

$$\overset{*}{z}=z\boldsymbol{S}$$

这把域 $\mathscr{D}$ 拓扑并解析的映为一域 $\mathscr{D}^*$, $\mathscr{D}^*$ 显然仍是一可递域. 由式(6) 知

$$T_{\mathscr{D}}(z,\overline{z})=\frac{\partial \overset{*}{z}}{\partial z}T_{\mathscr{D}^*}(\overset{*}{z},\overline{\overset{*}{z}})\,\overline{\frac{\partial \overset{*}{z}'}{\partial z}}=\boldsymbol{S}T_{\mathscr{D}^*}(\overset{*}{z},\overline{\overset{*}{z}})\overline{\boldsymbol{S}}'$$

如是有

$$T_{\mathscr{D}^*}(\mathbf{0},\mathbf{0})=\boldsymbol{S}^{-1}T_{\mathscr{D}}(\mathbf{0},\mathbf{0})\overline{\boldsymbol{S}}'^{-1}=\boldsymbol{I}$$

因此我们有如下命题:

命题 5 如果有界单叶域 $\mathscr{D}$ 是可递的,设解析映

射 $\boldsymbol{w}=f(\boldsymbol{z})$ 把 $\mathscr{D}$ 映入其内部并有一点 $\boldsymbol{z}$ 使

$$\mathrm{d}s^2(\boldsymbol{w},\overline{\boldsymbol{w}})=\mathrm{d}s^2(\boldsymbol{z},\overline{\boldsymbol{z}})$$

则变换 $\boldsymbol{w}=f(\boldsymbol{z})$ 必须属于把 $\mathscr{D}$ 映为自己的拓扑的解析变换群.

命题 5 就是 Schwarz 引理的第二部分. 现在问题是:是否对任一有界单叶域 $\mathscr{D}$ 是可递时,Schwarz 引理的第一部分亦成立? 下一小节中有一系列的反例.

5 一些反例

引理 4 设有界单叶域 $\mathscr{D}$ 是可递的并包含原点. 设 Schwarz 引理的第一部分在 $\mathscr{D}$ 成立,则对任一解析映射 $\boldsymbol{w}=f(\boldsymbol{z})$ 把 $\mathscr{D}$ 映入其内部并使原点固定不变者,必须适合

$$\left(\frac{\partial \boldsymbol{w}}{\partial \boldsymbol{z}}\right)_{\boldsymbol{z}=\boldsymbol{0}} T(\boldsymbol{0},\boldsymbol{0}) \overline{\left(\frac{\partial \boldsymbol{w}}{\partial \boldsymbol{z}}\right)_{\boldsymbol{z}=\boldsymbol{0}}'} \leqslant T(\boldsymbol{0},\boldsymbol{0}) \tag{32}$$

证明 这是显然的,由 $\mathrm{d}s^2(\boldsymbol{w},\overline{\boldsymbol{w}}) \leqslant \mathrm{d}s^2(\boldsymbol{z},\overline{\boldsymbol{z}})$,此即

$$\mathrm{d}\boldsymbol{w}T(\boldsymbol{w},\overline{\boldsymbol{w}})\overline{\mathrm{d}\boldsymbol{w}'} \leqslant \mathrm{d}\boldsymbol{z}T(\boldsymbol{z},\overline{\boldsymbol{z}})\overline{\mathrm{d}\boldsymbol{z}'}$$

因为 $\mathrm{d}\boldsymbol{w}=\mathrm{d}\boldsymbol{z}\dfrac{\partial \boldsymbol{w}}{\partial \boldsymbol{z}}$,故

$$\mathrm{d}\boldsymbol{z}\frac{\partial \boldsymbol{w}}{\partial \boldsymbol{z}}T(\boldsymbol{w},\overline{\boldsymbol{w}})\frac{\overline{\partial \boldsymbol{w}'}}{\partial \boldsymbol{z}}\overline{\mathrm{d}\boldsymbol{z}'} \leqslant \mathrm{d}\boldsymbol{z}T(\boldsymbol{z},\overline{\boldsymbol{z}})\overline{\mathrm{d}\boldsymbol{z}'}$$

对任一 $\mathrm{d}\boldsymbol{z}$,因此必须

$$\frac{\partial \boldsymbol{w}}{\partial \boldsymbol{z}}T(\boldsymbol{w},\overline{\boldsymbol{w}})\frac{\overline{\partial \boldsymbol{w}'}}{\partial \boldsymbol{z}} \leqslant T(\boldsymbol{z},\overline{\boldsymbol{z}})$$

特别地,取 $\boldsymbol{z}=\boldsymbol{0}$ 即得(32).

引理 5 如果 $\boldsymbol{H}=(h_{ij})_{1\leqslant i,j\leqslant n}$ 是一哈尔密方阵,并有一正数 a 使 $\boldsymbol{H}$ 的元素皆适合 $|h_{ij}|\leqslant a$,则对任一正数 b,存在一正数 ε 使

$$b\boldsymbol{I}-\varepsilon\boldsymbol{H}>\boldsymbol{0}$$

证明　设 $\boldsymbol{U}$ 是一酉方阵，由 $\boldsymbol{U}\overline{\boldsymbol{U}}'=\boldsymbol{I}$ 知 $|u_{ij}|\leqslant 1$（u_{ij} 是 $\boldsymbol{U}$ 的元素）.

习知存在酉方阵 $\boldsymbol{U}$ 使

$$\boldsymbol{U}\boldsymbol{H}\overline{\boldsymbol{U}}'=\begin{pmatrix}\mu_1 & & \boldsymbol{0}\\ & \ddots & \\ \boldsymbol{0} & & \mu_n\end{pmatrix}$$

此即

$$\mu_j=\sum_{k,l=1}^{n}u_{jk}h_{kl}\overline{u}_{jl},j=1,\cdots,n$$

这里 μ_j 是实数，由此知

$$|\mu_j|\leqslant\sum_{k,l=1}^{n}|u_{jk}||h_{kl}||\overline{u}_{jl}|\leqslant\sum_{k,l=1}^{n}a=n^2a$$

我们取 $\varepsilon<\dfrac{b}{n^2a}$，即有

$$\boldsymbol{U}(b\boldsymbol{I}-\varepsilon\boldsymbol{H})\overline{\boldsymbol{U}}'=\begin{pmatrix}b-\varepsilon\mu_1 & & \boldsymbol{0}\\ & \ddots & \\ \boldsymbol{0} & & b-\varepsilon\mu_n\end{pmatrix}>\boldsymbol{0}$$

因为 $b-\varepsilon\mu_j\geqslant b-\varepsilon|\mu_j|>0$，故 $b\boldsymbol{I}-\varepsilon\boldsymbol{H}>\boldsymbol{0}$. 引理证明：

（ⅰ）设 $n=2$，$\mathscr{D}$ 是双圆柱

$$|z_1|<1,\ |z_2|<1$$

作变换

$$\begin{cases}w_1=\dfrac{\sqrt{2}}{2}(1+\varepsilon)z_1+\dfrac{\sqrt{2}}{2}\varepsilon z_2\\ w_2=-\dfrac{\sqrt{2}}{2}(1+\varepsilon)z_1+\dfrac{\sqrt{2}}{2}\varepsilon z_2\end{cases}\tag{33}$$

其中 ε 是一正数. 由于

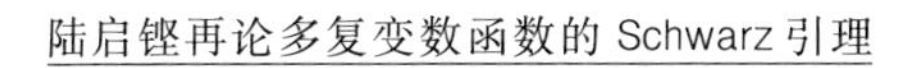

$$|w_1| = \left|\frac{\sqrt{2}}{2}z_1 + \frac{\sqrt{2}}{2}\varepsilon(z_1 + z_2)\right| \leqslant$$

$$\frac{\sqrt{2}}{2}|z_1| + \frac{\sqrt{2}}{2}\varepsilon|z_1 + z_2| \leqslant \frac{\sqrt{2}}{2} + \sqrt{2}\varepsilon$$

$$|w_2| = \left|-\frac{\sqrt{2}}{2}z_1 + \frac{\sqrt{2}}{2}\varepsilon(-z_1 + z_2)\right| \leqslant$$

$$\frac{\sqrt{2}}{2}|z_1| + \frac{\sqrt{2}}{2}\varepsilon|-z_1 + z_2| \leqslant \frac{\sqrt{2}}{2} + \sqrt{2}\varepsilon$$

取 ε 适当之小(例如 $\varepsilon < \frac{\sqrt{2}}{2} - \frac{1}{2}$),则

$$|w_1| < 1, \ |w_2| < 1$$

习知双圆柱的度量方阵为

$$T(\boldsymbol{z}, \bar{\boldsymbol{z}}) = 2\begin{pmatrix} \frac{1}{(1-|z_1|^2)^2} & 0 \\ 0 & \frac{1}{(1-|z_2|^2)^2} \end{pmatrix}.$$

故

$$T(\mathbf{0}, \mathbf{0}) = 2\begin{pmatrix} 1 & 0 \\ 0 & 1 \end{pmatrix}$$

另一方面

$$\frac{\partial \boldsymbol{w}}{\partial \boldsymbol{z}} = \begin{pmatrix} \frac{\sqrt{2}}{2}(1+\varepsilon) & -\frac{\sqrt{2}}{2}(1+\varepsilon) \\ \frac{\sqrt{2}}{2}\varepsilon & \frac{\sqrt{2}}{2}\varepsilon \end{pmatrix}$$

$$\left(\frac{\partial \boldsymbol{w}}{\partial \boldsymbol{z}}\right)_{\boldsymbol{z}=\mathbf{0}} T(\mathbf{0}, \mathbf{0}) \overline{\left(\frac{\partial \boldsymbol{w}}{\partial \boldsymbol{z}}\right)'}_{\boldsymbol{z}=\mathbf{0}} = 2\begin{pmatrix} (1+\varepsilon)^2 & 0 \\ 0 & \varepsilon^2 \end{pmatrix} \not\leqslant 2\begin{pmatrix} 1 & 0 \\ 0 & 1 \end{pmatrix}$$

由引理 4 知 Schwarz 引理之第一部分在双圆柱不能成立.

(ⅱ) 令 $\mathscr{R}_{\mathrm{I}}$ 代表域

$$\boldsymbol{I}-\boldsymbol{Z}\overline{\boldsymbol{Z}}'>\boldsymbol{0}$$

其中 $\boldsymbol{Z}=(z_{\alpha j})_{\substack{1\leqslant\alpha\leqslant m\\1\leqslant j\leqslant n}}$. 这里只考虑 $2\leqslant m\leqslant n$ 的情形，因为当 $m=1$ 时 $\mathscr{R}_{\mathrm{I}}$ 是一单位超球.

作变换

$$\begin{cases}w_{11}=\dfrac{\sqrt{2}}{2}(1+\varepsilon)z_{11}+\dfrac{\sqrt{2}}{2}\varepsilon z_{22}\\ w_{22}=-\dfrac{\sqrt{2}}{2}(1+\varepsilon)z_{11}+\dfrac{\sqrt{2}}{2}\varepsilon z_{22}\\ w_{\alpha j}=\varepsilon z_{\alpha j}\end{cases}\tag{34}$$

α 与 j 不同时等于 1 或 2.

我们要证明当取 ε 为适当小之正数时，变换(34)把 $\mathscr{R}_{\mathrm{I}}$ 映入其内部.

令

$$\boldsymbol{W}=\begin{pmatrix}w_{11}&\cdots&w_{1n}\\ \vdots&&\vdots\\ w_{m1}&\cdots&w_{mn}\end{pmatrix}=$$

$$\begin{pmatrix}\frac{\sqrt{2}}{2}(1+\varepsilon)z_{11}+\frac{\sqrt{2}}{2}\varepsilon z_{22}&\varepsilon z_{12}&\varepsilon z_{13}&\cdots&\varepsilon z_{1n}\\ \varepsilon z_{21}&-\frac{\sqrt{2}}{2}(1+\varepsilon)z_{11}+\frac{\sqrt{2}}{2}\varepsilon z_{22}&\varepsilon z_{23}&\cdots&\varepsilon z_{2n}\\ \varepsilon z_{31}&\varepsilon z_{32}&\varepsilon z_{33}&\cdots&\varepsilon z_{3n}\\ \vdots&\vdots&\vdots&&\vdots\\ \varepsilon z_{m1}&\varepsilon z_{m2}&\varepsilon z_{m3}&\cdots&\varepsilon z_{mn}\end{pmatrix}=$$

$$\boldsymbol{A}+\varepsilon\boldsymbol{B}$$

其中

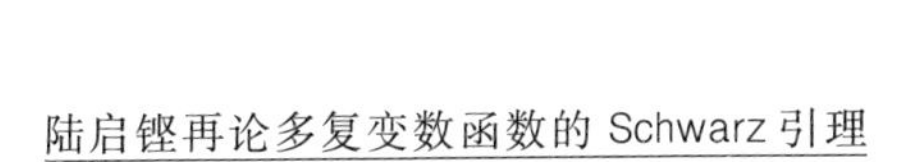

$$
\boldsymbol{A}=\begin{pmatrix}
\begin{matrix}\frac{\sqrt{2}}{2}z_{11} & 0\\ 0 & -\frac{\sqrt{2}}{2}z_{11}\end{matrix} & \boldsymbol{0}^{(2,n-2)}\\
\boldsymbol{0}^{(m-2,2)} & \boldsymbol{0}^{(m-2,n-2)}
\end{pmatrix}
$$

其中 $\boldsymbol{0}^{(p,q)}$ 表示 $p\times q$ 零矩阵

$$
\boldsymbol{B}=\begin{pmatrix}
\frac{\sqrt{2}}{2}(z_{11}+z_{22}) & z_{12} & z_{13} & \cdots & z_{1n}\\
z_{21} & \frac{\sqrt{2}}{2}(-z_{11}+z_{22}) & z_{23} & \cdots & z_{2n}\\
z_{31} & z_{32} & z_{33} & \cdots & z_{3n}\\
\vdots & \vdots & \vdots & & \vdots\\
z_{m1} & z_{m2} & z_{m3} & \cdots & z_{mn}
\end{pmatrix}
$$

我们要证明当 ε 适当小时，$\boldsymbol{I}-\boldsymbol{W}\overline{\boldsymbol{W}}'>\boldsymbol{0}$ 便可以了

$$
\boldsymbol{I}-\boldsymbol{W}\overline{\boldsymbol{W}}'=\boldsymbol{I}-\boldsymbol{A}\overline{\boldsymbol{A}}'-\varepsilon(\boldsymbol{A}\overline{\boldsymbol{B}}'+\boldsymbol{B}\overline{\boldsymbol{A}}')-\varepsilon^2\boldsymbol{B}\overline{\boldsymbol{B}}'=
$$

$$
\left(\frac{3}{4}\boldsymbol{I}-\boldsymbol{A}\overline{\boldsymbol{A}}'\right)+\left[\frac{1}{8}\boldsymbol{I}-\varepsilon(\boldsymbol{A}\overline{\boldsymbol{B}}'+\boldsymbol{B}\overline{\boldsymbol{A}}')\right]+
$$

$$
\left(\frac{1}{8}\boldsymbol{I}-\varepsilon^2\boldsymbol{B}\overline{\boldsymbol{B}}'\right)
$$

其中

$$
\frac{3}{4}\boldsymbol{I}-\boldsymbol{A}\overline{\boldsymbol{A}}'=\begin{pmatrix}
\frac{3}{4}-\frac{1}{2}|z_{11}|^2 & 0\\
0 & \frac{3}{4}-\frac{1}{2}|z_{11}|^2
\end{pmatrix}\dotplus
$$

$$
\frac{3}{4}\boldsymbol{I}^{(m-2)}>\boldsymbol{0}
$$

因为 $\boldsymbol{Z}$ 适合 $\boldsymbol{I}-\boldsymbol{Z}\overline{\boldsymbol{Z}}'>\boldsymbol{0}$，必须 $\sum\limits_{j=1}^{n}|z_{\alpha j}|^2<1$，即 $|z_{\alpha j}|<1(\alpha=1,\cdots,m;j=1,\cdots,n)$，如是

$$\frac{3}{4}-\frac{1}{2}\mid z_{11}\mid^2\geqslant\frac{3}{4}-\frac{1}{2}>0$$

这里我们用“$\dotplus$”表示两方阵之直和，$\boldsymbol{I}^{(p)}$ 是 $p\times p$ 么方阵.

又因为 $\boldsymbol{A}\overline{\boldsymbol{B}}'+\boldsymbol{B}\overline{\boldsymbol{A}}'$ 与 $\boldsymbol{B}\overline{\boldsymbol{B}}'$ 的元素皆是 $z_{\alpha j}$ 与 $\bar{z}_{\alpha j}$ 的多项式，故存在一正数 a，使得哈尔密方阵 $\boldsymbol{A}\overline{\boldsymbol{B}}'+\boldsymbol{B}\overline{\boldsymbol{A}}'$ 与 $\boldsymbol{B}\overline{\boldsymbol{B}}'$ 的元素皆小于或等于 a. 由引理5知，当 ε 适当小时，恒有

$$\frac{1}{8}\boldsymbol{I}-\varepsilon(\boldsymbol{A}\overline{\boldsymbol{B}}'+\boldsymbol{B}\overline{\boldsymbol{A}}')>\boldsymbol{0}\text{ 与 }\frac{1}{8}\boldsymbol{I}-\varepsilon^2\boldsymbol{B}\overline{\boldsymbol{B}}'>\boldsymbol{0}$$

由以上知

$$\boldsymbol{I}-\boldsymbol{W}\overline{\boldsymbol{W}}'>\boldsymbol{0}$$

此示变换(34) 把 $\mathscr{R}_{\mathrm{I}}$ 映入其内部只需 ε 为适当小之正数.

易知变换(34) 的 Jacobi 方阵为

$$\frac{\partial\boldsymbol{W}}{\partial\boldsymbol{Z}}=\begin{pmatrix}\frac{\sqrt{2}}{2}(1+\varepsilon) & -\frac{\sqrt{2}}{2}(1+\varepsilon)\\ \frac{\sqrt{2}}{2}\varepsilon & \frac{\sqrt{2}}{2}\varepsilon\end{pmatrix}\dotplus\varepsilon\boldsymbol{I}^{(mn-2)}$$

已知(见《多复变函数与酉几何》第四章)$\mathscr{R}_{\mathrm{I}}$ 的度量方阵是 $mn\times mn$ 方阵 $T^I(\boldsymbol{Z},\overline{\boldsymbol{Z}})$，其在 $\boldsymbol{Z}=\boldsymbol{0}$ 之值为

$$T^I(\boldsymbol{0},\boldsymbol{0})=(m+n)\boldsymbol{I}^{(mn)}$$

由此知

$$\left(\frac{\partial\boldsymbol{W}}{\partial\boldsymbol{Z}}\right)_{\boldsymbol{Z}=\boldsymbol{0}}T^I(\boldsymbol{0},\boldsymbol{0})\overline{\left(\frac{\partial\boldsymbol{W}}{\partial\boldsymbol{Z}}\right)}'_{\boldsymbol{Z}=\boldsymbol{0}}=$$

$$(m+n)\left[\begin{pmatrix}(1+\varepsilon)^2 & 0\\ 0 & \varepsilon^2\end{pmatrix}\dotplus\varepsilon^2\boldsymbol{I}^{(mn-2)}\right]\leqslant$$

$$T^I(\boldsymbol{0},\boldsymbol{0})$$

故在 $\mathscr{R}_{\mathrm{I}}$ 当 $2\leqslant m\leqslant n$ 时，Schwarz引理之第一部分不

能成立.

（ⅲ）令 $\mathscr{R}_{\mathrm{II}}$ 代表域

$$I-Z\bar{Z}>0$$

其中 $Z=(z_{kl})_{1\leqslant k,l\leqslant n}$ 是对称方阵，即 $z_{kl}=z_{lk}$ 者. 现在只考虑 $n\geqslant 2$ 的情形，因为当 $n=1$ 时 $\mathscr{R}_{\mathrm{II}}$ 是一单位圆.

作变换

$$\begin{cases} w_{11}=\dfrac{\sqrt{2}}{2}(1+\varepsilon)z_{11}+\dfrac{\sqrt{2}}{2}\varepsilon z_{22} \\ w_{22}=-\dfrac{\sqrt{2}}{2}(1+\varepsilon)z_{11}+\dfrac{\sqrt{2}}{2}\varepsilon z_{22} \\ w_{kl}=\varepsilon z_{kl} \end{cases} \tag{35}$$

其中 k,l 不同时为 1 或 2，且 $k\leqslant l$.

同（ⅱ）一样可以证明，当 ε 取为适当小之正数时，变换(35)把 $\mathscr{R}_{\mathrm{II}}$ 映入其内部，并且可证明 Schwarz 引理之第一部分当 $n\geqslant 2$ 时在 $\mathscr{R}_{\mathrm{II}}$ 不能成立.

（ⅳ）令 $\mathscr{R}_{\mathrm{III}}$ 代表域

$$I+Z\bar{Z}>0$$

其中 $Z=(z_{kl})_{1\leqslant k,l\leqslant n}$ 是斜对称方阵，即 $z_{kl}=-z_{lk}$ 者. 我们只考虑 $n\geqslant 4$ 的情形，因为当 $n=2$ 时 $\mathscr{R}_{\mathrm{III}}$ 是单位圆，当 $n=3$ 时 $\mathscr{R}_{\mathrm{III}}$ 是等价于三个复变数空间的单位超球.

作变换

$$\begin{cases} w_{12}=\dfrac{\sqrt{2}}{2}(1+\varepsilon)z_{12}+\dfrac{\sqrt{2}}{2}\varepsilon z_{34} \\ w_{34}=-\dfrac{\sqrt{2}}{2}(1+\varepsilon)z_{12}+\dfrac{\sqrt{2}}{2}\varepsilon z_{34} \\ w_{kl}=\varepsilon z_{kl} \end{cases} \tag{36}$$

其中除去 $k=1,l=2$ 与 $k=3,l=4$ 的情形，并且 $k<l$.

令

$$\boldsymbol{W}=\begin{pmatrix}0 & w_{12} & w_{13} & \cdots & w_{1n}\\ -w_{12} & 0 & w_{23} & \cdots & w_{2n}\\ -w_{13} & -w_{23} & 0 & \cdots & w_{3n}\\ \vdots & \vdots & \vdots & & \vdots\\ -w_{1n} & -w_{2n} & -w_{3n} & \cdots & 0\end{pmatrix}=\boldsymbol{A}+\varepsilon\boldsymbol{B}$$

其中

$$\boldsymbol{A}=\begin{pmatrix}0 & \frac{\sqrt{2}}{2}z_{12}\\ -\frac{\sqrt{2}}{2}z_{12} & 0\end{pmatrix}\dotplus\begin{pmatrix}0 & -\frac{\sqrt{2}}{2}z_{12}\\ \frac{\sqrt{2}}{2}z_{12} & 0\end{pmatrix}\dotplus\boldsymbol{0}^{(n-4)}$$

$\boldsymbol{B}=$

$$\begin{pmatrix}0 & \frac{\sqrt{2}}{2}(z_{12}+z_{34}) & z_{13} & z_{14} & z_{15} & \cdots & z_{1n}\\ -\frac{\sqrt{2}}{2}(z_{12}+z_{34}) & 0 & z_{23} & z_{24} & z_{25} & \cdots & z_{2n}\\ -z_{13} & -z_{23} & 0 & \frac{\sqrt{2}}{2}(-z_{12}+z_{34}) & z_{35} & \cdots & z_{3n}\\ -z_{14} & -z_{24} & -\frac{\sqrt{2}}{2}(-z_{12}+z_{34}) & 0 & z_{45} & \cdots & z_{4n}\\ -z_{15} & -z_{25} & -z_{35} & -z_{45} & 0 & \cdots & z_{5n}\\ \vdots & \vdots & \vdots & \vdots & \vdots & \vdots & \\ -z_{1n} & -z_{2n} & -z_{3n} & -z_{4n} & -z_{5n} & \cdots & 0\end{pmatrix}$$

由此知

$$\boldsymbol{I}-\boldsymbol{W}\overline{\boldsymbol{W}}'=\left(\frac{3}{4}\boldsymbol{I}-\boldsymbol{A}\overline{\boldsymbol{A}}'\right)+\left[\frac{1}{8}\boldsymbol{I}-\varepsilon(\boldsymbol{A}\overline{\boldsymbol{B}}'+\boldsymbol{B}\overline{\boldsymbol{A}}')\right]+\left(\frac{1}{8}\boldsymbol{I}-\varepsilon^2\boldsymbol{B}\overline{\boldsymbol{B}}'\right)$$

由于 $\boldsymbol{Z}$ 适合 $\boldsymbol{I}+\boldsymbol{Z}\overline{\boldsymbol{Z}}>\boldsymbol{0}$ 知 $|z_{kl}|<1$，应用引理 5 可证明

$$\frac{1}{8}\boldsymbol{I}-\varepsilon(\boldsymbol{A}\overline{\boldsymbol{B}}'+\boldsymbol{B}\overline{\boldsymbol{A}}')>\boldsymbol{0},\frac{1}{8}\boldsymbol{I}-\varepsilon^2\boldsymbol{B}\overline{\boldsymbol{B}}'>\boldsymbol{0}$$

当 ε 取为适当小之正数. 此外

$$\frac{3}{4}\boldsymbol{I}-\boldsymbol{A}\overline{\boldsymbol{A}}'=\begin{pmatrix}\frac{3}{4}-\frac{1}{2}|z_{12}|^2 & 0\\ 0 & \frac{3}{4}-\frac{1}{2}|z_{12}|^2\end{pmatrix}\dot{+}\begin{pmatrix}\frac{3}{4}-\frac{1}{2}|z_{12}|^2 & 0\\ 0 & \frac{3}{4}-\frac{1}{2}|z_{12}|^2\end{pmatrix}\dot{+}\frac{3}{4}\boldsymbol{I}^{(n-4)}>\boldsymbol{0}$$

因为 $\frac{3}{4}-\frac{1}{2}|z_{12}|^2\geqslant\frac{3}{4}-\frac{1}{2}>0$.

这说明了 $\boldsymbol{I}-\boldsymbol{W}\overline{\boldsymbol{W}}'>\boldsymbol{0}$，即变换(36)把 $\mathscr{R}_{\mathrm{III}}$ 映入其内部，只需取 ε 为适当小之正数. 以与(ⅱ)相同之方法可证Schwarz引理之第一部分在 $\mathscr{R}_{\mathrm{III}}$ 当 $n\geqslant 4$ 时不能成立.

(ⅴ)令 $\mathscr{R}_{\mathrm{IV}}$ 代表域

$$1+|\boldsymbol{z}\boldsymbol{z}'|-2\overline{\boldsymbol{z}}\boldsymbol{z}'>0,1-|\boldsymbol{z}\boldsymbol{z}'|>0$$

其中 $\boldsymbol{z}=(z_1,\cdots,z_n)$. 我们只考虑 $n\geqslant 2$ 的情形，因为当 $n=1$ 时 $\mathscr{R}_{\mathrm{IV}}$ 是单位圆.

作变换

$$\begin{cases}w_1=\frac{\sqrt{2}}{2}\varepsilon(z_1-\mathrm{i}z_2)\\ w_2=\frac{\sqrt{2}}{2}(1+\varepsilon)(-\mathrm{i}z_1+z_2),\mathrm{i}=\sqrt{-1}\\ w_k=\varepsilon z_k,2<k\leqslant n\end{cases}\tag{37}$$

我们首先要证明这个变换，当取 ε 为适当小之正数时，把 $\mathscr{R}_{\mathrm{IV}}$ 映入其内部.

令 $\overline{\mathscr{R}}_{\mathrm{IV}}$ 代表 $\mathscr{R}_{\mathrm{IV}}$ 的闭包，即适合下面关系的点 $\boldsymbol{z}$

$$1+|\boldsymbol{z}\boldsymbol{z}'|^2-2\bar{\boldsymbol{z}}\boldsymbol{z}'\geqslant 0, 1-|\boldsymbol{z}\boldsymbol{z}'|^2\geqslant 0 \quad (38)$$

如果 $\boldsymbol{z}\in\overline{\mathscr{R}}_{\mathrm{IV}}$，由(38)可知

$$\bar{\boldsymbol{z}}\boldsymbol{z}'\leqslant\frac{1+|\boldsymbol{z}\boldsymbol{z}'|^2}{2}\leqslant\frac{1+1}{2}=1$$

此示

$$\bar{\boldsymbol{z}}\boldsymbol{z}'=|z_1|^2+|z_2|^2+|z_3|^2+\cdots+|z_n|^2=$$

$$\frac{1}{2}|z_1-\mathrm{i}z_2|^2+\frac{1}{2}|z_2-\mathrm{i}z_1|^2+$$

$$|z_3|^3+\cdots+|z_n|^2\leqslant 1 \quad (39)$$

这必须

$$|z_2-\mathrm{i}z_1|^2\leqslant 2$$

但等式必不能成立，因为如果 $|z_2-\mathrm{i}z_1|=\sqrt{2}$，由(39)知必须

$$z_1-\mathrm{i}z_2=z_3=\cdots=z_n=0$$

此即

$$z_1=\mathrm{i}z_2, |z_1|=|z_2|=\frac{\sqrt{2}}{2}, z_3=\cdots=z_n=0$$

以此代入(38)中第一式得

$$1-2\geqslant 0$$

这是不可能的.因此当我们令 $c=\max\limits_{\boldsymbol{z}\in\overline{\mathscr{R}}_{\mathrm{IV}}}|z_2-\mathrm{i}z_1|^2$ 时，$c<2$，即有一正数 δ 使当 $\boldsymbol{z}\in\overline{\mathscr{R}}_{\mathrm{IV}}$ 时

$$|z_2-\mathrm{i}z_1|^2<2-\delta \quad (40)$$

现在取正数 $\varepsilon<\frac{1}{40}\delta^2$ 及 $\delta<1$.如是有

$$1-|w_1^2+\cdots+w_n^2|=1-\left|\frac{1}{2}\varepsilon^2(z_1-\mathrm{i}z_2)^2+\right.$$

$$\left.\frac{1}{2}(1+\varepsilon)^2(z_2-\mathrm{i}z_1)^2+\varepsilon^2z_3^2+\cdots+\varepsilon^2z_n^2\right|=$$

$$1-\left|\frac{1}{2}(z_2-\mathrm{i}z_1)^2+\varepsilon(z_2-\mathrm{i}z_1)^2+\right.$$

$$\varepsilon^2\left[\frac{1}{2}(z_1-\mathrm{i}z_2)^2+\frac{1}{2}(z_2-\mathrm{i}z_1)^2+z_3^2+\cdots+z_n^2\right]\Big|\geqslant$$

$$1-\frac{1}{2}\mid z_2-\mathrm{i}z_1\mid^2-\varepsilon\mid z_2-\mathrm{i}z_1\mid^2-$$

$$\varepsilon^2\left(\frac{1}{2}\mid z_1-\mathrm{i}z_2\mid^2+\frac{1}{2}\mid z_2-\mathrm{i}z_1\mid^2+\mid z_3\mid^2+\cdots+\mid z_n\mid^2\right)>$$

$$1-\frac{1}{2}(2-\delta)-2\varepsilon-\varepsilon^2=\frac{1}{2}\delta-2\varepsilon-\varepsilon^2>$$

$$\frac{1}{2}\delta-\frac{1}{20}\delta^2-\frac{1}{1\,600}\delta^4>0$$

$$1+\mid w_1^2+\cdots+w_n^2\mid^2-2(\mid w_1\mid^2+\cdots+\mid w_n\mid^2)=$$

$$1+\Big|\frac{1}{2}(z_2-\mathrm{i}z_1)^2+\varepsilon(z_2-\mathrm{i}z_1)^2+$$

$$\varepsilon^2\left[\frac{1}{2}(z_1-\mathrm{i}z_2)^2+\frac{1}{2}(z_2-\mathrm{i}z_1)^2+z_3^2+\cdots+z_n^2\right]\Big|^2-$$

$$(\varepsilon^2\mid z_1-\mathrm{i}z_2\mid^2+(1+\varepsilon)^2\mid z_2-\mathrm{i}z_1\mid^2+$$

$$2\varepsilon^2\mid z_3\mid^2+\cdots+2\varepsilon^2\mid z_n\mid^2)=$$

$$1+\frac{1}{4}\mid z_2-\mathrm{i}z_1\mid^4+\frac{1}{2}\overline{(z_2-\mathrm{i}z_1)^2}\times$$

$$\Big\{\varepsilon(z_2-\mathrm{i}z_1)^2+\varepsilon^2\Big[\frac{1}{2}(z_1-\mathrm{i}z_2)^2+$$

$$\frac{1}{2}(z_2-\mathrm{i}z_1)^2+z_3^2+\cdots+z_n^2\Big]\Big\}+$$

$$\frac{1}{2}(z_2-\mathrm{i}z_1)^2\times$$

$$\overline{\Big\{\varepsilon(z_2-\mathrm{i}z_1)^2+\varepsilon^2\Big[\frac{1}{2}(z_1-\mathrm{i}z_2)^2+}$$

$$\overline{\frac{1}{2}(z_2-\mathrm{i}z_1)^2+z_3^2+\cdots+z_n^2\Big]\Big\}}-$$

$$\mid z_2-\mathrm{i}z_1\mid^2-2\Big\{\varepsilon\mid z_2-\mathrm{i}z_1\mid^2+\varepsilon^2\Big[\frac{1}{2}\mid z_1-\mathrm{i}z_2\mid^2+$$

$$\frac{1}{2}|z_2-\mathrm{i}z_1|^2+|z_3|^2+\cdots+|z_n|^2\Big]\Big\}\geqslant$$

$$\left(1+\frac{1}{4}|z_2-\mathrm{i}z_1|^4-|z_2-\mathrm{i}z_1|^2\right)-|z_2-\mathrm{i}z_1|^2\times$$

$$\Big\{\varepsilon|z_2-\mathrm{i}z_1|^2+\varepsilon^2\Big[\frac{1}{2}|z_1-\mathrm{i}z_2|^2+$$

$$\frac{1}{2}|z_2-\mathrm{i}z_1|^2+|z_3|^2+\cdots+|z_n|^2\Big]\Big\}-$$

$$2\Big\{\varepsilon|z_2-\mathrm{i}z_1|^2+\varepsilon^2\Big[\frac{1}{2}|z_1-\mathrm{i}z_2|^2+$$

$$\frac{1}{2}|z_2-\mathrm{i}z_1|^2+|z_3|^2+\cdots+|z_n|^2\Big]\Big\}>$$

$$\left(1-\frac{1}{2}|z_2-\mathrm{i}z_1|^2\right)^2-2(2\varepsilon+\varepsilon^2)-2(2\varepsilon+\varepsilon^2)=$$

$$\left(1-\frac{1}{2}|z_2-\mathrm{i}z_1|^2\right)^2-8\varepsilon-4\varepsilon^2>$$

$$\left[1-\frac{1}{2}(2-\delta)\right]^2-8\varepsilon-4\varepsilon^2=$$

$$\frac{1}{4}\delta^2-8\varepsilon-4\varepsilon^2>\frac{1}{4}\delta^2-\frac{1}{5}\delta^2-\frac{1}{400}\delta^4>0$$

这就是说变换(39)当 $\varepsilon<\frac{1}{40}\delta^2$ 时把 $\mathscr{R}_{\mathrm{IV}}$ 映入其内部.

已知 $\mathscr{R}_{\mathrm{IV}}$ 的度量方阵 $T^{\mathrm{IV}}(\boldsymbol{z},\overline{\boldsymbol{z}})$ 在原点的值为 $T^{\mathrm{IV}}(\mathbf{0},\mathbf{0})=n\boldsymbol{I}$. 另一方面

$$\frac{\partial \boldsymbol{w}}{\partial \boldsymbol{z}}=\begin{pmatrix}\frac{\sqrt{2}}{2}\varepsilon & -\frac{\sqrt{2}}{2}(1+\varepsilon)\mathrm{i}\\ -\frac{\sqrt{2}}{2}\mathrm{i}\varepsilon & \frac{\sqrt{2}}{2}(1+\varepsilon)\end{pmatrix}\dotplus\varepsilon\boldsymbol{I}^{(n-2)}$$

由引理 4 知,如果 Schwarz 引理之第一部分在 $\mathscr{R}_{\mathrm{IV}}$ 成立,必

$$\left(\frac{\partial \boldsymbol{w}}{\partial \boldsymbol{z}}\right)_{\boldsymbol{z}=\mathbf{0}}T^{\mathrm{IV}}(\mathbf{0},\mathbf{0})\overline{\left(\frac{\partial \boldsymbol{w}}{\partial \boldsymbol{z}}\right)_{\boldsymbol{z}=\mathbf{0}}'}\leqslant T^{\mathrm{IV}}(\mathbf{0},\mathbf{0})$$

此即必须

$$I^{(2)}-\begin{pmatrix}\frac{\sqrt{2}}{2}\varepsilon & -\frac{\sqrt{2}}{2}(1+\varepsilon)\mathrm{i}\\ -\frac{\sqrt{2}}{2}\mathrm{i}\varepsilon & \frac{\sqrt{2}}{2}(1+\varepsilon)\end{pmatrix}\times$$

$$\begin{pmatrix}\frac{\sqrt{2}}{2}\varepsilon & \frac{\sqrt{2}}{2}\mathrm{i}\varepsilon\\ \frac{\sqrt{2}}{2}(1+\varepsilon)\mathrm{i} & \frac{\sqrt{2}}{2}(1+\varepsilon)\end{pmatrix}\geqslant \mathbf{0}$$

这必须

$$\det\left(I^{(2)}-\begin{pmatrix}\frac{1}{2}\varepsilon^2+\frac{1}{2}(1+\varepsilon)^2 & \frac{1}{2}\mathrm{i}\varepsilon^2-\frac{1}{2}\mathrm{i}(1+\varepsilon)^2\\ -\frac{1}{2}\mathrm{i}\varepsilon^2+\frac{1}{2}\mathrm{i}(1+\varepsilon)^2 & \frac{1}{2}\varepsilon^2+\frac{1}{2}(1+\varepsilon)^2\end{pmatrix}\right)\geqslant 0$$

但上式左边等于

$$\left[1-\frac{1}{2}\varepsilon^2-\frac{1}{2}(1+\varepsilon)^2\right]^2-\left[\frac{1}{2}\varepsilon^2-\frac{1}{2}(1+\varepsilon)^2\right]^2=$$

$$\left[1-\frac{1}{2}\varepsilon^2-\frac{1}{2}(1+\varepsilon)^2+\frac{1}{2}\varepsilon^2-\frac{1}{2}(1+\varepsilon)^2\right]\times$$

$$\left[1-\frac{1}{2}\varepsilon^2-\frac{1}{2}(1+\varepsilon)^2-\frac{1}{2}\varepsilon^2+\frac{1}{2}(1+\varepsilon)^2\right]=$$

$$-(2\varepsilon+\varepsilon^2)(1-\varepsilon^2)<0$$

矛盾,故当 $n\geqslant 2$ 时,在 $\mathscr{R}_{\mathrm{IV}}$ 的 Schwarz 引理之第一部分不能成立.

综合本节的反例,可得如下命题:

命题 6 如果典型域 $\mathscr{R}$ 不等价于一超球,则 Schwarz 引理之第一部分不能成立.

证明 如果 $\mathscr{R}$ 等价于 $\mathscr{R}_{\mathrm{I}}$, $\mathscr{R}_{\mathrm{II}}$, $\mathscr{R}_{\mathrm{III}}$ 或 $\mathscr{R}_{\mathrm{IV}}$ 之非超球情形,由反例(ii),(iii),(iv)及(v)知,Schwarz 引理之第一部分在 $\mathscr{R}$ 不能成立.

如果 $\mathscr{R}$ 等价于有限个 $\mathscr{R}_{\mathrm{I}}$，$\mathscr{R}_{\mathrm{II}}$，$\mathscr{R}_{\mathrm{III}}$ 与 $\mathscr{R}_{\mathrm{IV}}$ 的拓扑乘积，其中有一非超球时，显然 Schwarz 引理之第一部分不能成立. 如果 $\mathscr{R}$ 等价于多于一个的超球的拓扑乘积时，由反例(ⅰ)知 Schwarz 引理之第一部分亦不能成立. 命题证毕.

6　在可递域 $\mathscr{D}$ 常数 $k_0(\mathscr{D})$ 的存在及其推论

由上一小节的反例知道，在可递域 Schwarz 引理之第一部分一般不能成立，只好退一步来考虑，是否对任一可递域 $\mathscr{D}$，存在一只与 $\mathscr{D}$ 有关的正常数 k，使得对任一把 $\mathscr{D}$ 映入其内部的解析映射 $\boldsymbol{w}=f(\boldsymbol{z})$，恒有 $\mathrm{d}s^2(\boldsymbol{w},\bar{\boldsymbol{w}})\leqslant k^2\mathrm{d}s^2(\boldsymbol{z},\bar{\boldsymbol{z}})$？回答是肯定的.

现在考虑更一般的情形，我们不限于解析变换 $\boldsymbol{w}=f(\boldsymbol{z})$ 是把 $\mathscr{D}$ 映入其内部，这里只假定解析变换

$$\boldsymbol{w}=f(\boldsymbol{z}) \tag{41}$$

把 n 个复变数空间 $\boldsymbol{z}=(z_1,\cdots,z_n)$ 的某一域 $\mathscr{G}$ 映入 $\boldsymbol{w}=(w_1,\cdots,w_n)$ 空间的一可递域 $\mathscr{D}$ 之内，而要证明存在一只与 $\mathscr{D}$ 有关(与 $\mathscr{G}$ 及解析变换(41)无关)之正常数 k，使得

$$\frac{\partial \boldsymbol{w}}{\partial \boldsymbol{z}}T_{\mathscr{D}}(\boldsymbol{w},\bar{\boldsymbol{w}})\overline{\frac{\partial \boldsymbol{w}'}{\partial \boldsymbol{z}}}\leqslant k^2T_{\mathscr{G}}(\boldsymbol{z},\bar{\boldsymbol{z}}) \tag{42}$$

此即定理 9.

我们先证如下引理：

引理 6　如果 $\overset{*}{\boldsymbol{w}}=\varphi(\boldsymbol{w};\boldsymbol{s},\bar{\boldsymbol{s}})$ 是把域 $\mathscr{D}$ 映为自己的拓扑的解析变换，并且把 $\mathscr{D}$ 的点 $\boldsymbol{s}$ 映为点 $\boldsymbol{w}_0$，则

$$T(\boldsymbol{s},\bar{\boldsymbol{s}})=\left[\frac{\partial\varphi(\boldsymbol{w};\boldsymbol{s},\bar{\boldsymbol{s}})}{\partial\boldsymbol{w}}\right]_{\boldsymbol{w}=\boldsymbol{s}}T(\boldsymbol{w}_0,\bar{\boldsymbol{w}}_0)\overline{\left[\frac{\partial\varphi(\boldsymbol{w};\boldsymbol{s},\bar{\boldsymbol{s}})}{\partial\boldsymbol{w}}\right]'_{\boldsymbol{w}=\boldsymbol{s}}}$$

这个引理的证明完全和式(28)的证明一样.

由于 $\mathscr{D}$ 是可递的，取 $\boldsymbol{w}_0$ 是 $\mathscr{D}$ 中的一固定点，$\boldsymbol{s}$ 是 $\mathscr{D}$ 中任一点，则必有解析变换 $\overset{*}{\boldsymbol{w}}=\varphi(\boldsymbol{w};\boldsymbol{s},\bar{\boldsymbol{s}})$ 把 $\boldsymbol{s}$ 映为 $\boldsymbol{w}_0$，而把 $\mathscr{D}$ 拓扑的映为自己，即对任一点 $\boldsymbol{s}\in\mathscr{D}$，恒有

$$T(\boldsymbol{s},\bar{\boldsymbol{s}})=\left[\frac{\partial\varphi(\boldsymbol{w};\boldsymbol{s},\bar{\boldsymbol{s}})}{\partial\boldsymbol{w}}\right]_{\boldsymbol{w}=\boldsymbol{s}}T(\boldsymbol{w}_0,\bar{\boldsymbol{w}}_0)\overline{\left[\frac{\partial\varphi(\boldsymbol{w};\boldsymbol{s},\bar{\boldsymbol{s}})}{\partial\boldsymbol{w}}\right]}'_{\boldsymbol{w}=\boldsymbol{s}} \tag{43}$$

令 $\mu_{\mathscr{D}}(\boldsymbol{w}_0)$ 表示 $T_{\mathscr{D}}(\boldsymbol{w}_0,\bar{\boldsymbol{w}}_0)$ 的最大特征根之平方根，易证

$$T_{\mathscr{D}}(\boldsymbol{w}_0,\bar{\boldsymbol{w}}_0)\leqslant\mu_{\mathscr{D}}^2(\boldsymbol{w}_0)\boldsymbol{I} \tag{44}$$

由(43)及(44)得

$$T_{\mathscr{D}}(\boldsymbol{s},\bar{\boldsymbol{s}})\leqslant\mu_{\mathscr{D}}^2(\boldsymbol{w}_0)\left[\frac{\partial\varphi(\boldsymbol{w};\boldsymbol{s},\bar{\boldsymbol{s}})}{\partial\boldsymbol{w}}\right]_{\boldsymbol{w}=\boldsymbol{s}}\overline{\left[\frac{\partial\varphi(\boldsymbol{w};\boldsymbol{s},\bar{\boldsymbol{s}})}{\partial\boldsymbol{w}}\right]}'_{\boldsymbol{w}=\boldsymbol{s}} \tag{45}$$

对任一点 $\boldsymbol{s}\in\mathscr{D}$.

因为 $\mathscr{D}$ 假定是有界的，即存在一正数 M，使得以 $w_1,\cdots,w_n$ 空间的原点为中心，以 M 为半径之超球包含 $\mathscr{D}$. 而变换 $\overset{*}{\boldsymbol{w}}=\varphi(\boldsymbol{w};\boldsymbol{s},\bar{\boldsymbol{s}})$ 把 $\mathscr{D}$ 映为自己，故有

$$\varphi(\boldsymbol{w};\boldsymbol{s},\bar{\boldsymbol{s}})\overline{\varphi(\boldsymbol{w};\boldsymbol{s},\bar{\boldsymbol{s}})}'=\sum_{j=1}^{n}|\varphi_j(\boldsymbol{w};\boldsymbol{s},\bar{\boldsymbol{s}})|^2\leqslant M^2 \tag{46}$$

现在我们只考虑 $\mathscr{D}$ 中的点是由 $\mathscr{G}$ 的点经映射(41)而得的象者. 设 $\boldsymbol{s}$ 是 $\boldsymbol{t}$ 的象，即 $\boldsymbol{s}=f(\boldsymbol{t})$，$\boldsymbol{t}\in\mathscr{G}$.

由于 $\varphi(f(\boldsymbol{z});\boldsymbol{s},\bar{\boldsymbol{s}})$ 对 $\boldsymbol{z}$ 来说是在 $\mathscr{G}$ 解析的函数，由(46)知其适合

$$\sum_{j=1}^{n}|\varphi_i(f(\boldsymbol{z});\boldsymbol{s},\bar{\boldsymbol{s}})|^2\leqslant M^2$$

故可应用基本定理而得

$$\frac{\partial\varphi(f(\boldsymbol{z});\boldsymbol{s},\bar{\boldsymbol{s}})}{\partial\boldsymbol{z}}\frac{\overline{\partial\varphi(f(\boldsymbol{z});\boldsymbol{s},\bar{\boldsymbol{s}})}'}{\partial\boldsymbol{z}}\leqslant M^2T_{\mathscr{G}}(\boldsymbol{z},\bar{\boldsymbol{z}}) \tag{47}$$

由于

$$\frac{\partial\varphi(f(z);s,\bar{s})}{\partial z}=\frac{\partial f(z)}{\partial z}\frac{\partial\varphi(w;s,\bar{s})}{\partial w}$$

以此代入(47),而令 $z=t$ 得

$$\frac{\partial f(t)}{\partial t}\left[\frac{\partial\varphi(w;s,\bar{s})}{\partial w}\right]_{w=s}\overline{\left[\frac{\partial\varphi(w;s,\bar{s})}{\partial w}\right]_{w=s}'}\times$$
$$\overline{\frac{\partial f(t)}{\partial t}'}\leqslant M^2T_{\mathscr{G}}(t,\bar{t}) \tag{47'}$$

由(45)及(47)′得

$$\frac{\partial f(t)}{\partial t}T_{\mathscr{D}}(s,\bar{s})\overline{\frac{\partial f(t)}{\partial t}'}\leqslant$$
$$\mu_{\mathscr{D}}^2(w_0)\frac{\partial f(t)}{\partial t}\left[\frac{\partial\varphi(w;s,\bar{s})}{\partial w}\right]_{w=s}\times$$
$$\overline{\left[\frac{\partial\varphi(w;s,\bar{s})}{\partial w}\right]_{w=s}'}\overline{\frac{\partial f(t)}{\partial t}'}\leqslant$$
$$\mu_{\mathscr{D}}^2(w_0)M^2T_{\mathscr{G}}(t,\bar{t}) \tag{48}$$

我们取 $k=M\mu_{\mathscr{D}}(w_0)$,由于 t 可以是 $\mathscr{G}$ 中任一点,式(48)即(42),亦即定理 9.故这里证明了定理 9.

现在考虑一些特殊的情形:

(i)如果 $\mathscr{G}=\mathscr{D}$,那么变换(41)是把 $\mathscr{D}$ 映入其内部的解析变换,而(42)变为

$$\frac{\partial w}{\partial z}T(w,\bar{w})\overline{\frac{\partial w}{\partial z}'}\leqslant k^2T(z,\bar{z})$$

故对任一微分向量 $\mathrm{d}z=(\mathrm{d}z_1,\cdots,\mathrm{d}z_n)$ 有

$$\mathrm{d}z\frac{\partial w}{\partial z}T(w,\bar{w})\overline{\frac{\partial w}{\partial z}'}\overline{\mathrm{d}z}'\leqslant k^2\mathrm{d}zT(z,\bar{z})\overline{\mathrm{d}z}'$$

此即

$$\mathrm{d}wT(w,\bar{w})\overline{\mathrm{d}w}'\leqslant k^2\mathrm{d}zT(z,\bar{z})\overline{\mathrm{d}z}'$$

亦即

$$\mathrm{d}s^2(w,\bar{w})\leqslant k^2\mathrm{d}s^2(z,\bar{z})$$

这就是定理 8 的第一部分.

由(ⅰ)与命题 5,就得出定理 8 的全部内容.

(ⅱ)如果 $\mathscr{G} \subseteq \mathscr{D}$,变换(41)是么变换,即 $\boldsymbol{w}=\boldsymbol{z}$,则对任一点 $\boldsymbol{z} \in \mathscr{G}$ 有

$$T_{\mathscr{D}}(\boldsymbol{z},\bar{\boldsymbol{z}}) \leqslant k^2 T_{\mathscr{G}}(\boldsymbol{z},\bar{\boldsymbol{z}})$$

这就是定理 9′.

(ⅲ)从(48)的证明过程中知道,$\boldsymbol{w}_0$ 可以是 $\mathscr{D}$ 中任一固定的点式(48)皆成立,此外,M 不必须是以原点为中心的包含 $\mathscr{D}$ 的超球之半径,可以是另一点为中心包含 $\mathscr{D}$ 的超球半径. 因为如果 M_1 是 $w_1,\cdots,w_n$ 空间中以 $\boldsymbol{a}=(a_1,\cdots,a_n)$ 为中心的包含 $\mathscr{D}$ 的超球半径,则有

$$\sum_{j=1}^{n} |\varphi_j(f(\boldsymbol{z});\boldsymbol{s},\bar{\boldsymbol{s}})-a_j|^2 \leqslant M_1^2$$

我们以

$$\overset{*}{\varphi}_j(\boldsymbol{z})=\varphi_j(f(\boldsymbol{z});\boldsymbol{s},\bar{\boldsymbol{s}})-a_j, j=1,\cdots,n$$

$\overset{*}{\varphi}_j(\boldsymbol{z})$ 仍然是在 $\mathscr{D}$ 解析的函数,因此有

$$\frac{\partial\overset{*}{\varphi}}{\partial\boldsymbol{z}}\overline{\frac{\partial\overset{*}{\varphi}'}{\partial\boldsymbol{z}}} \leqslant M_1^2 T_{\mathscr{G}}(\boldsymbol{z},\bar{\boldsymbol{z}})$$

但$\dfrac{\partial\overset{*}{\varphi}}{\partial\boldsymbol{z}}=\dfrac{\partial\varphi(f(\boldsymbol{z});\boldsymbol{s},\bar{\boldsymbol{s}})}{\partial\boldsymbol{z}}$,故

$$\frac{\partial\varphi(f(\boldsymbol{z});\boldsymbol{s},\bar{\boldsymbol{s}})}{\partial\boldsymbol{z}}\overline{\frac{\partial\varphi(f(\boldsymbol{z});\boldsymbol{s},\bar{\boldsymbol{s}})'}{\partial\boldsymbol{z}}} \leqslant M_1^2 T_{\mathscr{G}}(\boldsymbol{z},\bar{\boldsymbol{z}})$$

这说明我们可以用 M_1 来代替(47)中的 M. 综上所述,我们可以取

$$k=R(\mathscr{D})\inf_{\boldsymbol{w}_0\in\mathscr{D}}\mu_{\mathscr{D}}(\boldsymbol{w}_0)$$

使(48)亦成立,其中 $R(\mathscr{D})$ 表示包含域 $\mathscr{D}$ 的最小的超球之半径.

如果 $k_0(\mathscr{D})$ 与 $k_1(\mathscr{D})$ 是前文定义的 Schwarz 常数

及联系于域 $\mathscr{D}$ 的常数,则 $k_0(\mathscr{D})$ 与 $k_1(\mathscr{D})$ 是对拓扑的解析变换之不变量,其证明如引理3之证明. 由(ⅲ)得如下推论:

推论 1 如果有界单叶域 $\mathscr{D}$ 是可递的,则

$$1 \leqslant k_0(\mathscr{D}) \leqslant R(\mathscr{D}) \inf_{z \in \mathscr{D}} \mu_{\mathscr{D}}(\boldsymbol{z})$$

及

$$1 \leqslant k_1(\mathscr{D}) \leqslant R(\mathscr{D}) \inf_{z \in \mathscr{D}} \mu_{\mathscr{D}}(\boldsymbol{z})$$

又由前文之反例知:

推论 2 如果 $\mathscr{R}$ 是一典型域非等价于超球者,则

$$1 < k_0(\mathscr{R}) \leqslant R(\mathscr{R}) \inf_{z \in \mathscr{R}} \mu_{\mathscr{R}}(\boldsymbol{z})$$

与

$$1 < k_1(\mathscr{R}) \leqslant R(\mathscr{R}) \inf_{z \in \mathscr{R}} \mu_{\mathscr{R}}(\boldsymbol{z})$$

$k_0(\mathscr{D})$ 与 $k_1(\mathscr{D})$ 在一般情形下是不相等的. 例如超球,下一小节将证明 $k_0(\mathscr{D})=1$,但 $k_1(\mathscr{D})$ 不能等于1. 如果 $k_1(\mathscr{D})=1$,我们取

$$\mathscr{G}=\left\{|z_1|<\sqrt{\frac{4}{5}},\ |z_2|<\sqrt{\frac{1}{5}}\right\}$$

这显然包含于单位超球 $\mathscr{D}=\{|z_1|^2+|z_2|^2<1\}$ 中,则有

$$T_{\mathscr{D}}(\boldsymbol{z},\bar{\boldsymbol{z}}) \leqslant T_{\mathscr{G}}(\boldsymbol{z},\bar{\boldsymbol{z}})$$

即

$$3\begin{pmatrix} \dfrac{1-|z_2|^2}{(1-|z_1|^2-|z_2|^2)^2} & \dfrac{\bar{z}_1 z_2}{(1-|z_1|^2-|z_2|^2)^2} \\ \dfrac{z_1\bar{z}_2}{(1-|z_1|^2-|z_2|^2)^2} & \dfrac{1-|z_1|^2}{(1-|z_1|^2-|z_2|^2)^2} \end{pmatrix} \leqslant$$

$$2\begin{pmatrix} \dfrac{5}{4(1-|z_1|^2)^2} & 0 \\ 0 & \dfrac{5}{(1-|z_2|^2)^2} \end{pmatrix}$$

这是不可能的，因为取 $z_1 = z_2 = 0$ 观之便知其不可能.

如果可递域 $\mathscr{D}$ 的任两点 $\boldsymbol{z}_0$ 及 $\boldsymbol{z}$，对度量 $\mathrm{d}s^2$ 有一最短的测地线 $\gamma(\boldsymbol{z}_0, \boldsymbol{z})$ 通过之[①]，则我们令

$$\chi(\boldsymbol{z}_0, \boldsymbol{z}) = \int_{\gamma(\boldsymbol{z}_0, \boldsymbol{z})} \mathrm{d}s$$

表此两点之间的测地线距离（有时称之为非欧距离），则有如下推论：

推论 3 设有界单叶域 $\mathscr{D}$ 是可递的，并且任两点有一最短的测地线通过之. 若解析映射 $\boldsymbol{w} = f(\boldsymbol{z})$ 把 $\mathscr{D}$ 映入其内部，把域 $\mathscr{D}$ 中点 $\boldsymbol{z}_0$ 与 $\boldsymbol{z}$ 分别映为 $\boldsymbol{w}_0$ 与 $\boldsymbol{w}$，则恒有

$$\chi(\boldsymbol{w}_0, \boldsymbol{w}) \leqslant k_0(\mathscr{D}) \chi(\boldsymbol{z}_0, \boldsymbol{z})$$

证明 设映射 $\boldsymbol{w} = f(\boldsymbol{z})$ 把 $\gamma(\boldsymbol{z}_0, \boldsymbol{z})$ 映为一过 $\boldsymbol{w}_0$ 或 $\boldsymbol{w}$ 的曲线 $C(\boldsymbol{w}_0, \boldsymbol{w})$. 由定理 8 知

$$\mathrm{d}s(\boldsymbol{w}, \overline{\boldsymbol{w}}) \leqslant k_0(\mathscr{D}) \mathrm{d}s(\boldsymbol{z}, \overline{\boldsymbol{z}})$$

由此得

$$\int_{C(\boldsymbol{w}_0, \boldsymbol{w})} \mathrm{d}s(\boldsymbol{w}, \overline{\boldsymbol{w}}) \leqslant k_0(\mathscr{D}) \int_{\gamma(\boldsymbol{z}_0, \boldsymbol{z})} \mathrm{d}s(\boldsymbol{z}, \overline{\boldsymbol{z}})$$

另一方面

$$\int_{C(\boldsymbol{w}, \boldsymbol{w}_0)} \mathrm{d}s(\boldsymbol{w}, \overline{\boldsymbol{w}}) \geqslant \int_{\gamma(\boldsymbol{w}_0, \boldsymbol{w})} \mathrm{d}s(\boldsymbol{w}, \overline{\boldsymbol{w}})$$

因此有

$$\int_{\gamma(\boldsymbol{w}_0, \boldsymbol{w})} \mathrm{d}s(\boldsymbol{w}, \overline{\boldsymbol{w}}) \leqslant \int_{\gamma(\boldsymbol{z}_0, \boldsymbol{z})} \mathrm{d}s(\boldsymbol{z}, \overline{\boldsymbol{z}})$$

此即推论 3.

在典型域的情形，任两点之间的测地线是唯一的，

---

① 如果 $\boldsymbol{z}_0, \boldsymbol{z}$ 在 $\mathscr{D}$ 中某一点的充分小的邻域中，则过点 $\boldsymbol{z}_0$ 与 $\boldsymbol{z}$ 的最短的测地线是必定存在的.

其距离已知为：

（ⅰ）在 $\mathscr{R}_{\mathrm{I}}$，$\mathscr{R}_{\mathrm{II}}$ 或 $\mathscr{R}_{\mathrm{III}}$ 任两点 $\mathbf{Z}$ 与 $\mathbf{Z}_0$ 之间的测地线距离为

$$\chi(\mathbf{Z}_0,\mathbf{Z})=c\left\{\operatorname{trace}\left(\log^2\frac{1+Q^{\frac{1}{2}}(\mathbf{Z}_0,\mathbf{Z})}{1-Q^{\frac{1}{2}}(\mathbf{Z}_0,\mathbf{Z})}\right)\right\}^{\frac{1}{2}}\tag{49}$$

其中 c 是一常数，分别为 $\frac{\sqrt{m+n}}{2}$，$\frac{\sqrt{n+1}}{2}$ 或 $\frac{\sqrt{n-1}}{2}$，而

$$\begin{aligned}Q(\mathbf{Z}_0,\mathbf{Z})=&(\mathbf{Z}-\mathbf{Z}_0)(\mathbf{I}-\overline{\mathbf{Z}}'_0\mathbf{Z})^{-1}\times\\&(\overline{\mathbf{Z}}'-\overline{\mathbf{Z}}'_0)(\mathbf{I}-\mathbf{Z}_0\overline{\mathbf{Z}}')^{-1}\end{aligned}$$

（ⅱ）在 $\mathscr{R}_{\mathrm{IV}}$，任两点 $\mathbf{z}_0$ 与 $\mathbf{z}$ 有一拓扑的解析变换把 $\mathscr{R}_{\mathrm{IV}}$ 映为自己，而把 $\mathbf{z}_0$ 与 $\mathbf{z}$ 分别映为点 $\mathbf{0}$ 与点 $\boldsymbol{\zeta}=(\rho_1\mathrm{e}^{\mathrm{i}\theta},\rho_2\mathrm{e}^{-\mathrm{i}\theta},0,\cdots,0)$，其中 $\rho_1\geqslant0$，$\rho_2\geqslant0$，θ 为实数. 此外

$$\chi(\mathbf{z}_0,\mathbf{z})=\chi(\mathbf{0},\boldsymbol{\zeta})=\frac{\sqrt{n}}{2}\left\{\left(\log\frac{1+|\rho_1\mathrm{e}^{\mathrm{i}\theta}+\mathrm{i}\rho_2\mathrm{e}^{-\mathrm{i}\theta}|}{1-|\rho_1\mathrm{e}^{\mathrm{i}\theta}+\mathrm{i}\rho_2\mathrm{e}^{-\mathrm{i}\theta}|}\right)^2+\left(\log\frac{1+|\rho_1\mathrm{e}^{\mathrm{i}\theta}-\mathrm{i}\rho_2\mathrm{e}^{-\mathrm{i}\theta}|}{1-|\rho_1\mathrm{e}^{\mathrm{i}\theta}-\mathrm{i}\rho_2\mathrm{e}^{-\mathrm{i}\theta}|}\right)^2\right\}^{\frac{1}{2}}\tag{50}$$

7　定理 7 之证明及其推论

令 $\mathscr{S}$ 代表单位超球

$$\mathbf{z}\overline{\mathbf{z}}'=|z_1|^2+\cdots+|z_n|^2<1$$

设

$$\mathbf{w}=f(\mathbf{z})\tag{51}$$

是把 $\mathscr{S}$ 映入其内部的任一解析变换，把原点固定不变者.

令

$$\mathbf{A}=\left(\frac{\partial\mathbf{w}}{\partial\mathbf{z}}\right)_{\mathbf{z}=\mathbf{0}}\tag{52}$$

习知存在两酉方阵 $\boldsymbol{U}$ 及 $\boldsymbol{V}$ 使

$$\boldsymbol{UAV}=\begin{pmatrix}\lambda_1 & & \boldsymbol{0}\\ & \ddots & \\ \boldsymbol{0} & & \lambda_n\end{pmatrix},\lambda_1\geqslant\cdots\geqslant\lambda_n\geqslant 0 \quad (53)$$

作变换

$$\overset{*}{\boldsymbol{w}}=\boldsymbol{wV} \text{ 与 } \boldsymbol{z}=\overset{*}{\boldsymbol{z}}\boldsymbol{U} \quad (54)$$

这都是把 $\mathscr{S}$ 映为自己的拓扑的解析变换而使原点固定不变者，因此变换

$$\overset{*}{\boldsymbol{w}}=f(\overset{*}{\boldsymbol{z}}\boldsymbol{U})\boldsymbol{V}=\psi(\overset{*}{\boldsymbol{z}}) \quad (55)$$

仍然是把 $\mathscr{S}$ 映入其内部的解析变换使原点固定不变者.

由基本定理的第 Ⅱ 部分知方阵

$$\left(\frac{\partial\overset{*}{\boldsymbol{w}}}{\partial\overset{*}{\boldsymbol{z}}}\right)_{\overset{*}{z}=\boldsymbol{0}}$$

之特征根之绝对值皆小于或等于1，其皆等于1的充要条件为变换(55)是把 $\mathscr{S}$ 拓扑的映为自己.

但由于

$$\frac{\partial\overset{*}{\boldsymbol{w}}}{\partial\overset{*}{\boldsymbol{z}}}=\frac{\partial\boldsymbol{z}}{\partial\overset{*}{\boldsymbol{z}}}\frac{\partial\boldsymbol{w}}{\partial\boldsymbol{z}}\frac{\partial\overset{*}{\boldsymbol{w}}}{\partial\boldsymbol{w}}$$

因此

$$\left(\frac{\partial\overset{*}{\boldsymbol{w}}}{\partial\overset{*}{\boldsymbol{z}}}\right)_{\overset{*}{z}=\boldsymbol{0}}=\left(\frac{\partial\boldsymbol{z}}{\partial\overset{*}{\boldsymbol{z}}}\right)_{\overset{*}{z}=\boldsymbol{0}}\left(\frac{\partial\boldsymbol{w}}{\partial\boldsymbol{z}}\right)_{z=\boldsymbol{0}}\left(\frac{\partial\overset{*}{\boldsymbol{w}}}{\partial\boldsymbol{w}}\right)_{w=\boldsymbol{0}}=\boldsymbol{UAV}=$$

$$\begin{pmatrix}\lambda_1 & & \boldsymbol{0}\\ & \ddots & \\ \boldsymbol{0} & & \lambda_n\end{pmatrix},\lambda_j\geqslant 0$$

此示必须

$$\lambda_j\leqslant 1, j=1,\cdots,n$$

所有 λ_j 皆等于1的充要条件为变换 $\overset{*}{\boldsymbol{w}}=\varphi(\overset{*}{\boldsymbol{z}})$ 把 $\mathscr{S}$ 拓扑

的映为自己.

由(52)与(53)知

$$\left(\frac{\partial \boldsymbol{w}}{\partial \boldsymbol{z}}\right)_{z=0}=\overline{\boldsymbol{U}}'\begin{pmatrix}\lambda_1 & & \boldsymbol{0}\\ & \ddots & \\ \boldsymbol{0} & & \lambda_n\end{pmatrix}\overline{\boldsymbol{V}}'$$

故

$$\left(\frac{\partial \boldsymbol{w}}{\partial \boldsymbol{z}}\right)_{z=0}\overline{\left(\frac{\partial \boldsymbol{w}}{\partial \boldsymbol{z}}\right)}'_{z=0}=\overline{\boldsymbol{U}}'\begin{pmatrix}\lambda_1^2 & & \boldsymbol{0}\\ & \ddots & \\ \boldsymbol{0} & & \lambda_n^2\end{pmatrix}\boldsymbol{U}\leqslant \boldsymbol{I}$$

其等式成立的充要条件为所有 $\lambda_j=1$,即 $\overset{*}{\boldsymbol{w}}=\varphi(\overset{*}{\boldsymbol{z}})$ 把 $\mathscr{S}$ 拓扑的映为自己,亦即

$$\boldsymbol{w}=f(\boldsymbol{z})=\psi(\boldsymbol{z}\overline{\boldsymbol{U}}')\overline{\boldsymbol{V}}'$$

把 $\mathscr{S}$ 拓扑的解析的映为自己.由于此变换使原点不变,故 $\boldsymbol{w}=f(\boldsymbol{z})$ 必须是酉线性变换.

如果解析变换

$$\boldsymbol{w}=f(\boldsymbol{z})$$

是一般的解析变换把 $\mathscr{S}$ 映入其内部者(不一定使原点不变).设 $\boldsymbol{z}_0$ 为 $\mathscr{S}$ 中任一点,$\boldsymbol{w}_0=f(\boldsymbol{z}_0)$.由于 $\mathscr{S}$ 是可递的,存在解析变换

$$\overset{*}{\boldsymbol{w}}=\varphi(\boldsymbol{w};\boldsymbol{w}_0,\overline{\boldsymbol{w}}_0)$$

把 $\mathscr{S}$ 拓扑的映为自己,而把 $\boldsymbol{w}_0$ 变为原点.又有解析变换

$$\overset{*}{\boldsymbol{z}}=\varphi(\boldsymbol{z};\boldsymbol{z}_0,\overline{\boldsymbol{z}}_0)$$

把 $\mathscr{S}$ 拓扑的映为自己,而把 $\boldsymbol{z}_0$ 变为原点.设后者之逆变换为

$$\boldsymbol{z}=\varphi^{-1}(\overset{*}{\boldsymbol{z}};\boldsymbol{z}_0,\overline{\boldsymbol{z}}_0)$$

如是解析变换

$$\overset{*}{\boldsymbol{w}}=\varphi(f(\varphi^{-1}(\overset{*}{\boldsymbol{z}};\boldsymbol{z}_0,\overline{\boldsymbol{z}}_0));\boldsymbol{w}_0,\overline{\boldsymbol{w}}_0)=\psi(\overset{*}{\boldsymbol{z}})$$

是把 $\mathscr{S}$ 映入其内部的解析变换而使原点固定不变者，因此有

$$\left(\frac{\partial \overset{*}{\boldsymbol{w}}}{\partial \overset{*}{\boldsymbol{z}}}\right)_{\overset{*}{z}=\boldsymbol{0}} \overline{\left(\frac{\partial \overset{*}{\boldsymbol{w}}}{\partial \overset{*}{\boldsymbol{z}}}\right)}'_{\overset{*}{z}=\boldsymbol{0}} \leqslant \boldsymbol{I} \tag{56}$$

其等号成立的充要条件为 $\overset{*}{w}=\varphi(\overset{*}{z})$ 是一酉线性变换.

又(56)即

$$\left(\frac{\partial \varphi^{-1}(\overset{*}{\boldsymbol{z}};\boldsymbol{z}_0,\overline{\boldsymbol{z}}_0)}{\partial \overset{*}{\boldsymbol{z}}}\right)_{\overset{*}{z}=\boldsymbol{0}} \left(\frac{\partial f(\boldsymbol{z})}{\partial \boldsymbol{z}}\right)_{z=z_0} \times$$

$$\left(\frac{\partial \varphi(\boldsymbol{w};\boldsymbol{w}_0,\overline{\boldsymbol{w}}_0)}{\partial \boldsymbol{w}}\right)_{w=w_0} \overline{\left(\frac{\partial \varphi(\boldsymbol{w};\boldsymbol{w}_0,\overline{\boldsymbol{w}}_0)}{\partial \boldsymbol{w}}\right)}'_{w=w_0} \times$$

$$\overline{\left(\frac{\partial f(\boldsymbol{z})}{\partial \boldsymbol{z}}\right)}'_{z=z_0} \overline{\left(\frac{\partial \varphi^{-1}(\overset{*}{\boldsymbol{z}};\boldsymbol{z}_0,\overline{\boldsymbol{z}}_0)}{\partial \overset{*}{\boldsymbol{z}}}\right)}'_{\overset{*}{z}=\boldsymbol{0}} \leqslant \boldsymbol{I}$$

亦即

$$\left(\frac{\partial f(\boldsymbol{z})}{\partial \boldsymbol{z}}\right)_{z=z_0} \left(\frac{\partial \varphi(\boldsymbol{w};\boldsymbol{w}_0,\overline{\boldsymbol{w}}_0)}{\partial \boldsymbol{w}}\right)_{w=w_0} \times$$

$$\overline{\left(\frac{\partial \varphi(\boldsymbol{w};\boldsymbol{w}_0,\overline{\boldsymbol{w}}_0)}{\partial \boldsymbol{w}}\right)}'_{w=w_0} \overline{\left(\frac{\partial f(\boldsymbol{z})}{\partial \boldsymbol{z}}\right)}'_{z=z_0} \leqslant$$

$$\left(\frac{\partial \varphi^{-1}(\overset{*}{\boldsymbol{z}};\boldsymbol{z}_0,\overline{\boldsymbol{z}}_0)}{\partial \overset{*}{\boldsymbol{z}}}\right)^{-1}_{\overset{*}{z}=\boldsymbol{0}} \overline{\left(\frac{\partial \varphi^{-1}(\overset{*}{\boldsymbol{z}};\boldsymbol{z}_0,\overline{\boldsymbol{z}}_0)}{\partial \overset{*}{\boldsymbol{z}}}\right)}'^{-1}_{\overset{*}{z}=\boldsymbol{0}} =$$

$$\left(\frac{\partial \varphi(\boldsymbol{z};\boldsymbol{z}_0,\overline{\boldsymbol{z}}_0)}{\partial \boldsymbol{z}}\right)_{z=z_0} \overline{\left(\frac{\partial \varphi(\boldsymbol{z};\boldsymbol{z}_0,\overline{\boldsymbol{z}}_0)}{\partial \boldsymbol{z}}\right)}'_{z=z_0} \tag{56$'$}$$

由于 $\mathscr{S}$ 的度量方阵在原点之值为

$$T(\boldsymbol{0},\boldsymbol{0})=(n+1)\boldsymbol{I}$$

由引理 6 知

$$T(\boldsymbol{w}_0,\overline{\boldsymbol{w}}_0)=\left[\frac{\partial \varphi(\boldsymbol{w};\boldsymbol{w}_0,\overline{\boldsymbol{w}}_0)}{\partial \boldsymbol{w}}\right]_{w=w_0} \times$$

$$T(\mathbf{0},\mathbf{0})\ \overline{\left[\frac{\partial\varphi(\boldsymbol{w};\boldsymbol{w}_0,\overline{\boldsymbol{w}}_0)}{\partial\boldsymbol{w}}\right]'_{\boldsymbol{w}=\boldsymbol{w}_0}} =$$

$$(n+1)\left[\frac{\partial\varphi(\boldsymbol{w};\boldsymbol{w}_0,\overline{\boldsymbol{w}}_0)}{\partial\boldsymbol{w}}\right]_{\boldsymbol{w}=\boldsymbol{w}_0}\times$$

$$\overline{\left(\frac{\partial\varphi(\boldsymbol{w};\boldsymbol{w}_0,\overline{\boldsymbol{w}}_0)}{\partial\boldsymbol{w}}\right)'_{\boldsymbol{w}=\boldsymbol{w}_0}}$$

同样

$$T(\boldsymbol{z}_0,\overline{\boldsymbol{z}}_0)=(n+1)\left[\frac{\partial\varphi(\boldsymbol{z};\boldsymbol{z}_0,\overline{\boldsymbol{z}}_0)}{\partial\boldsymbol{z}}\right]_{\boldsymbol{z}=\boldsymbol{z}_0}\times$$

$$\overline{\left[\frac{\partial\varphi(\boldsymbol{z};\boldsymbol{z}_0,\overline{\boldsymbol{z}}_0)}{\partial\boldsymbol{z}}\right]'_{\boldsymbol{z}=\boldsymbol{z}_0}}$$

以之代入(56)′得

$$\frac{\partial f(\boldsymbol{z}_0)}{\partial\boldsymbol{z}_0}T(\boldsymbol{w}_0,\overline{\boldsymbol{w}}_0)\overline{\frac{\partial f(\boldsymbol{z}_0)}{\partial\boldsymbol{z}_0}}'\leqslant T(\boldsymbol{z}_0,\overline{\boldsymbol{z}}_0) \qquad (57)$$

如果等式成立,则(56)中等式亦成立,其必要且充分的条件为 $\overset{*}{\boldsymbol{w}}=\psi(\overset{*}{\boldsymbol{z}})$ 是一酉线性变换.但

$$f(\boldsymbol{z})=\varphi^{-1}(\psi(\varphi(\boldsymbol{z};\boldsymbol{z}_0,\overline{\boldsymbol{z}}_0));\boldsymbol{w}_0,\overline{\boldsymbol{w}}_0)$$

故(57)中等号成立的必要且充分的条件为变换 $\boldsymbol{w}=f(\boldsymbol{z})$ 属于把 $\mathscr{S}$ 映为自己的拓扑的解析变换群.

由于(57)中 $\boldsymbol{z}_0$ 可以是 $\mathscr{S}$ 中任一点,我们有如下命题:

命题7 如果 $\mathscr{S}$ 是一单位超球,解析变换 $\boldsymbol{w}=f(\boldsymbol{z})$ 是任一把超球映入其内部的解析映射,则恒有

$$\mathrm{d}s^2(\boldsymbol{w},\overline{\boldsymbol{w}})\leqslant\mathrm{d}s^2(\boldsymbol{z},\overline{\boldsymbol{z}})$$

其等号成立当且仅当变换 $\boldsymbol{w}=f(\boldsymbol{z})$ 属于把 $\mathscr{D}$ 映为自己的拓扑的解析变换群,即当且仅当 $\boldsymbol{w}=f(\boldsymbol{z})$ 能表为下面之形式

$$\boldsymbol{w}=\mu(\boldsymbol{z}-\boldsymbol{a})(\boldsymbol{I}-\overline{\boldsymbol{a}}'\boldsymbol{z})^{-1}\boldsymbol{D}^{-1}$$

其中 $\boldsymbol{a}=(a_1,\cdots,a_n)$ 适合 $\boldsymbol{a}\overline{\boldsymbol{a}}'<1$，$\mu$ 是一数适合 $|\mu|^2=(1-\boldsymbol{a}\overline{\boldsymbol{a}}')^{-1}$，$\boldsymbol{D}$ 是一 $n\times n$ 方阵，且适合 $\boldsymbol{D}'\overline{\boldsymbol{D}}=(\boldsymbol{I}-\boldsymbol{a}'\overline{\boldsymbol{a}})^{-1}$.

由命题 6 与命题 7 即得定理 7.

由推论 3 及(49)知：

推论 4 如果 $\boldsymbol{w}=f(\boldsymbol{z})$ 是任一解析映射，把 $\mathscr{D}$ 映入其内部，把 $\mathscr{S}$ 的点 $\boldsymbol{z}_0$ 与 $\boldsymbol{z}$ 分别映为 $\boldsymbol{w}_0$ 与 $\boldsymbol{w}$，则恒有

$$\log\frac{1+(1-\boldsymbol{w}_0\overline{\boldsymbol{w}}')^{-\frac{1}{2}}\sqrt{(\boldsymbol{w}-\boldsymbol{w}_0)(\boldsymbol{I}-\overline{\boldsymbol{w}}'_0\boldsymbol{w})^{-1}\overline{(\boldsymbol{w}-\boldsymbol{w}_0)}'}}{1-(1-\boldsymbol{w}_0\overline{\boldsymbol{w}}')^{-\frac{1}{2}}\sqrt{(\boldsymbol{w}-\boldsymbol{w}_0)(\boldsymbol{I}-\overline{\boldsymbol{w}}'_0\boldsymbol{w})^{-1}\overline{(\boldsymbol{w}-\boldsymbol{w}_0)}'}}\leqslant$$

$$\log\frac{1+(1-\boldsymbol{z}_0\overline{\boldsymbol{z}}')^{-\frac{1}{2}}\sqrt{(\boldsymbol{z}-\boldsymbol{z}_0)(\boldsymbol{I}-\overline{\boldsymbol{z}}'_0\boldsymbol{z})^{-1}\overline{(\boldsymbol{z}-\boldsymbol{z}_0)}'}}{1-(1-\boldsymbol{z}_0\overline{\boldsymbol{z}}')^{-\frac{1}{2}}\sqrt{(\boldsymbol{z}-\boldsymbol{z}_0)(\boldsymbol{I}-\overline{\boldsymbol{z}}'_0\boldsymbol{z})^{-1}\overline{(\boldsymbol{z}-\boldsymbol{z}_0)}'}} \tag{58}$$

或

$$\frac{(\boldsymbol{w}-\boldsymbol{w}_0)(\boldsymbol{I}-\overline{\boldsymbol{w}}'_0\boldsymbol{w})^{-1}\overline{(\boldsymbol{w}-\boldsymbol{w}_0)}'}{1-\boldsymbol{w}_0\overline{\boldsymbol{w}}'}\leqslant$$

$$\frac{(\boldsymbol{z}-\boldsymbol{z}_0)(\boldsymbol{I}-\overline{\boldsymbol{z}}'_0\boldsymbol{z})^{-1}\overline{(\boldsymbol{z}-\boldsymbol{z}_0)}'}{1-\boldsymbol{z}_0\overline{\boldsymbol{z}}'} \tag{59}$$

其等号成立当且仅当变换为下面之形式

$$\boldsymbol{w}=\mu(\boldsymbol{z}-\boldsymbol{a})(\boldsymbol{I}-\overline{\boldsymbol{a}}'\boldsymbol{z})^{-1}\boldsymbol{D}^{-1}$$

其中 $\boldsymbol{a}\overline{\boldsymbol{a}}'<1$，$|\mu|^2=(1-\boldsymbol{a}\overline{\boldsymbol{a}}')^{-1}$，$\boldsymbol{D}'\overline{\boldsymbol{D}}=(\boldsymbol{I}-\boldsymbol{a}'\overline{\boldsymbol{a}})^{-1}$.

特别地，当解析变换是把原点固定不变，并在(59)中取 $\boldsymbol{z}_0=\boldsymbol{0}$，如是 $\boldsymbol{w}_0=\boldsymbol{0}$，得

$$\boldsymbol{w}\overline{\boldsymbol{w}}'\leqslant\boldsymbol{z}\overline{\boldsymbol{z}}'$$

即

$$\sum_{j=1}^{n}|f_j(\boldsymbol{z})|^2\leqslant\sum_{j=1}^{n}|z_j|^2$$

其等号成立当且仅当 $\boldsymbol{w}=f(\boldsymbol{z})$ 是一酉线性变换，这就是 Bochner-Martin 与 Bureau 的结果.

8　在多圆柱 P_n 的 Schwarz 常数

引理 7　设解析映射 $\boldsymbol{w}=f(\boldsymbol{z})$ 把多圆柱

$$P_n=\{|z_1|<1,\cdots,|z_n|<1\}$$

映入其内部并使原点固定不变. 若映射函数 $f(\boldsymbol{z})=(f_1(\boldsymbol{z}),\cdots,f_n(\boldsymbol{z}))$ 在 P_n 的幂级数为

$$w_1=f_1(\boldsymbol{z})=a_{11}z_1+\cdots+a_{n1}z_n+\text{高次项}$$
$$\vdots$$
$$w_n=f_n(\boldsymbol{z})=a_{1n}z_1+\cdots+a_{nn}z_n+\text{高次项}$$

则由此变换之线性项得之线性变换

$$w_1=a_{11}z_1+\cdots+a_{n1}z_n$$
$$\vdots$$
$$w_n=a_{1n}z_1+\cdots+a_{nn}z_n$$

也是把 P_n 映入其内部.

这个引理说明,我们要确定 $k_0(P_n)$ 时,只考虑所有的把 P_n 映入其内部的线性变换便可以了.

证明　令 α 是一复参数,且 $|\alpha|\leqslant 1$ 者. 如果 $\boldsymbol{z}$ 是 P_n 的内点,则由假设知 $f(\boldsymbol{z})$ 也是 P_n 的内点. 由于 $\boldsymbol{z}$ 是内点

$$|\alpha z_1|<1,\cdots,|\alpha z_n|<1,|\alpha|\leqslant 1$$

现在考虑函数

$$f_j(\alpha\boldsymbol{z})$$

对任一固定的指标 j,这是 α 在单位圆 $|\alpha|\leqslant 1$ 的解析函数,并且

$$|f_j(\alpha\boldsymbol{z})|<1,[f_j(\alpha\boldsymbol{z})]_{\alpha=0}=0$$

由一个复变数函数论之 Schwarz 引理知

$$\left|\frac{\mathrm{d}f_j(\alpha\boldsymbol{z})}{\mathrm{d}\alpha}\right|_{\alpha=0}\leqslant 1$$

等号必不能成立，否则 $f_j(\alpha \boldsymbol{z})=\mathrm{e}^{i\theta}\alpha$. 如是令 $\alpha=1$ 有 $|f_j(\boldsymbol{z})|=1$，但 $f(\boldsymbol{z})$ 是 P_n 之内点，必定 $|f_j(\boldsymbol{z})|<1$，这就会有矛盾. 因此我们有

$$\left|\frac{\mathrm{d}f_j(\alpha \boldsymbol{z})}{\mathrm{d}\alpha}\right|_{\alpha=0}<1, j=1,\cdots,n$$

此即

$$|a_{1j}z_1+\cdots+a_{nj}z_n|<1, j=1,\cdots,n$$

上面之不等式说明线性变换

$$w_j=a_{1j}z_1+\cdots+a_{nj}z_n, j=1,\cdots,n$$

是把 P_n 映入其内部者. 引理证明.

引理 8 设线性变换

$$w_j=a_{1j}z_1+\cdots+a_{nj}z_n, j=1,\cdots,n \tag{60}$$

把 P_n 映入其内部，则必须

$$|a_{1j}|^2+\cdots+|a_{nj}|^2\leqslant 1, j=1,\cdots,n$$

证明 令 $\overline{P}_n$ 代表 P_n 的闭包. 由假设知，如果 $\boldsymbol{z}\in\overline{P}_n$，则经变换(60)而得的对应点 $\boldsymbol{w}\in\overline{P}_n$.

我们取

$$z_1=0,\cdots,z_{k-1}=0,z_k=1,z_{k+1}=0,\cdots,z_n=0$$

由(60)知

$$w_j=a_{kj}$$

此示必须

$$|a_{kj}|\leqslant 1, k,j=1,\cdots,n$$

由此知，当我们取

$$z_1=\overline{a}_{1j},\cdots,z_n=\overline{a}_{nj}$$

时，$\boldsymbol{z}\in\overline{P}_n$，以之代入(60)得

$$w_j=|a_{1j}|^2+\cdots+|a_{nj}|^2$$

这就必须

$$|a_{1j}|^2+\cdots+|a_{nj}|^2\leqslant 1$$

引理证毕.

引理 9 若线性变换

$$w_j = a_{1j}z_1 + \cdots + a_{nj}z_n, j = 1, \cdots, n$$

把 P_n 映入其内部,令

$$\boldsymbol{A} = \begin{pmatrix} a_{11} & \cdots & a_{1n} \\ \vdots & & \vdots \\ a_{n1} & \cdots & a_{nn} \end{pmatrix}$$

则恒有

$$\boldsymbol{A}\overline{\boldsymbol{A}}' \leqslant n\boldsymbol{I}$$

证明 习知有酉方阵 $\boldsymbol{U} = (u_{kl})_{1 \leqslant k, l \leqslant n}$ 与酉方阵 $\boldsymbol{V} = (v_{kl})_{1 \leqslant k, l \leqslant n}$ 使得

$$\boldsymbol{UAV} = \begin{pmatrix} \lambda_1 & & \boldsymbol{0} \\ & \ddots & \\ \boldsymbol{0} & & \lambda_n \end{pmatrix}, \lambda_1 \geqslant \cdots \geqslant \lambda_n \geqslant 0 \quad (61)$$

此即

$$\lambda_j = \sum_{k,l=1}^{n} u_{jk} a_{kl} v_{lj}, j = 1, \cdots, n$$

应用 Schwarz 不等式知

$$\lambda_j^2 = \left| \sum_{k,l=1}^{n} u_{jk} a_{kl} v_{lj} \right|^2 = \left| \sum_{k=1}^{n} u_{jk} \left(\sum_{l=1}^{n} a_{kl} v_{lj} \right) \right|^2 \leqslant$$

$$\left(\sum_{k=1}^{n} | u_{jk} |^2 \right) \left(\sum_{k=1}^{n} \left| \sum_{l=1}^{n} a_{kl} v_{lj} \right|^2 \right) \leqslant$$

$$\left(\sum_{k=1}^{n} | u_{jk} |^2 \right) \left[\sum_{k=1}^{n} \left(\sum_{l=1}^{n} | v_{lj} |^2 \right) \left(\sum_{l=1}^{n} | a_{kl} |^2 \right) \right] =$$

$$\left(\sum_{k=1}^{n} | u_{jk} |^2 \right) \left(\sum_{l=1}^{n} | v_{lj} |^2 \right) \left[\sum_{k=1}^{n} \left(\sum_{l=1}^{n} | a_{kl} |^2 \right) \right]$$

由于 $\boldsymbol{U}$ 与 $\boldsymbol{V}$ 是酉方阵

$$\sum_{k=1}^{n} | u_{jk} |^2 = 1, \sum_{l=1}^{n} | v_{lj} |^2 = 1, j = 1, \cdots, n$$

由引理 8 知

$$\sum_{l=1}^{n}\sum_{k=1}^{n}|a_{kl}|^2 \leqslant n$$

因此

$$\lambda_j^2 \leqslant n, j=1,\cdots,n$$

由(61)知

$$\boldsymbol{A}\overline{\boldsymbol{A}}' = \overline{\boldsymbol{U}}'\begin{pmatrix}\lambda_1 & & \boldsymbol{0}\\ & \ddots & \\ \boldsymbol{0} & & \lambda_n\end{pmatrix}\overline{\boldsymbol{V}}'\boldsymbol{V}\begin{pmatrix}\lambda_1 & & \boldsymbol{0}\\ & \ddots & \\ \boldsymbol{0} & & \lambda_n\end{pmatrix}\boldsymbol{U} =$$

$$\overline{\boldsymbol{U}}'\begin{pmatrix}\lambda_1^2 & & \boldsymbol{0}\\ & \ddots & \\ \boldsymbol{0} & & \lambda_n^2\end{pmatrix}\boldsymbol{U} \leqslant n\boldsymbol{I}$$

引理证毕.

引理 10 任取正数 δ,必存在一线性变换

$$\boldsymbol{w} = \boldsymbol{z}\boldsymbol{A}$$

把 P_n 映入其内部,及有一向量 $\boldsymbol{u}=(u_1,\cdots,u_n)$,便得

$$\boldsymbol{u}\boldsymbol{A}\overline{\boldsymbol{A}}'\overline{\boldsymbol{u}}' > (n-\delta)\boldsymbol{u}\overline{\boldsymbol{u}}'$$

证明 当 $n=1$ 时,引理是显然的,所以我们假定 $n\geqslant 2$. 此外我们假定 $\delta < n-1$,因为如果 $\delta \geqslant n-1$,由前文之反例(i)知引理是成立的.

作一 $n\times n$ 实的正交方阵,其第一列元素为 $\sqrt{\frac{1}{n}},\cdots,\sqrt{\frac{1}{n}}$ 者,这是可能的,设其为

$$\boldsymbol{\Gamma} = \begin{pmatrix}\sqrt{\frac{1}{n}} & \sqrt{\frac{1}{n}} & \cdots & \sqrt{\frac{1}{n}}\\ a_{21} & a_{22} & \cdots & a_{2n}\\ \vdots & \vdots & & \vdots\\ a_{n1} & a_{n2} & \cdots & a_{nn}\end{pmatrix}$$

由于 $\boldsymbol{\Gamma}\boldsymbol{\Gamma}'=\mathbf{1}$，故必须

$$|a_{kl}|\leqslant 1,k=2,\cdots,n,l=1,\cdots,n$$

令

$$\boldsymbol{A}=\begin{pmatrix}1+\varepsilon_1 & 0 & \cdots & 0\\ 0 & \varepsilon_2 & \cdots & 0\\ \vdots & \vdots & & \vdots\\ 0 & 0 & \cdots & \varepsilon_2\end{pmatrix}\boldsymbol{\Gamma}$$

其中

$$0<\sqrt{n-\delta}-1<\varepsilon_1<\sqrt{n-\frac{1}{2}\delta}-1$$

$$0<\varepsilon_2<\frac{1}{n-1}\left(1-\frac{\sqrt{n}\sqrt{n-\frac{1}{2}\delta}}{n}\right)$$

我们首先要证明线性变换

$$\boldsymbol{w}=\boldsymbol{z}\boldsymbol{A} \tag{62}$$

是把 P_n 映入其内部者，因为此变换即

$$w_j=\sqrt{\frac{1}{n}}(1+\varepsilon_1)z_1+\varepsilon_2(a_{2j}z_2+\cdots+a_{nj}z_n)$$

$$j=1,\cdots,n \tag{63}$$

当 $\boldsymbol{z}\in P_n$ 时，我们有

$$\begin{aligned}|w_j|\leqslant&\sqrt{\frac{1}{n}}(1+\varepsilon_1)|z_1|+\\ &\varepsilon_2(|a_{2j}|\cdot|z_2|+\cdots+|a_{nj}|\cdot|z_n|)\leqslant\\ &\sqrt{\frac{1}{n}}(1+\varepsilon_1)+(n-1)\varepsilon_2<\\ &\sqrt{\frac{1}{n}}\sqrt{n-\frac{1}{2}\delta}+(n-1)\times\\ &\frac{1}{n-1}\left(1-\frac{\sqrt{n}\sqrt{n-\frac{1}{2}\delta}}{n}\right)=1\end{aligned}$$

此即变换(63)是把 P_n 映入其内部者.

其次，我们取 $\boldsymbol{u}=(1,0,\cdots,0)$ 时有

$$\boldsymbol{u}\boldsymbol{A}\overline{\boldsymbol{A}}'\overline{\boldsymbol{u}}'=(1+\varepsilon_1)^2>n-\delta=(n-\delta)\boldsymbol{u}\overline{\boldsymbol{u}}'$$

引理证毕.

命题8 在多圆柱 P_n 的 Schwarz 常数为 $k_0(P_n)=\sqrt{n}$①.

证明 设

$$\boldsymbol{w}=f(\boldsymbol{z})$$

是任一把 P_n 映入其内部的解析映射. 设 $\boldsymbol{z}_0\in P_n,\boldsymbol{w}_0=f(\boldsymbol{z}_0)$. 由于 P_n 是可递的，我们有解析映射 $\overset{*}{\boldsymbol{z}}=\varphi(\boldsymbol{z};\boldsymbol{z}_0,\overline{\boldsymbol{z}}_0)$ 把 P_n 拓扑的映为自己，而把点 $\boldsymbol{z}_0$ 映为原点；又有解析变换 $\overset{*}{\boldsymbol{w}}=\varphi(\boldsymbol{w};\boldsymbol{w}_0,\overline{\boldsymbol{w}}_0)$ 把 P_n 拓扑的映为自己，而把点 $\boldsymbol{w}_0$ 映为原点. 作解析变换

$$\overset{*}{\boldsymbol{w}}=\varphi(f(\varphi^{-1}(\overset{*}{\boldsymbol{z}};\boldsymbol{z}_0,\overline{\boldsymbol{z}}_0));\boldsymbol{w}_0,\overline{\boldsymbol{w}}_0)$$

这是把 P_n 映入其内部的解析变换，使原点固定不变者，由引理7及引理9知

$$\left(\frac{\partial\varphi(f(\varphi^{-1}(\overset{*}{\boldsymbol{z}};\boldsymbol{z}_0,\overline{\boldsymbol{z}}_0));\boldsymbol{w}_0,\overline{\boldsymbol{w}}_0)}{\partial\overset{*}{\boldsymbol{z}}}\right)_{\overset{*}{\boldsymbol{z}}=\boldsymbol{0}}\times\overline{\left(\frac{\partial\varphi(f(\varphi^{-1}(\overset{*}{\boldsymbol{z}};\boldsymbol{z}_0,\overline{\boldsymbol{z}}_0));\boldsymbol{w}_0,\overline{\boldsymbol{w}}_0)}{\partial\overset{*}{\boldsymbol{z}}}\right)_{\overset{*}{\boldsymbol{z}}=\boldsymbol{0}}'}\leqslant n\boldsymbol{I}$$

如命题7的证明一样，知上式即

$$\left(\frac{\partial f(\boldsymbol{z})}{\partial\boldsymbol{z}}\right)_{\boldsymbol{z}=\boldsymbol{z}_0}T(\boldsymbol{w}_0,\overline{\boldsymbol{w}}_0)\overline{\left(\frac{\partial f(\boldsymbol{z})}{\partial\boldsymbol{z}}\right)_{\boldsymbol{z}=\boldsymbol{z}_0}'}\leqslant nT(\boldsymbol{z}_0,\overline{\boldsymbol{z}}_0)$$

---

① 取 $n=2$，如是 $k_0(P_2)=\sqrt{2}$. 若 $\mathscr{S}_2=\{|z_1|^2+|z_2|^2<1\}$，由于 $k_0(\mathscr{S}_2)=1$，便知双圆柱 P_2 不能拓扑的解析的映为单位超球 $\mathscr{S}_2$ 这个经典性的结果.

由于 $\boldsymbol{z}_0$ 可以是 P_n 中任一点,因此有

$$\mathrm{d}s^2(\boldsymbol{w},\overline{\boldsymbol{w}}) \leqslant n\mathrm{d}s^2(\boldsymbol{z},\overline{\boldsymbol{z}})$$

上式对任一把 P_n 映入其内部的解析映射皆成立,故 $k_0(P_n) \leqslant \sqrt{n}$.

但由引理 10 知,$k_0(P_n)$ 不能小于 $\sqrt{n}$,因此 $k_0(P_n)=\sqrt{n}$. 命题证毕.

习知过 P_n 的任两点 $\boldsymbol{z}_0=(z_1^{(0)},\cdots,z_n^{(0)})$ 与 $\boldsymbol{z}$ 有唯一的测地线,其测地线距离为

$$\chi(\boldsymbol{z}_0,\boldsymbol{z})=\frac{1}{2}\left\{\sum_{j=1}^{n}\log^2\frac{\left|\dfrac{z_j-z_j^{(0)}}{1-\overline{z}_j^{(0)}z_j}\right|}{\left|\dfrac{z_j-z_j^{(0)}}{1-\overline{z}_j^{(0)}z_j}\right|}\right\}^{\frac{1}{2}}$$

又由推论 3 知:

推论 5 如果解析映射 $\boldsymbol{w}=f(\boldsymbol{z})$ 把 P_n 映入其内部,把 P_n 中点 $\boldsymbol{z}_0$ 与 $\boldsymbol{z}$ 分别映为 $\boldsymbol{w}_0=(w_1^{(0)},\cdots,w_n^{(0)})$ 与点 $\boldsymbol{w}$,则恒有

$$\left\{\sum_{j=1}^{n}\log^2\frac{1+\left|\dfrac{w_j-w_j^{(0)}}{1-\overline{w}_j^{(0)}w_j}\right|}{1-\left|\dfrac{w_j-w_j^{(0)}}{1-\overline{w}_j^{(0)}w_j}\right|}\right\}^{\frac{1}{2}} \leqslant$$

$$\sqrt{n}\left\{\sum_{j=1}^{n}\log^2\frac{1+\left|\dfrac{z_j-z_j^{(0)}}{1-\overline{z}_j^{(0)}z_j}\right|}{1-\left|\dfrac{z_j-z_j^{(0)}}{1-\overline{z}_j^{(0)}z_j}\right|}\right\}^{\frac{1}{2}} \tag{64}$$

特别地,当 $\boldsymbol{w}=f(\boldsymbol{z})$ 使原点固定不变并取 $\boldsymbol{z}_0=\boldsymbol{0}$ 时有

$$\left\{\sum_{j=1}^{n}\log^2\frac{1+|w_j|}{1-|w_j|}\right\}^{\frac{1}{2}} \leqslant \sqrt{n}\left\{\sum_{j=1}^{n}\log^2\frac{1+|z_j|}{1-|z_j|}\right\}^{\frac{1}{2}} \tag{64$'$}$$

9 $k_0(\mathscr{R}_{\mathrm{I}})$,$k_0(\mathscr{R}_{\mathrm{II}})$,$k_0(\mathscr{R}_{\mathrm{III}})$ 与 $k_0(\mathscr{R}_{\mathrm{IV}})$ 的数值

引理 11 设有界单叶域 $\mathscr{D}$ 是可递的,并且任两点有最短的测地线通过之. 若存在一正常数 k,使得对任一解析变换 $\boldsymbol{w}=f(\boldsymbol{z})$ 把 $\mathscr{D}$ 映入其内部者,把 $\mathscr{D}$ 的任两点 $\boldsymbol{z}_0$ 与 $\boldsymbol{z}$ 分别映为 $\boldsymbol{w}_0$ 与 $\boldsymbol{w}$ 时,恒有

$$\chi(\boldsymbol{w}_0,\boldsymbol{w})\leqslant k\chi(\boldsymbol{z}_0,\boldsymbol{z})$$

则必定有

$$\mathrm{d}s^2(\boldsymbol{w},\overline{\boldsymbol{w}})\leqslant k^2\mathrm{d}s^2(\boldsymbol{z},\overline{\boldsymbol{z}})$$

(这是推论 3 之逆).

证明 由假设知对 $\mathscr{D}$ 中任两点 $\boldsymbol{z}_0$ 与 $\boldsymbol{z}$ 及其映象 $\boldsymbol{w}_0$ 与 $\boldsymbol{w}$ 有

$$\chi^2(\boldsymbol{w}_0,\boldsymbol{w})\leqslant k^2\chi^2(\boldsymbol{z}_0,\boldsymbol{z}) \tag{65}$$

取 $\boldsymbol{z}_0$ 固定而取 $\boldsymbol{z}$ 在 $\boldsymbol{z}_0$ 的充分小的邻域内. 由于

$$\mathrm{d}s^2(\boldsymbol{z},\overline{\boldsymbol{z}})=\sum_{k,l=1}^{n}T_{l\bar{k}}(\boldsymbol{z},\overline{\boldsymbol{z}})\mathrm{d}z_l\mathrm{d}\overline{z}_k$$

其中 $T_{l\bar{k}}(\boldsymbol{z},\overline{\boldsymbol{z}})=\dfrac{\partial^2\log K(\boldsymbol{z},\overline{\boldsymbol{z}})}{\partial z_l\partial\overline{z}_k}$ 是 $\boldsymbol{z}=(z_1,\cdots,z_n)$ 与 $\overline{\boldsymbol{z}}=(\overline{z}_1,\cdots,\overline{z}_n)$ 的解析函数,则习知测地线之距离 $\chi^2(\boldsymbol{z}_0,\boldsymbol{z})$ 也是 $\boldsymbol{z}_0=(z_1^{(0)},\cdots,z_n^{(0)})$,$\overline{\boldsymbol{z}}_0=(\overline{z_1^{(0)}},\cdots,\overline{z_n^{(0)}})$,$\boldsymbol{z}=(z_1,\cdots,z_n)$ 与 $\overline{\boldsymbol{z}}=(\overline{z}_1,\cdots,\overline{z}_n)$ 的解析函数,并且 $\chi^2(\boldsymbol{z}_0,\boldsymbol{z})$ 在 $\boldsymbol{z}_0$ 附近的 $z_j-z_j^{(0)}$ 的幂级数展开式为

$$\chi^2(\boldsymbol{z}_0,\boldsymbol{z})=\sum_{k,l=1}^{n}T_{l\bar{k}}(\boldsymbol{z}_0,\overline{\boldsymbol{z}}_0)(z_l-z_l^{(0)})(\overline{z}_k-\overline{z}_k^{(0)})+\text{高次项}$$

同样有

$$\chi^2(\boldsymbol{w}_0,\boldsymbol{w})=\sum_{l,k=1}^{n}T_{l\bar{k}}(\boldsymbol{w}_0,\overline{\boldsymbol{w}}_0)(w_l-w_l^{(0)})(\overline{w}_k-\overline{w}_k^{(0)})+\text{高次项}$$

取 $\boldsymbol{z}=\boldsymbol{z}_0+\varepsilon\boldsymbol{a}$，$\boldsymbol{a}=(a_1,\cdots,a_n)$ 是任一常数向量. ε 为一甚小之正数，我们有

$$\chi^2(\boldsymbol{z}_0,\boldsymbol{z})=\sum_{l,k=1}^{n}\varepsilon^2 T_{l\bar{k}}(\boldsymbol{z}_0,\bar{\boldsymbol{z}}_0)a_l\bar{a}_k+\varepsilon\text{ 之高次项}=$$
$$\varepsilon^2\boldsymbol{a}T(\boldsymbol{z}_0,\bar{\boldsymbol{z}}_0)\bar{\boldsymbol{a}}'+\varepsilon\text{ 之高次项}$$

由于 $f(\boldsymbol{z})=(f_1(\boldsymbol{z}),\cdots,f_n(\boldsymbol{z}))$，有

$$w_j-w_j^{(0)}=f_j(\boldsymbol{z}_0+\varepsilon\boldsymbol{a})-f_j(\boldsymbol{z}_0)=$$
$$\sum_{k=1}^{n}\varepsilon\left(\frac{\partial f_j(\boldsymbol{z})}{\partial z_k}\right)_{\boldsymbol{z}=\boldsymbol{z}_0}a_k+\varepsilon\text{ 之高次项},j=1,\cdots,n$$

得

$$\chi^2(\boldsymbol{w}_0,\boldsymbol{w})=\sum_{p,q,l,k=1}^{n}\varepsilon^2 T_{l\bar{k}}(\boldsymbol{w}_0,\bar{\boldsymbol{w}}_0)\left(\frac{\partial f_l(\boldsymbol{z})}{\partial z_p}\right)_{\boldsymbol{z}=\boldsymbol{z}_0}\times$$
$$\overline{\left(\frac{\partial f_k(\boldsymbol{z})}{\partial z_q}\right)}_{\boldsymbol{z}=\boldsymbol{z}_0}a_p\bar{a}_q+\varepsilon\text{ 之高次项}=$$
$$\varepsilon^2\boldsymbol{a}\left(\frac{\partial f(\boldsymbol{z})}{\partial \boldsymbol{z}}\right)_{\boldsymbol{z}=\boldsymbol{z}_0}T(\boldsymbol{w}_0,\bar{\boldsymbol{w}}_0)\times$$
$$\overline{\left(\frac{\partial f(\boldsymbol{z})}{\partial \boldsymbol{z}}\right)}'_{\boldsymbol{z}=\boldsymbol{z}_0}\bar{\boldsymbol{a}}'+\varepsilon\text{ 之高次项}$$

以之代入(65)得

$$\varepsilon^2\boldsymbol{a}\left(\frac{\partial f(\boldsymbol{z})}{\partial \boldsymbol{z}}\right)_{\boldsymbol{z}=\boldsymbol{z}_0}T(\boldsymbol{w}_0,\bar{\boldsymbol{w}}_0)\overline{\left(\frac{\partial f(\boldsymbol{z})}{\partial \boldsymbol{z}}\right)}'_{\boldsymbol{z}=\boldsymbol{z}_0}\bar{\boldsymbol{a}}'+$$
$$\varepsilon\text{ 之高次项}\leqslant$$
$$k^2\varepsilon^2\boldsymbol{a}T(\boldsymbol{z}_0,\bar{\boldsymbol{z}}_0)\bar{\boldsymbol{a}}'+\varepsilon\text{ 之高次项}$$

以 ε^2 除不等式之两边，并令 $\varepsilon\to 0$ 得

$$\boldsymbol{a}\left(\frac{\partial f(\boldsymbol{z})}{\partial \boldsymbol{z}}\right)_{\boldsymbol{z}=\boldsymbol{z}_0}T(\boldsymbol{w}_0,\bar{\boldsymbol{w}}_0)\overline{\left(\frac{\partial f(\boldsymbol{z})}{\partial \boldsymbol{z}}\right)}'_{\boldsymbol{z}=\boldsymbol{z}_0}\bar{\boldsymbol{a}}'\leqslant$$
$$k^2\boldsymbol{a}T(\boldsymbol{z}_0,\bar{\boldsymbol{z}}_0)\bar{\boldsymbol{a}}'$$

由于 $\boldsymbol{a}$ 可以是任意之常数向量，因此有

$$\mathrm{d}s^2(\boldsymbol{w}_0,\bar{\boldsymbol{w}}_0)\leqslant k^2\mathrm{d}s^2(\boldsymbol{z}_0,\bar{\boldsymbol{z}}_0)$$

又因 z_0 可以是 $\mathscr{D}$ 中任一点，这就得出引理.

（ⅰ）在 $\mathscr{R}_{\mathrm{I}}$ 中，$\boldsymbol{Z}$ 是一 $m\times n$ 矩阵，不妨假定 $m\leqslant n$. 设

$$\boldsymbol{W}=F(\boldsymbol{Z}) \tag{66}$$

是任一把 $\mathscr{R}_{\mathrm{I}}$ 映入其内部的解析映射. 这里

$$\boldsymbol{W}=(w_{\alpha j})_{\substack{1\leqslant\alpha\leqslant m\\1\leqslant j\leqslant n}},F(\boldsymbol{Z})=(f_{\alpha j}(\boldsymbol{Z}))_{\substack{1\leqslant\alpha\leqslant m\\1\leqslant j\leqslant n}}$$

其中 $f_{\alpha j}(\boldsymbol{Z})$ 是 $z_{\alpha j}(\alpha=1,\cdots,m;j=1,\cdots,n)$ 的解析函数. 换言之，变换(66) 即

$$w_{\alpha j}=f_{\alpha j}(\boldsymbol{Z}),\alpha=1,\cdots,m;j=1,\cdots,n \tag{66$'$}$$

这个变换把 $\mathscr{R}_{\mathrm{I}}$ 映入其内部，即当 $\boldsymbol{Z}$ 适合 $\boldsymbol{I}-\boldsymbol{Z}\overline{\boldsymbol{Z}}'>\boldsymbol{0}$ 时

$$\boldsymbol{I}-\boldsymbol{W}\overline{\boldsymbol{W}}'=\boldsymbol{I}-F(\boldsymbol{Z})\ \overline{F(\boldsymbol{Z})}'>\boldsymbol{0}$$

如果 $\boldsymbol{Z}_0$ 与 $\boldsymbol{Z}_1$ 是 $\mathscr{R}_{\mathrm{I}}$ 中任两点

$$\boldsymbol{W}_0=F(\boldsymbol{Z}_0),\boldsymbol{W}_1=F(\boldsymbol{Z}_1)$$

习知存在 $m\times m$ 酉方阵 $\boldsymbol{U}$ 与 $n\times n$ 酉方阵 $\mathbf{V}$，使得

$$\boldsymbol{Z}_1=\boldsymbol{U\Lambda}\mathbf{V}$$

其中

$$\boldsymbol{\Lambda}=\begin{pmatrix}\lambda_1&0&\cdots&0&0&\cdots&0\\0&\lambda_2&\cdots&0&0&\cdots&0\\\vdots&\vdots&&\vdots&\vdots&&\vdots\\0&0&\cdots&\lambda_m&0&\cdots&0\end{pmatrix} \tag{67}$$

其中 $1>\lambda_1\geqslant\cdots\geqslant\lambda_m\geqslant0$，并且有一拓扑的解析的变换

$$\boldsymbol{Z}=\Psi(\overset{*}{\boldsymbol{Z}};\boldsymbol{Z}_0,\boldsymbol{Z}_1) \tag{68}$$

把 $\mathscr{R}_{\mathrm{I}}$ 映为自己而把 $\mathscr{R}_{\mathrm{I}}$ 中点 $\boldsymbol{O}$ 与点 $\boldsymbol{\Lambda}$ 分别映为 $\boldsymbol{Z}_0$ 与 $\boldsymbol{Z}_1$. 同样有拓扑的解析的变换

$$\overset{*}{\boldsymbol{W}}=\Phi(\boldsymbol{W};\boldsymbol{W}_0,\boldsymbol{W}_1) \tag{69}$$

把 $\mathscr{R}_{\mathrm{I}}$ 映为自己而把点 $\boldsymbol{W}_0$ 与 $\boldsymbol{W}_1$ 分别映为点 $\boldsymbol{O}$ 与点 $\boldsymbol{\Gamma}$，其中

$$\boldsymbol{\Gamma}=\begin{pmatrix}\mu_1 & 0 & \cdots & 0 & 0 & \cdots & 0\\ 0 & \mu_2 & \cdots & 0 & 0 & \cdots & 0\\ \vdots & \vdots & & \vdots & \vdots & & \vdots\\ 0 & 0 & \cdots & \mu_m & 0 & \cdots & 0\end{pmatrix}$$

其中 $1>\mu_1\geqslant\cdots\geqslant\mu_m\geqslant 0$.

作变换

$$\overset{*}{W}=\Phi(F(\Psi(\overset{*}{\boldsymbol{Z}};\boldsymbol{Z}_0,\boldsymbol{Z}_1));\boldsymbol{W}_0,\boldsymbol{W}_1)=G(\overset{*}{\boldsymbol{Z}})$$

这个变换仍把 $\mathscr{R}_{\mathrm{I}}$ 映入其内部而使原点固定不变，并且把点 $\boldsymbol{\Lambda}$ 映为点 $\boldsymbol{\Gamma}$，即

$$\boldsymbol{\Gamma}=G(\boldsymbol{\Lambda}) \tag{70}$$

令

$$\boldsymbol{T}=\begin{pmatrix}t_1 & 0 & \cdots & 0 & 0 & \cdots & 0\\ 0 & t_2 & \cdots & 0 & 0 & \cdots & 0\\ \vdots & \vdots & & \vdots & \vdots & & \vdots\\ 0 & 0 & \cdots & t_m & 0 & \cdots & 0\end{pmatrix} \tag{71}$$

其中 $t_1,\cdots,t_m$ 是复参数，适合

$$|t_1|<1,\cdots,|t_m|<1 \tag{P_m}$$

者. 由于 $\boldsymbol{I}-\boldsymbol{T}\overline{\boldsymbol{T}}'>\boldsymbol{0}$，故有

$$\boldsymbol{I}-G(\boldsymbol{T})\overline{G(\boldsymbol{T})}'>\boldsymbol{0} \tag{72}$$

设 $G(\boldsymbol{T})=(g_{\alpha j}(\boldsymbol{T}))_{\substack{1\leqslant\alpha\leqslant m\\1\leqslant j\leqslant n}}$，则由(72) 知必须

$$|g_{\alpha j}(\boldsymbol{T})|<1,\alpha=1,\cdots,m;j=1,\cdots,n \tag{73}$$

令

$$g_1(t_1,\cdots,t_m)=g_{11}(\boldsymbol{T}),\cdots,g_m(t_1,\cdots,t_m)=g_{mm}(\boldsymbol{T}) \tag{74}$$

由(73) 知，解析变换

$$s_1=g_1(t_1,\cdots,t_m),\cdots,s_m=g_m(t_1,\cdots,t_m)$$

把多圆柱 P_m 映入其内部并且 $g_j(0,\cdots,0)=0$. 根据推论 5 知有

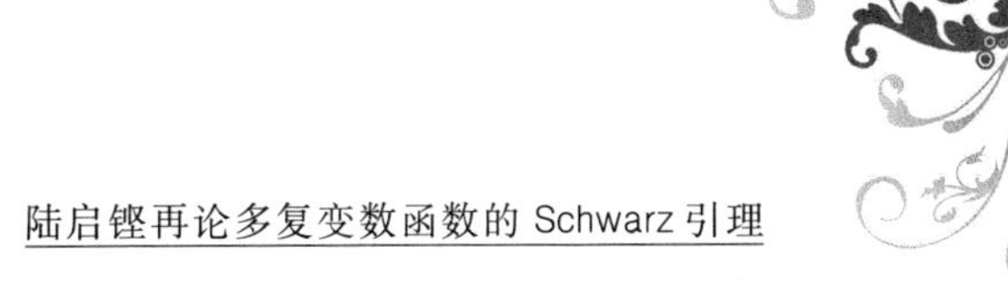

$$\left\{\sum_{j=1}^{m}\log^2\frac{1+|g_j(t_1,\cdots,t_m)|}{1-|g_j(t_1,\cdots,t_m)|}\right\}^{\frac{1}{2}}\leqslant$$
$$\sqrt{m}\left\{\sum_{j=1}^{m}\log^2\frac{1+|t_j|}{1-|t_j|}\right\}^{\frac{1}{2}} \tag{75}$$

特别地,取 $t_1=\lambda_1,\cdots,t_m=\lambda_m$,由(74) 及(70) 知

$$g_1(\lambda_1,\cdots,\lambda_m)=\mu_1,\cdots,g_m(\lambda_1,\cdots,\lambda_m)=\mu_m$$

故(75) 变为

$$\left\{\sum_{j=1}^{m}\log^2\frac{1+|\mu_j|}{1-|\mu_j|}\right\}^{\frac{1}{2}}\leqslant\sqrt{m}\left\{\sum_{j=1}^{m}\log^2\frac{1+|\lambda_j|}{1-|\lambda_j|}\right\}^{\frac{1}{2}}$$

如果令 $\chi(\boldsymbol{Z}_0,\boldsymbol{Z}_1)$ 表示在域 $\mathscr{R}_{\mathrm{I}}$ 的过点 $\boldsymbol{Z}_0$ 与 $\boldsymbol{Z}_1$ 的测地线距离,则上式即

$$\chi(\boldsymbol{O},\boldsymbol{\Gamma})\leqslant\sqrt{m}\chi(\boldsymbol{O},\boldsymbol{\Lambda})$$

由于解析变换(68) 把 $\mathscr{R}_{\mathrm{I}}$ 一一的映为自己,并且把点 $\boldsymbol{O}$ 与 $\boldsymbol{\Lambda}$ 分别映为 $\boldsymbol{Z}_0,\boldsymbol{Z}_1$,则前两点的测地线距离等于后两点的测地线距离,即

$$\chi(\boldsymbol{Z}_0,\boldsymbol{Z}_1)=\chi(\boldsymbol{O},\boldsymbol{\Lambda})$$

同样

$$\chi(\boldsymbol{W}_0,\boldsymbol{W}_1)=\chi(\boldsymbol{O},\boldsymbol{\Gamma})$$

我们得

$$\chi(\boldsymbol{W}_0,\boldsymbol{W}_1)\leqslant\sqrt{m}\chi(\boldsymbol{Z}_0,\boldsymbol{Z}_1)$$

由式(49) 知如下:

推论 6 如果 $\boldsymbol{W}=F(\boldsymbol{Z})$ 是任一解析映射把 $\mathscr{R}_{\mathrm{I}}$ 映入其内部者,把 $\boldsymbol{Z}_0$ 与 $\boldsymbol{Z}$ 分别映为 $\boldsymbol{W}_0$ 与 $\boldsymbol{W}$,则恒有

$$\operatorname{trace}\left(\log^2\frac{1+Q^{\frac{1}{2}}(\boldsymbol{W}_0,\boldsymbol{W})}{1-Q^{\frac{1}{2}}(\boldsymbol{W}_0,\boldsymbol{W})}\right)\leqslant$$
$$m\operatorname{trace}\left(\log^2\frac{1+Q^{\frac{1}{2}}(\boldsymbol{Z}_0,\boldsymbol{Z})}{1-Q^{\frac{1}{2}}(\boldsymbol{Z}_0,\boldsymbol{Z})}\right)$$

其中

$$Q(\boldsymbol{Z}_0,\boldsymbol{Z})=(\boldsymbol{Z}-\boldsymbol{Z}_0)(\boldsymbol{I}-\bar{\boldsymbol{Z}}'_0\boldsymbol{Z})^{-1}\times (\bar{\boldsymbol{Z}}'-\bar{\boldsymbol{Z}}'_0)(\boldsymbol{I}-\boldsymbol{Z}_0\bar{\boldsymbol{Z}}')^{-1}$$

由引理 11 知,如果 $ds_{\mathrm{I}}^2(\boldsymbol{Z},\bar{\boldsymbol{Z}})$ 是 $\mathscr{R}_{\mathrm{I}}$ 的 Bergman 度量,则对任一解析映射 $\boldsymbol{W}=F(\boldsymbol{Z})$ 把 $\mathscr{R}_{\mathrm{I}}$ 映入其内部者,恒有

$$ds_{\mathrm{I}}^2(\boldsymbol{W},\bar{\boldsymbol{W}})\leqslant m\,ds_{\mathrm{I}}^2(\boldsymbol{Z},\bar{\boldsymbol{Z}}) \tag{76}$$

若 δ 是任意的正数,我们要证明必有一解析变换 $\boldsymbol{W}=F(\boldsymbol{Z})$ 及一点 $\boldsymbol{Z}_0$ 与一方向 $d\boldsymbol{Z}$,使

$$ds_{\mathrm{I}}^2(\boldsymbol{W}_0,\bar{\boldsymbol{W}}_0)>(m-\delta)ds_{\mathrm{I}}^2(\boldsymbol{Z}_0,\bar{\boldsymbol{Z}}_0) \tag{77}$$

当 $m=1$ 时,$\mathscr{R}_{\mathrm{I}}$ 是一超球,这是显然的. 所以我们假定 $m\geqslant 2$. 此外我们假定 $\delta<m-1$,因为如果 $\delta\geqslant m-1$,则由前述反例(ⅱ)已知,使(77)成立的解析变换是存在的.

作解析变换

$$\begin{cases} w_{jj}=\sqrt{\dfrac{1}{m}}(1+\varepsilon_1)z_{11}+ \\ \varepsilon_2(a_{2j}z_{22}+\cdots+a_{mj}z_{mm}),j=1,\cdots,m \\ w_{\alpha j}=0,j\neq\alpha \text{[1]} \end{cases} \tag{78}$$

其中

$$\sqrt{m-\delta}-1<\varepsilon_1<\sqrt{m-\frac{1}{2}\delta}-1$$

$$0<\varepsilon_2<\frac{1}{m-1}\left(1-\frac{\sqrt{m}\sqrt{m-\frac{1}{2}\delta}}{m}\right)$$

与

① 这个解析变换是奇异的,即函数行列式恒等于零者. 可以作奇异的内部解析变换使式(77)成立,但计算较为复杂.

$$\boldsymbol{\Gamma}=\begin{pmatrix}\sqrt{\frac{1}{m}} & \sqrt{\frac{1}{m}} & \cdots & \sqrt{\frac{1}{m}}\\ a_{21} & a_{22} & \cdots & a_{2m}\\ \vdots & \vdots & & \vdots\\ a_{m1} & a_{m2} & \cdots & a_{mm}\end{pmatrix}$$

是一 $m\times m$ 实正交方阵.

如果 $\boldsymbol{Z}\in\mathscr{R}_{\mathrm{I}}$，即适合 $\boldsymbol{I}-\boldsymbol{Z}\overline{\boldsymbol{Z}}'>\boldsymbol{0}$，必须 $|z_{\alpha j}|<1,\alpha=1,\cdots,m;j=1,\cdots,n$. 在前文中已经证明必有

$$|w_{11}|<1,\cdots,|w_{mm}|<1$$

因此

$$\boldsymbol{W}=(w_{\alpha j})_{\substack{1\leqslant\alpha\leqslant m\\1\leqslant j\leqslant n}}=\begin{pmatrix}w_{11} & 0 & \cdots & 0 & 0 & \cdots & 0\\ 0 & w_{22} & \cdots & 0 & 0 & \cdots & 0\\ \vdots & \vdots & & \vdots & \vdots & & \vdots\\ 0 & 0 & \cdots & w_{mm} & 0 & \cdots & 0\end{pmatrix}$$

必定适合

$$\boldsymbol{I}-\boldsymbol{W}\overline{\boldsymbol{W}}'>\boldsymbol{0}$$

此示变换(78) 把 $\mathscr{R}_{\mathrm{I}}$ 映入其内部. 我们取 mn 维向量 $\boldsymbol{u}=(1,0,\cdots,0)$，则有

$$\boldsymbol{u}\left(\frac{\partial\boldsymbol{W}}{\partial\boldsymbol{Z}}\right)_{\boldsymbol{Z}=\boldsymbol{0}}T^{I}(\boldsymbol{0},\boldsymbol{0})\overline{\left(\frac{\partial\boldsymbol{W}}{\partial\boldsymbol{Z}}\right)_{\boldsymbol{Z}=\boldsymbol{0}}'}\bar{\boldsymbol{u}}'=(m+n)(1+\varepsilon_1)^2>(m+n)(m-\delta)=(m-\delta)\boldsymbol{u}T^{I}(\boldsymbol{0},\boldsymbol{0})\bar{\boldsymbol{u}}'$$

从以上知道：

命题 9 如果 $m\leqslant n$，则 $k_0(\mathscr{R}_{\mathrm{I}})=\sqrt{m}$.

(ii) 在 $\mathscr{R}_{\mathrm{II}}$，$\boldsymbol{Z}$ 是一 $n\times n$ 对称方阵. 用与(i)中相同的方法，可以证明：

推论 7 如果 $\boldsymbol{W}=F(\boldsymbol{Z})$ 是一解析映射把 $\mathscr{R}_{\mathrm{II}}$ 映入其内部，把 $\boldsymbol{Z}_0$ 与 $\boldsymbol{Z}$ 分别映为 $\boldsymbol{W}_0$ 与 $\boldsymbol{W}$，则恒有

$$\operatorname{trace}\left(\log^2\frac{1+\boldsymbol{Q}^{\frac{1}{2}}(\boldsymbol{W}_0,\boldsymbol{W})}{1-\boldsymbol{Q}^{\frac{1}{2}}(\boldsymbol{W}_0,\boldsymbol{W})}\right)\leqslant$$

$$n\operatorname{trace}\left(\log^2\frac{1+Q^{\frac{1}{2}}(\boldsymbol{Z}_0,\boldsymbol{Z})}{1-Q^{\frac{1}{2}}(\boldsymbol{Z}_0,\boldsymbol{Z})}\right)$$

其中

$$\boldsymbol{Q}(\boldsymbol{Z}_0,\boldsymbol{Z})=(\boldsymbol{Z}-\boldsymbol{Z}_0)(\boldsymbol{I}-\overline{\boldsymbol{Z}}_0\boldsymbol{Z})^{-1}(\overline{\boldsymbol{Z}}-\overline{\boldsymbol{Z}}_0)(\boldsymbol{I}-\boldsymbol{Z}_0\overline{\boldsymbol{Z}})^{-1}$$

命题 10 $k_0(\mathscr{R}_{\mathrm{II}})=\sqrt{n}$.

(ⅲ) 在 $\mathscr{R}_{\mathrm{III}}$ 中,$\boldsymbol{Z}$ 是 $n\times n$ 斜对称方阵,同样可有:

推论 8 如果 $\boldsymbol{W}=F(\boldsymbol{Z})$ 是一解析映射把 $\mathscr{R}_{\mathrm{III}}$ 映入其内部者,把 $\boldsymbol{Z}_0$ 与 $\boldsymbol{Z}$ 分别映为 $\boldsymbol{W}_0$ 与 $\boldsymbol{W}$,则恒有

$$\operatorname{trace}\left(\log^2\frac{1+Q^{\frac{1}{2}}(\boldsymbol{W}_0,\boldsymbol{W})}{1-Q^{\frac{1}{2}}(\boldsymbol{W}_0,\boldsymbol{W})}\right)\leqslant$$

$$\left[\frac{n}{2}\right]\operatorname{trace}\left(\log^2\frac{1+Q^{\frac{1}{2}}(\boldsymbol{Z}_0,\boldsymbol{Z})}{1-Q^{\frac{1}{2}}(\boldsymbol{Z}_0,\boldsymbol{Z})}\right)$$

其中 $\left[\frac{n}{2}\right]$ 表示 $\frac{n}{2}$ 的整数部分

$$\boldsymbol{Q}(\boldsymbol{Z}_0,\boldsymbol{Z})=(\boldsymbol{Z}-\boldsymbol{Z}_0)(\boldsymbol{I}+\overline{\boldsymbol{Z}}_0\boldsymbol{Z})^{-1}\times$$
$$(-\overline{\boldsymbol{Z}}+\overline{\boldsymbol{Z}}_0)(\boldsymbol{I}+\boldsymbol{Z}_0\overline{\boldsymbol{Z}})^{-1}$$

命题 11 $k_0(\mathscr{R}_{\mathrm{III}})=\sqrt{\left[\frac{n}{2}\right]}$,其中 $\left[\frac{n}{2}\right]$ 表示 $\frac{n}{2}$ 的整数部分.

(ⅳ) 在 $\mathscr{R}_{\mathrm{IV}}$ 中,$\boldsymbol{z}=(z_1,\cdots,z_n)$,$n\geqslant 2$.

为方便起见,我们先作一拓扑的解析变换

$$\overset{*}{z}_1=z_1+\mathrm{i}z_2,\overset{*}{z}_2=z_1-\mathrm{i}z_2,\overset{*}{z}_j=z_j,2<j\leqslant n$$

把 $\mathscr{R}_{\mathrm{IV}}$ 映为一域 $\overset{*}{\mathscr{R}}_{\mathrm{IV}}$

$$\begin{cases}1+|\overset{*}{z}_1\overset{*}{z}_2+\overset{*}{z}{}_3^2+\cdots+\overset{*}{z}{}_n^2|^2-\\(|\overset{*}{z}_1|^2+|\overset{*}{z}_2|^2+2|\overset{*}{z}_3|^2+\cdots+2|\overset{*}{z}_n|^2)>0\\1-|\overset{*}{z}_1\overset{*}{z}_2+\overset{*}{z}{}_3^2+\cdots+\overset{*}{z}{}_n^2|>0\end{cases}\tag{79}$$

$k_0(\mathscr{R}_{\mathrm{IV}})$ 是一不变量，即 $k_0(\mathscr{R}_{\mathrm{IV}})=k_0(\overset{*}{\mathscr{R}}_{\mathrm{IV}})$. 所以我们求 $k_0(\overset{*}{\mathscr{R}}_{\mathrm{IV}})$ 的数值即得 $k_0(\mathscr{R}_{\mathrm{IV}})$ 的数值.

引理 12　如果 $\overset{*}{\boldsymbol{z}}=(\overset{*}{z}_1,\cdots,\overset{*}{z}_n)\in\overset{*}{\mathscr{R}}_{\mathrm{IV}}$，则必须

$$|\overset{*}{z}_1|<1,\ |\overset{*}{z}_2|<1$$

证明　如果 $\overset{*}{\boldsymbol{z}}\in\overset{*}{\mathscr{R}}_{\mathrm{IV}}$，则必须 $\overset{*}{z}_1,\cdots,\overset{*}{z}_n$ 适合不等式(79)，这必须

$$|\overset{*}{z}_1|^2+|\overset{*}{z}_2|^2+2(|\overset{*}{z}_3|^2+\cdots+|\overset{*}{z}_n|^2)<$$
$$1+|\overset{*}{z}_1\overset{*}{z}_2+\overset{*}{z}{}_3^2+\cdots+\overset{*}{z}{}_n^2|^2<2$$

如果 $|\overset{*}{z}_1|=1$，则由上面之不等式知

$$|\overset{*}{z}_2|^2+2(|\overset{*}{z}_3|^2+\cdots+|\overset{*}{z}_n|^2)<1 \quad (80)$$

由此知

$$1+|\overset{*}{z}_1\overset{*}{z}_2+\overset{*}{z}{}_3^2+\cdots+\overset{*}{z}{}_n^2|^2-|\overset{*}{z}_1|^2-|\overset{*}{z}_2|^2-$$
$$2(|\overset{*}{z}_3|^2+\cdots+|\overset{*}{z}_n|^2)=$$
$$|\overset{*}{z}_1|^2|\overset{*}{z}_2|^2+\overline{\overset{*}{z}}_1\overline{\overset{*}{z}}_2(\overset{*}{z}{}_3^2+\cdots+\overset{*}{z}{}_n^2)+$$
$$\overset{*}{z}_1\overset{*}{z}_2(\overline{\overset{*}{z}{}_3^2+\cdots+\overset{*}{z}{}_n^2})+$$
$$|\overset{*}{z}{}_3^2+\cdots+\overset{*}{z}{}_n^2|^2-|\overset{*}{z}_2|^2-2(|\overset{*}{z}_3|^2+\cdots+|\overset{*}{z}_n|^2)=$$
$$|\overline{\overset{*}{z}}_1\overline{\overset{*}{z}}_2(\overset{*}{z}{}_3^2+\cdots+\overset{*}{z}{}_n^2)+\overset{*}{z}_1\overset{*}{z}_2(\overline{\overset{*}{z}{}_3^2+\cdots+\overset{*}{z}{}_n^2})+$$
$$|\overset{*}{z}{}_3^2+\cdots+\overset{*}{z}{}_n^2|^2-2(|\overset{*}{z}_3|^2+\cdots+|\overset{*}{z}_n|^2)\leqslant$$
$$2|\overset{*}{z}_2|(|\overset{*}{z}_3|^2+\cdots+|\overset{*}{z}_n|^2)+$$
$$(|\overset{*}{z}_3|^2+\cdots+|\overset{*}{z}_n|^2)^2-$$
$$2(|\overset{*}{z}_3|^2+\cdots+|\overset{*}{z}_n|^2)\leqslant$$
$$\{2\sqrt{1-2(|\overset{*}{z}_3|^2+\cdots+|\overset{*}{z}_n|^2)}+$$
$$(|\overset{*}{z}_3|^2+\cdots+|\overset{*}{z}_n|^2)-2\}\times$$
$$(|\overset{*}{z}_3|^2+\cdots+|\overset{*}{z}_n|^2) \quad (81)$$

令

$$b=|\overset{*}{z}_3|^2+\cdots+|\overset{*}{z}_n|^2$$

由(80)知必须

$$0\leqslant b<\frac{1}{2}$$

令

$$g(b)=2\sqrt{1-2b}+b-2$$

由于

$$\frac{\mathrm{d}g(b)}{\mathrm{d}b}=1-\frac{2}{(1-2b)^{\frac{1}{2}}}<0,0\leqslant b<\frac{1}{2}$$

此示 $g(b)$ 在区间 $\left[0,\frac{1}{2}\right)$ 中是一单调递减的函数. 因 $g(0)=0$,故 $g(b)\leqslant 0$,当 $0\leqslant b<\frac{1}{2}$,此即

$$2\sqrt{1-2(|\overset{*}{z}_3|^2+\cdots+|\overset{*}{z}_n|^2)}+ (|\overset{*}{z}_3|^2+\cdots+|\overset{*}{z}_n|^2)-2\leqslant 0$$

由(81)知

$$1+|\overset{*}{z}_1\overset{*}{z}_2+\overset{*}{z}{}_3^2+\cdots+\overset{*}{z}{}_n^2|^2-|\overset{*}{z}_1|^2-|\overset{*}{z}_2|^2- 2(|\overset{*}{z}_3|^2+\cdots+|\overset{*}{z}_n|^2)\leqslant 0$$

这是与 $\overset{*}{z}_1,\cdots,\overset{*}{z}_n$ 适合(79)之第一个不等式矛盾的. 因此 $|\overset{*}{z}_1|$ 不能等于 1.

如果 $|\overset{*}{z}_1|>1$,由于 $\overset{*}{\boldsymbol{z}}\in\overset{*}{\mathscr{R}}_{\mathrm{IV}}$,我们可以用一在 $\overset{*}{\mathscr{R}}_{\mathrm{IV}}$ 中的连续的曲线把 $\overset{*}{\boldsymbol{z}}$ 与点 $\mathbf{0}$ 相连,而在此曲线中最少有一点 $\overset{*}{\boldsymbol{z}}_0=(\overset{*}{z}{}_1^{(0)},\cdots,\overset{*}{z}{}_n^{(0)})$ 使 $|\overset{*}{z}{}_1^{(0)}|=1$,这是不可能的. 因此 $|\overset{*}{z}_1|$ 不能大于 1,故 $|\overset{*}{z}_1|<1$. 同理可证 $|\overset{*}{z}_2|<1$. 引理证毕.

设

$$\overset{*}{\boldsymbol{w}}=f(\overset{*}{\boldsymbol{z}}) \tag{82}$$

是任一把 $\overset{*}{\mathscr{R}}_{\mathrm{IV}}$ 映入其内部的解析映射,把 $\overset{*}{\mathscr{R}}_{\mathrm{IV}}$ 中点 $\overset{*}{\boldsymbol{z}}{}^{(0)}=$

$(\overset{*}{z}_1^{(0)},\cdots,\overset{*}{z}_n^{(0)})$ 与 $\overset{*}{\boldsymbol{z}}^{(1)}=(\overset{*}{z}_1^{(1)},\cdots,\overset{*}{z}_n^{(1)})$ 分别映为点 $\overset{*}{\boldsymbol{w}}^{(0)}=(\overset{*}{w}_1^{(0)},\cdots,\overset{*}{w}_n^{(0)})$ 与 $\overset{*}{\boldsymbol{w}}^{(1)}=(\overset{*}{w}_1^{(1)},\cdots,\overset{*}{w}_n^{(1)})$. 令 $\chi(\overset{*}{\boldsymbol{z}}^{(0)},\overset{*}{\boldsymbol{z}}^{(1)})$ 表示域 $\overset{*}{\mathscr{R}}_{\mathrm{IV}}$ 的点 $\overset{*}{\boldsymbol{z}}^{(0)}$ 与 $\overset{*}{\boldsymbol{z}}^{(1)}$ 的测地距离,我们要证明恒有

$$\chi(\overset{*}{\boldsymbol{w}}^{(0)},\overset{*}{\boldsymbol{w}}^{(1)})\leqslant\sqrt{2}\chi(\overset{*}{\boldsymbol{z}}^{(0)},\overset{*}{\boldsymbol{z}}^{(1)}) \tag{83}$$

由于对 $\overset{*}{\mathscr{R}}_{\mathrm{IV}}$ 中任两点 $\overset{*}{\boldsymbol{z}}^{(0)}$ 与 $\overset{*}{\boldsymbol{z}}^{(1)}$,必有一拓扑的解析的变换把 $\overset{*}{\mathscr{R}}_{\mathrm{IV}}$ 映为自己,而把 $\overset{*}{\boldsymbol{z}}^{(0)}$ 与 $\overset{*}{\boldsymbol{z}}^{(1)}$ 分别映为点 $\boldsymbol{0}$ 与点 $\boldsymbol{\zeta}=(\rho_1e^{i\theta}+i\rho_2e^{-i\theta},\rho_1e^{i\theta}-i\rho_2e^{-i\theta},0,\cdots,0)$,其中 $\rho_1\geqslant0,\rho_2\geqslant0,\theta$ 为实数. 如(ⅰ)中的证明一样,我们不妨假定

$$\boldsymbol{0}=f(\boldsymbol{0}),\boldsymbol{\xi}=f(\boldsymbol{\zeta}) \tag{84}$$

其中

$$\boldsymbol{\xi}=(r_1e^{i\psi}+ir_2e^{-i\psi},r_1e^{i\psi}-ir_2e^{-i\psi},0,\cdots,0)$$
$$r_1\geqslant0,r_2\geqslant0,\psi\text{ 为实数}$$

而证明

$$\chi(\boldsymbol{0},\boldsymbol{\xi})\leqslant\sqrt{2}\chi(\boldsymbol{0},\boldsymbol{\zeta})$$

仍不失普遍性.

我们考虑 $\overset{*}{\boldsymbol{z}}=(t_1,t_2,0,\cdots,0)$ 之点,其中 t_1 与 t_2 为复参数适合

$$|t_1|<1,|t_2|<1 \tag{P_2}$$

$\overset{*}{\boldsymbol{z}}$ 必在 $\overset{*}{\mathscr{R}}_{\mathrm{IV}}$ 中,因为

$$\overset{*}{z}_1=t_1,\overset{*}{z}_2=t_2,\overset{*}{z}_3=0,\cdots,\overset{*}{z}_n=0$$

适合(79)之不等式,因为

$$1+|t_1|^2|t_2|^2-|t_1|^2-|t_2|^2=$$
$$(1-|t_1|^2)(1-|t_2|^2)>0$$
$$1-|t_1|^2|t_2|^2>0$$

如是经变换(82)对应于 $\overset{*}{z}=(t_1,t_2,0,\cdots,0)$ 的点

$$\overset{*}{w}_1=f_1(t_1,t_2,0,\cdots,0),\cdots,\overset{*}{w}_n=f_n(t_1,t_2,0,\cdots,0)$$

必定在 $\overset{*}{\mathscr{R}}_{\mathrm{IV}}$ 中. 我们只考虑其中两个函数

$$\overset{*}{w}_1=f_1(t_1,t_2,0,\cdots,0),\overset{*}{w}_2=f_2(t_1,t_2,0,\cdots,0) \tag{85}$$

由于 $\overset{*}{\boldsymbol{w}}\in\overset{*}{\mathscr{R}}_{\mathrm{IV}}$,由引理 12 知必须

$$|\overset{*}{w}_1|<1,\ |\overset{*}{w}_2|<1$$

这表示解析变换(85)把 P_2 映入其内部,根据命题 8 与推论 5 知有

$$\left\{\log^2\frac{1+|f_1(t_1,t_2,0,\cdots,0)|}{1-|f_1(t_1,t_2,0,\cdots,0)|}+\log^2\frac{1+|f_2(t_1,t_2,0,\cdots,0)|}{1-|f_2(t_1,t_2,0,\cdots,0)|}\right\}^{\frac{1}{2}}\leqslant$$

$$\sqrt{2}\left\{\log^2\frac{1+|t_1|}{1-|t_1|}+\log^2\frac{1+|t_2|}{1-|t_2|}\right\}^{\frac{1}{2}}$$

特别地,取

$$t_1=\rho_1\mathrm{e}^{\mathrm{i}\theta}+\mathrm{i}\rho_2\mathrm{e}^{-\mathrm{i}\theta},t_2=\rho_1\mathrm{e}^{\mathrm{i}\theta}-\mathrm{i}\rho_2\mathrm{e}^{-\mathrm{i}\theta}$$

由(84)知

$$f_1(\rho_1\mathrm{e}^{\mathrm{i}\theta}+\mathrm{i}\rho_2\mathrm{e}^{-\mathrm{i}\theta},\rho_1\mathrm{e}^{\mathrm{i}\theta}-\mathrm{i}\rho_2\mathrm{e}^{-\mathrm{i}\theta},0,\cdots,0)=r_1\mathrm{e}^{\mathrm{i}\psi}+\mathrm{i}r_2\mathrm{e}^{-\mathrm{i}\psi}$$

$$f_2(\rho_1\mathrm{e}^{\mathrm{i}\theta}+\mathrm{i}\rho_2\mathrm{e}^{-\mathrm{i}\theta},\rho_1\mathrm{e}^{\mathrm{i}\theta}-\mathrm{i}\rho_2\mathrm{e}^{-\mathrm{i}\theta},0,\cdots,0)=r_1\mathrm{e}^{\mathrm{i}\psi}-\mathrm{i}r_2\mathrm{e}^{-\mathrm{i}\psi}$$

故我们有

$$\left\{\log^2\frac{1+|r_1\mathrm{e}^{\mathrm{i}\psi}+\mathrm{i}r_2\mathrm{e}^{-\mathrm{i}\psi}|}{1-|r_1\mathrm{e}^{\mathrm{i}\psi}+\mathrm{i}r_2\mathrm{e}^{-\mathrm{i}\psi}|}+\log^2\frac{1+|r_1\mathrm{e}^{\mathrm{i}\psi}-\mathrm{i}r_2\mathrm{e}^{-\mathrm{i}\psi}|}{1-|r_1\mathrm{e}^{\mathrm{i}\psi}-\mathrm{i}r_2\mathrm{e}^{-\mathrm{i}\psi}|}\right\}^{\frac{1}{2}}\leqslant$$

$$\sqrt{2}\left\{\log^2\frac{1+|\rho_1\mathrm{e}^{\mathrm{i}\theta}+\mathrm{i}r_2\mathrm{e}^{-\mathrm{i}\theta}|}{1-|\rho_1\mathrm{e}^{\mathrm{i}\theta}+\mathrm{i}r_2\mathrm{e}^{-\mathrm{i}\theta}|}+\right.$$

$$\log^2 \frac{1+|\rho_1 e^{i\theta}-ir_2 e^{-i\theta}|}{1-|\rho_1 e^{i\theta}-ir_2 e^{-i\theta}|}\Bigg\}^{\frac{1}{2}}$$

上式即

$$\chi(\mathbf{0},\boldsymbol{\xi})\leqslant\sqrt{2}\chi(\mathbf{0},\boldsymbol{\zeta})$$

由引理 11 知必定有

$$\mathrm{d}\overset{*}{s}{}^2_{\mathrm{IV}}(\overset{*}{\boldsymbol{w}},\overline{\overset{*}{\boldsymbol{w}}})\leqslant 2\mathrm{d}\overset{*}{s}{}^2_{\mathrm{IV}}(\overset{*}{\boldsymbol{z}},\overline{\overset{*}{\boldsymbol{z}}})$$

其中 $\mathrm{d}\overset{*}{s}{}^2_{\mathrm{IV}}(\overset{*}{\boldsymbol{z}},\overline{\overset{*}{\boldsymbol{z}}})$ 表示 $\overset{*}{\mathscr{R}}_{\mathrm{IV}}$ 的 Bergman 度量.

若任取正数 $\delta<1$,我们作解析变换

$$\overset{*}{w}_1=\frac{\sqrt{2}}{2}(1+\varepsilon_1)\overset{*}{z}_1+\frac{\sqrt{2}}{2}\varepsilon_2\overset{*}{z}_2$$

$$\overset{*}{w}_2=-\frac{\sqrt{2}}{2}(1+\varepsilon_1)\overset{*}{z}_1+\frac{\sqrt{2}}{2}\varepsilon_2\overset{*}{z}_2$$

$$\overset{*}{w}_j=0,2<j\leqslant n$$

其中

$$\sqrt{2-\delta}-1<\varepsilon_1<\sqrt{2-\frac{1}{2}\delta}-1$$

$$0<\varepsilon_2<1-\frac{\sqrt{2}\sqrt{2-\frac{1}{2}\delta}}{2}$$

易证这个变换把 $\overset{*}{\mathscr{R}}_{\mathrm{IV}}$ 映入其内部. 已知 $\overset{*}{\mathscr{R}}_{\mathrm{IV}}$ 的度量方阵 $\overset{*}{T}{}^{\mathrm{IV}}(\overset{*}{\boldsymbol{z}},\overline{\overset{*}{\boldsymbol{z}}})$ 在原点之值为 $\overset{*}{T}{}^{\mathrm{IV}}(\mathbf{0},\mathbf{0})=n\boldsymbol{I}$. 我们取向量 $\boldsymbol{u}=(1,0,\cdots,0)$,便有

$$\boldsymbol{u}\left(\frac{\partial\overset{*}{\boldsymbol{w}}}{\partial\overset{*}{\boldsymbol{z}}}\right)_{\overset{*}{z}=\mathbf{0}}\overset{*}{T}{}^{\mathrm{IV}}(\mathbf{0},\mathbf{0})\overline{\left(\frac{\partial\overset{*}{\boldsymbol{w}}}{\partial\overset{*}{\boldsymbol{z}}}\right)'_{\overset{*}{z}=\mathbf{0}}}\overline{\boldsymbol{u}}'=n(1+\varepsilon_1)^2>$$
$$n(2-\delta)=(2-\delta)\boldsymbol{u}\overset{*}{T}{}^{\mathrm{IV}}(\mathbf{0},\mathbf{0})\overline{\boldsymbol{u}}'$$

综上所述,我们有:

命题 12 当 $n\geqslant 2$ 时,$k_0(\mathscr{R}_{\mathrm{IV}})=\sqrt{2}$.

10　两典型域的拓扑乘积之 Schwarz 常数

在本小节我们要具体地确定出任一典型域 $\mathscr{R}$ 的 Schwarz 常数 $k_0(\mathscr{R})$. 由于 $k_0(\mathscr{R}_{\mathrm{I}})$, $k_0(\mathscr{R}_{\mathrm{II}})$, $k_0(\mathscr{R}_{\mathrm{III}})$ 与 $k_0(\mathscr{R}_{\mathrm{IV}})$ 都已经确定了，那么由典型域的定义知，我们只需证明：

命题 13　设 $\mathscr{R}=\mathscr{R}'\times\mathscr{R}''$，其中 $\mathscr{R}'$ 与 $\mathscr{R}''$ 皆是典型域，则

$$k_0(\mathscr{R}'\times\mathscr{R}'')=\sqrt{k_0^2(\mathscr{R}')+k_0^2(\mathscr{R}'')}\qquad(86)$$

在这里我们以 $\mathscr{D}_1\times\mathscr{D}_2$ 表示两域 $\mathscr{D}_1$ 与 $\mathscr{D}_2$ 的拓扑乘积.

要证明命题 13，只需证明 $\mathscr{R}'=\mathscr{R}_{A_1}$ $(A_1=\mathrm{I},\mathrm{II},\mathrm{III}$ 或 $\mathrm{IV})$[①] 与 $\mathscr{R}''=\mathscr{R}_{A_2}$ $(A_2=\mathrm{I},\mathrm{II},\mathrm{III}$ 或 $\mathrm{IV})$ 的情形便足够了.

首先我们把前文中确定 $k_0(\mathscr{R}_A)$ 的方法做一抽象的叙述.

设 $\mathscr{R}_A$ $(A=\mathrm{I},\mathrm{II},\mathrm{III}$ 或 $\mathrm{IV})$ 是 p 个复变数 $\boldsymbol{z}=(z_1,z_2,\cdots,z_p)$ 空间的一典型域. 任一点 $\boldsymbol{z}_0\in\mathscr{R}_A$ 有极坐标表示法. 这可以用如下的语言述之：存在一正整数 $l_A\leqslant p$ 由 $\mathscr{R}_A$ 唯一的决定者，使得对任一点 $\boldsymbol{z}_0\in\mathscr{R}_A$，存在一把 $\mathscr{R}_A$ 映为自己的拓扑解析变换 $\boldsymbol{w}=\psi(\boldsymbol{z})$，把原点固定不变者，使

$$\boldsymbol{z}_0=\psi(\boldsymbol{\xi})$$

其中

$$\boldsymbol{\xi}=(\xi_1,\cdots,\xi_{l_A},0,\cdots,0),\ |\xi_j|<1,j=1,2,\cdots,l_A$$

① 注意，为了证明的方便起见，这里的 $\mathscr{R}_{\mathrm{IV}}$ 代表上一小节中的 $\overset{*}{\mathscr{R}}_{\mathrm{IV}}$.

此外，对 p 个复变数 $\boldsymbol{z}=(z_1,\cdots,z_p)$ 空间中的任一点 $\boldsymbol{\xi}=(\xi_1,\cdots,\xi_{l_A},0,\cdots,0)$，$\boldsymbol{\xi}\in\mathscr{R}_A$ 的必要且充分的条件是 $|\xi_j|<1, j=1,\cdots,l_A$.

确定 $k_0(\mathscr{R}_A)$ 的数值之步骤是：

1° 证明对任一解析变换 $\boldsymbol{w}=f(\boldsymbol{z})$ 把 $\mathscr{R}_A$ 映入其内部，把原点固定不变，把 $\mathscr{R}_A$ 的点 $\boldsymbol{\xi}=(\xi_1,\cdots,\xi_{l_A},0,\cdots,0)$ 映为 $\boldsymbol{\eta}=(\eta_1,\cdots,\eta_{l_A},0,\cdots,0)$ 者，恒有

$$\chi(\mathbf{0},\boldsymbol{\eta})\leqslant\sqrt{l_A}\,\chi(\mathbf{0},\boldsymbol{\xi})\tag{87}$$

其中 $\chi(\boldsymbol{z}_0,\boldsymbol{z})$ 表示 $\mathscr{R}_A$ 中任两点 $\boldsymbol{z}_0$ 与 $\boldsymbol{z}$ 之间的测地线距离.

不等式(87)的证明包含下面几个步骤：

(a) 凡是 $\mathscr{R}_A$ 中的点 $\boldsymbol{z}=(z_1,\cdots,z_p)$ 必定适合 $|z_j|<1, j=1,\cdots,p$. 因此 $\boldsymbol{w}=f(\boldsymbol{z})$ 的映射函数

$$w_1=f_1(\boldsymbol{z}),\cdots,w_p=f_p(\boldsymbol{z})\tag{88}$$

必须适合 $|w_j|<1, j=1,\cdots,p$；

(b) 由于，若 $t_1,\cdots,t_{l_A}$ 是 l_A 个复变数其绝对值皆小于 1 者，则

$$(t_1,\cdots,t_{l_A},0,\cdots,0)$$

是 $\mathscr{R}_A$ 之点，因此从解析映射函数(88)中取出 l_A 个 $f_1(\boldsymbol{z}),\cdots,f_{l_A}(\boldsymbol{z})$，而令

$$s_1=f_1(t_1,\cdots,t_{l_A},0,\cdots,0)$$
$$\vdots$$
$$s_{l_A}=f_{l_A}(t_1,\cdots,t_{l_A},0,\cdots,0)$$

这是在多圆柱 $P_{l_A}=\{|t_1|<1,\cdots,|t_{l_A}|<1\}$ 解析的一组函数，把 P_{l_A} 映入其内部. 因此根据(64)′知

$$\left\{\sum_{j=1}^{l_A}\log^2\frac{1+|s_j|}{1-|s_j|}\right\}^{\frac{1}{2}}\leqslant$$

$$\sqrt{l_A}\left\{\sum_{j=1}^{l_A}\log^2\frac{1+|t_j|}{1-|t_j|}\right\}^{\frac{1}{2}}$$

特别地，取 $t_1=\xi_1,\cdots,t_{l_A}=\xi_{l_A}$ 便得

$$\left\{\sum_{j=1}^{l_A}\log^2\frac{1+|\eta_j|}{1-|\eta_j|}\right\}^{\frac{1}{2}}\leqslant$$

$$\sqrt{l_A}\left\{\sum_{j=1}^{l_A}\log^2\frac{1+|\xi_j|}{1-|\xi_j|}\right\}^{\frac{1}{2}} \tag{89}$$

(c) 由于在域 $\mathscr{R}_A$ 过原点与点 $\boldsymbol{\xi}=(\xi_1,\cdots,\xi_{l_A},0,\cdots,0)$ 的测地线距离为

$$\chi(\mathbf{0},\boldsymbol{\xi})=c_A\left\{\sum_{j=1}^{l_A}\log^2\frac{1+|\xi_j|}{1-|\xi_j|}\right\}^{\frac{1}{2}}$$

其中 c_A 是只与 $\mathscr{R}_A$ 有关的正常数，因此由(89)便得

$$\chi(\mathbf{0},\boldsymbol{\eta})\leqslant\sqrt{l_A}\,\chi(\mathbf{0},\boldsymbol{\xi})$$

2° 在 $\mathscr{R}_A$ 中任两点 $\boldsymbol{z}^{(1)}$ 与 $\boldsymbol{z}^{(2)}$ 必有一拓扑的解析的映射 $\boldsymbol{w}=\varphi(\boldsymbol{z})$ 把 $\mathscr{R}_A$ 映为自己，把 $\boldsymbol{z}^{(1)}$ 与 $\boldsymbol{z}^{(2)}$ 分别映为原点与点 $\boldsymbol{\xi}=(\xi_1,\cdots,\xi_{l_A},0,\cdots,0)$，并且

$$\chi(\boldsymbol{z}^{(1)},\boldsymbol{z}^{(2)})=\chi(\mathbf{0},\boldsymbol{\xi})$$

3° 如果 $\boldsymbol{w}=f(\boldsymbol{z})$ 是任一把 $\mathscr{R}_A$ 映入其内部的解析映射，把 $\mathscr{R}_A$ 中点 $\boldsymbol{z}^{(1)}$ 与 $\boldsymbol{z}^{(2)}$ 分别映为点 $\boldsymbol{w}^{(1)}$ 与 $\boldsymbol{w}^{(2)}$. 令 $\overset{*}{\boldsymbol{z}}=\varphi_1(\boldsymbol{z})$ 为把 $\mathscr{R}_A$ 映为自己的拓扑解析变换，把点 $\boldsymbol{z}^{(1)}$ 与 $\boldsymbol{z}^{(2)}$ 分别映为原点与点 $\boldsymbol{\xi}=(\xi_1,\cdots,\xi_{l_A},0,\cdots,0)$ 者；$\overset{*}{\boldsymbol{w}}=\varphi_2(\boldsymbol{w})$ 为把 $\mathscr{R}_A$ 映为自己的拓扑解析变换，把点 $\boldsymbol{w}^{(1)}$ 与 $\boldsymbol{w}^{(2)}$ 分别映为原点与点 $\boldsymbol{\eta}=(\eta_1,\cdots,\eta_{l_A},0,\cdots,0)$ 者，则 $\overset{*}{\boldsymbol{w}}=\varphi_2(f(\varphi_1^{-1}(\overset{*}{\boldsymbol{z}})))$ 是一解析变换，把 $\mathscr{R}_A$ 映入其内部，使原点固定不变，把点 $\boldsymbol{\xi}$ 映为点 $\boldsymbol{\eta}$. 由 1° 知

$$\chi(\mathbf{0},\boldsymbol{\eta})\leqslant\sqrt{l_A}\,\chi(\mathbf{0},\boldsymbol{\xi})$$

由 2° 知，此即

$$\chi(\boldsymbol{w}^{(1)},\boldsymbol{w}^{(2)})\leqslant\sqrt{l_A}\,\chi(\boldsymbol{z}^{(1)},\boldsymbol{z}^{(2)})$$

由引理 11 知，此即

$$ds^2(\boldsymbol{w},\overline{\boldsymbol{w}}) \leqslant l_A ds^2(\boldsymbol{z},\overline{\boldsymbol{z}})$$

对任一把 $\mathscr{R}_A$ 映入其内部的解析变换皆成立,因此得

$$k_0(\mathscr{R}_A) \leqslant \sqrt{l_A}$$

4° 任意 $\delta > 0$,我们都可以作一解析变换

$$(w_1,\cdots,w_{l_A}) = (z_1,\cdots,z_{l_A})\boldsymbol{B\Gamma}, w_j = 0, l_A < j \leqslant p \tag{90}$$

其中 $\boldsymbol{B}$ 是 $l_A \times l_A$ 方阵

$$\boldsymbol{B} = \begin{pmatrix} 1+\varepsilon_1 & 0 & \cdots & 0 \\ 0 & \varepsilon_2 & \cdots & 0 \\ \vdots & \vdots & & \vdots \\ 0 & 0 & \cdots & \varepsilon_2 \end{pmatrix}$$

$\boldsymbol{\Gamma}$ 是一 $l_A \times l_A$ 的实正交方阵,其第一行的元素是 $\sqrt{\dfrac{1}{l_A}},\cdots,\sqrt{\dfrac{1}{l_A}}$. 我们可取 ε_1 与 ε_2 为适当小之正数(与 δ 有关者),使得:

(a) 变换(90) 是把 $\mathscr{R}_A$ 映入其内部的解析映射;

(b) 有一 p 维向量 $\boldsymbol{u}=(1,0,\cdots,0)$,使

$$\boldsymbol{u}\left(\frac{\partial \boldsymbol{w}}{\partial \boldsymbol{z}}\right)_{\boldsymbol{z}=\boldsymbol{0}} T^A(\boldsymbol{0},\boldsymbol{0}) \overline{\left(\frac{\partial \boldsymbol{w}}{\partial \boldsymbol{z}}\right)'_{\boldsymbol{z}=\boldsymbol{0}}} \overline{\boldsymbol{u}}' > (l_A - \delta)\boldsymbol{u}T^A(\boldsymbol{0},\boldsymbol{0})\overline{\boldsymbol{u}}'$$

其中 $T^A(\boldsymbol{z},\overline{\boldsymbol{z}})$ 表示 $\mathscr{R}_A$ 的度量方阵.

由此知 $k_0(\mathscr{R}_A) \geqslant \sqrt{l_A}$.

由 3° 与 4° 便知 $k_0(\mathscr{R}_A) = \sqrt{l_A}$.

现在我们来证明

$$k_0(\mathscr{R}_{A_1} \times \mathscr{R}_{A_2}) = \sqrt{k_0^2(\mathscr{R}_{A_1}) + k_0^2(\mathscr{R}_{A_2})}$$

设 $\mathscr{R}_{A_1}$($A_1 =$ Ⅰ,Ⅱ,Ⅲ 或 Ⅳ)是 p_1 个复变数 $\boldsymbol{z}^{(1)} = (z_1^{(1)},\cdots,z_{p_1}^{(1)})$ 空间的典型域,$\mathscr{R}_{A_2}$($A_2 =$ Ⅰ,Ⅱ,Ⅲ 或 Ⅳ)是 p_2 个复变数 $\boldsymbol{z}^{(2)} = (z_1^{(2)},\cdots,z_{p_2}^{(2)})$ 空间的典型

域. 如果 $\mathscr{R}=\mathscr{R}_{A_1}\times\mathscr{R}_{A_2}$ 是 $p=p_1+p_2$ 个复变数 $\boldsymbol{z}=(z_1^{(1)},\cdots,z_{p_1}^{(1)},z_1^{(2)},\cdots,z_{p_2}^{(2)})$ 空间的典型域. 任一点 $\boldsymbol{z}_0\in\mathscr{R}$ 可以写为

$$\boldsymbol{z}_0=(\boldsymbol{z}_0^{(1)},\boldsymbol{z}_0^{(2)})$$

其中 $\boldsymbol{z}_0^{(1)}\in\mathscr{R}_{A_1},\boldsymbol{z}_0^{(2)}\in\mathscr{R}_{A_2}$.

由于我们有一把 $\mathscr{R}_{A_1}$ 映为自己的拓扑解析变换 $\boldsymbol{w}^{(1)}=\psi^{(1)}(\boldsymbol{z}^{(1)})$,把原点固定不变,使

$$\boldsymbol{z}_0^{(1)}=\psi^{(1)}(\boldsymbol{\xi}^{(1)})$$

其中

$$\boldsymbol{\xi}^{(1)}=(\xi_1^{(1)},\cdots,\xi_{l_{A_1}}^{(1)},0,\cdots,0),\ |\xi_j^{(1)}|<1,j=1,2,\cdots,l_{A_1}$$

又有一把 $\mathscr{R}_{A_2}$ 映为自己的拓扑解析变换 $\boldsymbol{w}^{(2)}=\psi^{(2)}(\boldsymbol{z}^{(2)})$,把原点固定不变,使

$$\boldsymbol{z}_0^{(2)}=\psi^{(2)}(\boldsymbol{\xi}^{(2)})$$

其中

$$\boldsymbol{\xi}^{(2)}=(\xi_1^{(2)},\cdots,\xi_{l_{A_2}}^{(2)},0,\cdots,0),\ |\xi_j^{(2)}|<1,j=1,\cdots,l_{A_2}$$

因此我们有一把 $\mathscr{R}$ 映为自己的拓扑解析变换 $\boldsymbol{w}=\psi(\boldsymbol{z})$,此即

$$(\boldsymbol{w}^{(1)},\boldsymbol{w}^{(2)})=(\psi^{(1)}(\boldsymbol{z}^{(1)}),\psi^{(2)}(\boldsymbol{z}^{(2)}))$$

把 $\mathscr{R}$ 的原点固定不变,使

$$\boldsymbol{z}_0=\psi(\boldsymbol{\xi})$$

其中

$$\begin{aligned}\boldsymbol{\xi}=(\boldsymbol{\xi}^{(1)},\boldsymbol{\xi}^{(2)})=(&(\xi_1^{(1)},\cdots,\xi_{l_{A_1}}^{(1)},0,\cdots,0),\\&(\xi_1^{(2)},\cdots,\xi_{l_{A_2}}^{(2)},0,\cdots,0))\end{aligned}$$

$$|\xi_j^{(1)}|<1,j=1,\cdots,l_{A_1};\ |\xi_j^{(2)}|<1,j=1,\cdots,l_{A_2}$$

换言之在 $\mathscr{R}$ 也有极坐标,即存在一正整数 $l_{A_1}+l_{A_2}\leqslant p$,使对任一 $\boldsymbol{z}_0\in\mathscr{R}$,存在一把 $\mathscr{R}_A$ 映为自己的拓扑解析变换 $\boldsymbol{w}=\psi(\boldsymbol{z})$,使 $\boldsymbol{z}_0=\psi(\boldsymbol{\xi})$,其中 $\boldsymbol{\xi}$ 最多有 $l_{A_1}+l_{A_2}$ 个

坐标不为零，并且此等坐标之绝对值皆小于 1. 由此可知，上述步骤 1°,2°,3°,4° 只要把符号略加改变，完全可以应用于域 $\mathscr{R}=\mathscr{R}_{A_1}\times\mathscr{R}_{A_2}$.

首先我们证明如下引理：

引理 13 如果 $\mathscr{R}=\mathscr{R}_{A_1}\times\mathscr{R}_{A_2}$，则过 $\mathscr{R}$ 中任两点 $z_0=(z_0^{(1)},z_0^{(2)})$ 与 $z=(z^{(1)},z^{(2)})$，有唯一的测地线通过之，此两点之间的测地线距离为

$$\chi(z_0,z)=\sqrt{\chi_1^2(z_0^{(1)},z^{(1)})+\chi_2^2(z_0^{(2)},z^{(2)})}$$

其中 $\chi_1(z_0^{(1)},z^{(1)})$ 表示 $\mathscr{R}_{A_1}$ 的过 $z_0^{(1)}$ 与 $z^{(1)}$ 两点的测地线距离，$\chi_2(z_0^{(2)},z^{(2)})$ 表示 $\mathscr{R}_{A_2}$ 的过 $z_0^{(2)}$ 与 $z^{(2)}$ 两点的测地线距离.

证明 由“多复变函数与酉几何”第四章 §2 定理 3① 的证明中知道

$$T(z,\bar{z})=\begin{pmatrix} T^{A_1}(z^{(1)},\overline{z^{(1)}}) & 0 \\ 0 & T^{A_2}(z^{(2)},\overline{z^{(2)}}) \end{pmatrix}$$

其中 $T(z,\bar{z})$，$T^{A_1}(z^{(1)},\overline{z^{(1)}})$，$T^{A_2}(z^{(2)},\overline{z^{(2)}})$ 分别表示 $\mathscr{R},\mathscr{R}_{A_1},\mathscr{R}_{A_2}$ 的度量方阵. 此即

$$ds_{\mathscr{R}}^2(z,\bar{z})=ds_{\mathscr{R}_{A_1}}^2(z^{(1)},\overline{z^{(1)}})+ds_{\mathscr{R}_{A_2}}^2(z^{(2)},\overline{z^{(2)}}) \tag{91}$$

若令

$$\Gamma_{kl}^{j},\ j,k,l=1,\cdots,p$$

$$\overset{(1)}{\Gamma}{}_{kl}^{j},\ j,k,l=1,\cdots,p_1$$

$$\overset{(2)}{\Gamma}{}_{kl}^{j},\ j,k,l=1,\cdots,p_2$$

① 多复变函数与酉几何，数学进展，1956，2：567-661.

分别代表由 Hermite 张量

$$T_{i\bar{j}}(z,\bar{z}),i,j=1,\cdots,p$$

$$T_{i\bar{j}}^{A_1}(z,\bar{z}),i,j=1,\cdots,p_1$$

$$T_{i\bar{j}}^{A_2}(z,\bar{z}),i,j=1,\cdots,p_2$$

所引出的 Christoffel 符号①,由计算可知

$$\Gamma_{kl}^{j}=\begin{cases}\overset{(1)}{\Gamma}{}_{kl}^{j},\text{如果 } j,k,l \text{ 皆小于或等于 } p_1\\ \overset{(2)}{\Gamma}{}_{kl}^{j},\text{如果 } j,k,l \text{ 皆大于 } p_1\\ 0,\text{如非上述之情形}\end{cases}$$

由于域 $\mathscr{R}$ 的测地线,即微分方程

$$\frac{\mathrm{d}^2 z_j}{\mathrm{d}s^2}+\sum_{k,l=1}^{p}\Gamma_{kl}^{j}\frac{\mathrm{d}z_k}{\mathrm{d}s}\frac{\mathrm{d}z_l}{\mathrm{d}s}=0$$

$$j=1,\cdots,p$$

之解,而此组方程又可记为

$$\frac{\mathrm{d}^2 z_j^{(1)}}{\mathrm{d}s^2}+\sum_{k,l=1}^{p_1}\overset{(1)}{\Gamma}{}_{kl}^{j}\frac{\mathrm{d}z_j^{(1)}}{\mathrm{d}s}\frac{\mathrm{d}z_j^{(1)}}{\mathrm{d}s}=0$$

$$j=1,\cdots,p_1$$

$$\frac{\mathrm{d}^2 z_j^{(2)}}{\mathrm{d}s^2}+\sum_{k,l=1}^{p_2}\overset{(2)}{\Gamma}{}_{kl}^{j}\frac{\mathrm{d}z_j^{(2)}}{\mathrm{d}s}\frac{\mathrm{d}z_j^{(2)}}{\mathrm{d}s}=0$$

$$j=1,\cdots,p_2$$

后两者,由上述文章第四章 §3 中知道,如果给定条件 $z(0)=\mathbf{0}$ 与 $z(s_0)=\boldsymbol{\xi}$,其中

$$\boldsymbol{\xi}=(\xi_1^{(1)},\cdots,\xi_{l_{A_1}}^{(1)},0,\cdots,0,\xi_1^{(2)},\cdots,\xi_{l_{A_2}}^{(2)},0,\cdots,0)$$

$$|\xi_j^{(1)}|<1,j=1,\cdots,l_{A_1};|\xi_j^{(2)}|<1,j=1,\cdots,l_{A_2}$$

则有唯一的解

$$\begin{cases} z_j^{(1)} = e^{i\theta_j^{(1)}} \dfrac{e^{a_j^{(1)}s}-1}{e^{a_j^{(1)}s}+1}, j=1,\cdots,l_{A_1}; z_j^{(1)}=0, l_{A_1}<j\leqslant p_1 \\ \theta_j^{(1)} = \arg \xi_j^{(1)}, a_j^{(1)} = \dfrac{1}{s_0}\log\dfrac{1+|\xi_j^{(1)}|}{1-|\xi_j^{(1)}|}, j=1,\cdots,l_{A_1} \\ z_j^{(2)} = e^{i\theta_j^{(2)}} \dfrac{e^{a_j^{(2)}s}-1}{e^{a_j^{(2)}s}+1}, j=1,\cdots,l_{A_2}; z_j^{(2)}=0, l_{A_2}<j\leqslant p_2 \\ \theta_j^{(2)} = \arg \xi_j^{(2)}, a_j^{(2)} = \dfrac{1}{s_0}\log\dfrac{1+|\xi_j^{(2)}|}{1-|\xi_j^{(2)}|}, j=1,\cdots,l_{A_2} \end{cases} \tag{c}$$

上式即过$\mathscr{R}$中原点与点$\boldsymbol{\xi}$的测地线. 沿此测地线由$\mathbf{0}$至点$\boldsymbol{\xi}$积分之, 便得$\mathbf{0}$至点$\boldsymbol{\xi}$的测地线距离, 由计算可知此即

$$\chi(\mathbf{0},\boldsymbol{\xi}) = \int_c ds_{\mathscr{R}} = \left\{c_{A_1}^2\sum_{j=1}^{l_{A_1}}\log^2\frac{1+|\xi_j^{(1)}|}{1-|\xi_j^{(1)}|} + c_{A_2}^2\sum_{j=1}^{l_{A_2}}\log^2\frac{1+|\xi_j^{(2)}|}{1-|\xi_j^{(2)}|}\right\}^{\frac{1}{2}} = \{\chi_1^2(\mathbf{0},\boldsymbol{\xi}^{(1)}), \chi_2^2(\mathbf{0},\boldsymbol{\xi}^{(2)})\}^{\frac{1}{2}} \tag{92}$$

由于我们有一拓扑的解析变换 $\boldsymbol{w}^{(1)}=\varphi^{(1)}(\boldsymbol{z}^{(1)})$ 把 $\mathscr{R}_{A_1}$ 映为自己, 把点 $\boldsymbol{z}_0^{(1)}$ 与 $\boldsymbol{z}^{(1)}$ 分别映为原点与点 $\boldsymbol{\xi}^{(1)}$, 并且

$$\chi_1(\boldsymbol{z}_0^{(1)}, \boldsymbol{z}^{(1)}) = \chi_1(\mathbf{0}, \boldsymbol{\xi}^{(1)})$$

又有一拓扑的解析变换 $\boldsymbol{w}^{(2)}=\varphi^{(2)}(\boldsymbol{z}^{(2)})$ 把 $\mathscr{R}_{A_2}$ 映为自己, 把点 $\boldsymbol{z}_0^{(2)}$ 与 $\boldsymbol{z}^{(2)}$ 分别映为原点与点 $\boldsymbol{\xi}^{(2)}$, 并且

$$\chi_2(\boldsymbol{z}_0^{(2)}, \boldsymbol{z}^{(2)}) = \chi_2(\mathbf{0}, \boldsymbol{\xi}^{(2)})$$

因此我们有一拓扑的解析变换

$$(\boldsymbol{w}^{(1)}, \boldsymbol{w}^{(2)}) = (\varphi^{(1)}(\boldsymbol{z}^{(1)}), \varphi^{(2)}(\boldsymbol{z}^{(2)}))$$

把$\mathscr{R}$映为自己, 把$\mathscr{R}$的点 $\boldsymbol{z}_0$ 与 $\boldsymbol{z}$ 分别映为原点与点 $\boldsymbol{\xi}$, 并且

$$\chi(\boldsymbol{z}_0,\boldsymbol{z})=\chi(\boldsymbol{0},\boldsymbol{\xi})$$

由(92)便得

$$\chi(\boldsymbol{z}_0,\boldsymbol{z})=\sqrt{\chi_1^2(\boldsymbol{z}_0^{(1)},\boldsymbol{z}^{(1)})+\chi_2^2(\boldsymbol{z}_0^{(2)},\boldsymbol{z}^{(2)})}$$

引理证毕.

现在应用步骤中 1°(a) 与 1°(b) 于域 $\mathscr{R}=\mathscr{R}_{A_1}\times\mathscr{R}_{A_2}$,以 $l_{A_1}+l_{A_2}$ 代替 l_A 便得:任一解析映射 $\boldsymbol{w}=f(\boldsymbol{z})$ 把 $\mathscr{R}$ 映入其内部,把原点固定不变,把点

$$\boldsymbol{\xi}=(\xi_1^{(1)},\cdots,\xi_{l_{A_1}}^{(1)},0,\cdots,0,\xi_1^{(2)},\cdots,\xi_{l_{A_2}}^{(2)},0,\cdots,0)$$

映为点

$$\boldsymbol{\eta}=(\eta_1^{(1)},\cdots,\eta_{l_{A_1}}^{(1)},0,\cdots,0,\eta_1^{(2)},\cdots,\eta_{l_{A_2}}^{(2)},0,\cdots,0)$$

者,恒有

$$\left\{\sum_{j=1}^{l_{A_1}}\log^2\frac{1+|\eta_j^{(1)}|}{1-|\eta_j^{(1)}|}+\sum_{j=1}^{l_{A_2}}\log^2\frac{1+|\eta_j^{(2)}|}{1-|\eta_j^{(2)}|}\right\}^{\frac{1}{2}}\leqslant$$

$$\sqrt{l_{A_1}+l_{A_2}}\left\{\sum_{j=1}^{l_{A_1}}\log^2\frac{1+|\xi_j^{(1)}|}{1-|\xi_j^{(1)}|}+\sum_{j=1}^{l_{A_2}}\log^2\frac{1+|\xi_j^{(2)}|}{1-|\xi_j^{(2)}|}\right\}^{\frac{1}{2}}$$

由(92)知,此即

$$\frac{1}{c_{A_1}^2}\chi_1^2(\boldsymbol{0},\boldsymbol{\eta}^{(1)})+\frac{1}{c_{A_2}^2}\chi_2^2(\boldsymbol{0},\boldsymbol{\eta}^{(2)})\leqslant$$

$$(l_{A_1}+l_{A_2})\left\{\frac{1}{c_{A_1}^2}\chi_1^2(\boldsymbol{0},\boldsymbol{\xi}^{(1)})+\frac{1}{c_{A_2}^2}\chi_2^2(\boldsymbol{0},\boldsymbol{\xi}^{(2)})\right\}$$

应用步骤 2° 与 3° 于域 $\mathscr{R}=\mathscr{R}_{A_1}\times\mathscr{R}_{A_2}$ 便得出,对任一解析映射 $\boldsymbol{w}=f(\boldsymbol{z})$ 把 $\mathscr{R}$ 映入其内部者,恒有

$$\frac{1}{c_{A_1}^2}\mathrm{d}s_{\mathscr{R}_{A_1}}^2(\boldsymbol{w}^{(1)},\overline{\boldsymbol{w}^{(1)}})+\frac{1}{c_{A_2}^2}\mathrm{d}s_{\mathscr{R}_{A_2}}^2(\boldsymbol{w}^{(2)},\overline{\boldsymbol{w}^{(2)}})\leqslant$$

$$(l_{A_1}+l_{A_2})\left\{\frac{1}{c_{A_1}^2}\mathrm{d}s_{\mathscr{R}_{A_1}}^2(\boldsymbol{z}^{(1)},\overline{\boldsymbol{z}^{(1)}})+\frac{1}{c_{A_2}^2}\mathrm{d}s_{\mathscr{R}_{A_2}}^2(\boldsymbol{z}^{(2)},\overline{\boldsymbol{z}^{(2)}})\right\}$$

此即

$$\begin{pmatrix} \frac{1}{c_{A_1}}\boldsymbol{I}^{(p_1)} & \boldsymbol{0} \\ \boldsymbol{0} & \frac{1}{c_{A_2}}\boldsymbol{I}^{(p_2)} \end{pmatrix} \frac{\partial \boldsymbol{w}}{\partial \boldsymbol{z}} \times$$

$$\begin{pmatrix} T^{A_1}(\boldsymbol{w}^{(1)},\overline{\boldsymbol{w}^{(1)}}) & \boldsymbol{0} \\ \boldsymbol{0} & T^{A_2}(\boldsymbol{w}^{(2)},\overline{\boldsymbol{w}^{(2)}}) \end{pmatrix} \times$$

$$\frac{\overline{\partial \boldsymbol{w}'}}{\partial \boldsymbol{z}} \begin{pmatrix} \frac{1}{c_{A_1}}\boldsymbol{I}^{(p_1)} & \boldsymbol{0} \\ \boldsymbol{0} & \frac{1}{c_{A_2}}\boldsymbol{I}^{(p_2)} \end{pmatrix} \leqslant$$

$$(l_{A_1}+l_{A_2}) \begin{pmatrix} \frac{1}{c_{A_1}}\boldsymbol{I}^{(p_1)} & \boldsymbol{0} \\ \boldsymbol{0} & \frac{1}{c_{A_2}}\boldsymbol{I}^{(p_2)} \end{pmatrix} \times$$

$$\begin{pmatrix} T^{A_1}(\boldsymbol{z}^{(1)},\overline{\boldsymbol{z}^{(1)}}) & \boldsymbol{0} \\ \boldsymbol{0} & T^{A_2}(\boldsymbol{z}^{(2)},\overline{\boldsymbol{z}^{(2)}}) \end{pmatrix} \begin{pmatrix} \frac{1}{c_{A_1}}\boldsymbol{I}^{(p_1)} & \boldsymbol{0} \\ \boldsymbol{0} & \frac{1}{c_{A_2}}\boldsymbol{I}^{(p_2)} \end{pmatrix}$$

由上式可得

$$\frac{\partial \boldsymbol{w}}{\partial \boldsymbol{z}} \begin{pmatrix} T^{A_1}(\boldsymbol{w}^{(1)},\overline{\boldsymbol{w}^{(1)}}) & \boldsymbol{0} \\ \boldsymbol{0} & T^{A_2}(\boldsymbol{w}^{(2)},\overline{\boldsymbol{w}^{(2)}}) \end{pmatrix} \frac{\overline{\partial \boldsymbol{w}'}}{\partial \boldsymbol{z}} \leqslant$$

$$(l_{A_1}+l_{A_2}) \begin{pmatrix} T^{A_1}(\boldsymbol{z}^{(1)},\overline{\boldsymbol{z}^{(1)}}) & \boldsymbol{0} \\ \boldsymbol{0} & T^{A_2}(\boldsymbol{z}^{(2)},\overline{\boldsymbol{z}^{(2)}}) \end{pmatrix}$$

此即

$$\mathrm{d}s^2_{\mathscr{R}_{A_1}}(\boldsymbol{w}^{(1)},\overline{\boldsymbol{w}^{(1)}}) + \mathrm{d}s^2_{\mathscr{R}_{A_2}}(\boldsymbol{w}^{(2)},\overline{\boldsymbol{w}^{(2)}}) \leqslant$$

$$(l_{A_1}+l_{A_2})\{\mathrm{d}s^2_{\mathscr{R}_{A_1}}(\boldsymbol{z}^{(1)},\overline{\boldsymbol{z}^{(1)}}) + \mathrm{d}s^2_{\mathscr{R}_{A_2}}(\boldsymbol{z}^{(2)},\overline{\boldsymbol{z}^{(2)}})\}$$

由(91)知上式即

$$ds^2_{\mathscr{R}}(\boldsymbol{w},\overline{\boldsymbol{w}}) \leqslant (l_{A_1}+l_{A_2})ds^2_{\mathscr{R}}(\boldsymbol{z},\overline{\boldsymbol{z}})$$

对任一把 $\mathscr{R}$ 映入其内部的解析映射 $\boldsymbol{w}=f(\boldsymbol{z})$ 皆成立. 因此

$$k_0(\mathscr{R}) \leqslant \sqrt{l_{A_1}+l_{A_2}}$$

应用步骤 4° 于 $\mathscr{R}$,便得 $k_0(\mathscr{R}) \geqslant \sqrt{l_{A_1}+l_{A_2}}$. 因此我们有

$$k_0(\mathscr{R}) = \sqrt{l_{A_1}+l_{A_2}}$$

由于

$$l_{A_1}=k_0^2(\mathscr{R}_{A_1}), l_{A_2}=k_0^2(\mathscr{R}_{A_2})$$

我们得出

$$k_0(\mathscr{R}) = \sqrt{k_0^2(\mathscr{R}_{A_1})+k_0^2(\mathscr{R}_{A_2})}$$

命题 13 证毕.

系 如果 $\mathscr{R}=\mathscr{R}^{(1)}\times\mathscr{R}^{(2)}\times\cdots\times\mathscr{R}^{(q)}$, $\mathscr{R}^{(j)}(k=1,\cdots,q)$ 皆是典型域,则

$$k_0(\mathscr{R}) = \{k_0^2(\mathscr{R}^{(1)})+k_0^2(\mathscr{R}^{(2)})+\cdots+k_0^2(\mathscr{R}^{(q)})\}^{\frac{1}{2}}$$

11 未解决的问题

根据以上的理论,我们可以用平行的方法,推出一些(当然不能是全部)复变数函数论中,能够由 Schwarz 引理渡出的结果:不过平行的推广并不使人们产生兴趣,下面有一些令人感兴趣的问题,陆启铿于 1956 年之前还没有能够解决:

(1) 是否对任一有界单叶域常数 $k_0(\mathscr{D})$ 与 $k_1(\mathscr{D})$ 皆存在?

(2) 在前文中虽然已经算出四类典型域的 $k_0(\mathscr{R})$,但 $k_1(\mathscr{R})$ 如何计算之,尚没有办法,甚至最简单的情

形，当 $\mathscr{R}$ 是单位超球时仍没有办法得知 $k_1(\mathscr{R})$ 的确切值，只知在此情形 $1 < k_1(\mathscr{R}) \leqslant \sqrt{n+1}$ 而已（这是由推论 1 可得出的）.

§15 史济怀论 Schwarz 引理

引理由于其基础性的定义往往在数学中占有极其重要的地位. 越南的吴宝珠就是由于其证明了朗兰兹引理而获得了菲尔兹奖. 所以 Schwarz 引理亦十分重要. 中国科技大学的史济怀在其所撰写的多复变函数教程中专门有一节是论 Schwarz 引理的.

1 星形圆型域的 Schwarz 引理

在单复变中, Schwarz 引理讨论把单位圆盘映入单位圆盘的全纯函数的性质:

(1) 如果 $f:U\to U$ 是全纯的, 那么

$$|f'(0)|\leqslant 1$$

其中等号成立的充分必要条件是 $f(z)=cz$, c 是模为 1 的复数;

(2) 如果 $f:U\to U$ 是全纯的, 而且 $f(0)=0$, 那么

$$|f(z)|\leqslant|z|, z\in U$$

其中等号成立的条件和(1) 相同.

对 $\mathbf{C}^n$ 中的域附加适当条件, 也有类似的 Schwarz 引理. 为此, 先证明下面的命题:

命题 14 设 Ω 是 $\mathbf{C}^n$ 中包含原点的有界圆型凸域, 对每个 $\boldsymbol{z}\in\mathbf{C}^n$, 定义

$$p(\boldsymbol{z})=\inf\left\{c>0\mid\frac{\boldsymbol{z}}{c}\in\Omega\right\}$$

那么：

(1) $p(\boldsymbol{z})$ 是 $\mathbf{C}^n$ 上一个新的范数；

(2) 在范数 $p(\boldsymbol{z})$ 下，$\mathbf{C}^n$ 是一个 Banach 空间；

(3) $\Omega=\{\boldsymbol{z}\in\mathbf{C}^n \mid p(\boldsymbol{z})<1\}$.

$p(\boldsymbol{z})$ 通常称为域 Ω 的 Minkowski 泛函.

证明 (1) 要证明 p 是 $\mathbf{C}^n$ 上的范数，就是要证明 p 满足下列三个条件：

(a) $p(\boldsymbol{z})\geqslant 0$，$p(\boldsymbol{z})=0$ 的充要条件是 $\boldsymbol{z}=\mathbf{0}$；

(b) $p(\boldsymbol{z}+\boldsymbol{w})\leqslant p(\boldsymbol{z})+p(\boldsymbol{w})$ 对任意 $\boldsymbol{z},\boldsymbol{w}\in\mathbf{C}^n$ 成立；

(c) $p(\lambda\boldsymbol{z})=|\lambda|\,p(\boldsymbol{z})$ 对任意 $\lambda\in\mathbf{C}$，$\boldsymbol{z}\in\mathbf{C}^n$ 成立.

先证(a). $p(\boldsymbol{z})\geqslant 0$ 是显然的，$p(\mathbf{0})=0$ 也是显然的. 今设 $p(\boldsymbol{z})=0$，要证 $\boldsymbol{z}=\mathbf{0}$. 因为 Ω 是有界域，故存在 $R>0$，使得 $\Omega\subseteq B(\mathbf{0},R)$. 于是对任意 $\boldsymbol{z}\neq\mathbf{0}$，$\dfrac{R\boldsymbol{z}}{|\boldsymbol{z}|}$ 是长度为 R 的向量，因此 $\dfrac{R\boldsymbol{z}}{|\boldsymbol{z}|}\notin\Omega$，所以 $\dfrac{|\boldsymbol{z}|}{R}<p(\boldsymbol{z})$，即 $p(\boldsymbol{z})>0$，故当 $p(\boldsymbol{z})=0$ 时必有 $\boldsymbol{z}=\mathbf{0}$，这就证明了(a).

为了证明(b)，令

$$c_1=p(\boldsymbol{z})+\frac{\varepsilon}{2},\quad c_2=p(\boldsymbol{w})+\frac{\varepsilon}{2}$$

则

$$\frac{\boldsymbol{z}}{c_1}\in\Omega,\ \frac{\boldsymbol{w}}{c_2}\in\Omega$$

由于 Ω 是凸的，所以

$$\frac{\boldsymbol{z}+\boldsymbol{w}}{c_1+c_2}=\frac{c_1}{c_1+c_2}\frac{\boldsymbol{z}}{c_1}+\frac{c_2}{c_1+c_2}\frac{\boldsymbol{w}}{c_2}\in\Omega$$

因而

$$c_1+c_2\geqslant p(\boldsymbol{z}+\boldsymbol{w})$$

即

$$p(z+w)\leqslant p(z)+p(w)+\varepsilon$$

令 $\varepsilon\to 0$,即得三角形不等式. 现在证明(c). 设 $\lambda\in\mathbf{C}$,由于 Ω 是圆型的,所以从 $\dfrac{z}{p(z)+\varepsilon}\in\Omega$ 可以导出

$$\frac{\lambda}{|\lambda|}\frac{z}{p(z)+\varepsilon}\in\Omega$$

这说明

$$|\lambda|(p(z)+\varepsilon)\geqslant p(\lambda z)$$

令 $\varepsilon\to 0$,即得

$$p(\lambda z)\leqslant|\lambda|p(z)$$

另一方面,由于 $\dfrac{\lambda z}{p(\lambda z)+\varepsilon}\in\Omega$,还因为 Ω 是圆型的

$$\frac{|\lambda|z}{p(\lambda z)+\varepsilon}=\frac{\frac{|\lambda|}{\lambda}\lambda z}{p(\lambda z)+\varepsilon}\in\Omega$$

所以

$$p(\lambda z)+\varepsilon\geqslant|\lambda|p(z)$$

令 $\varepsilon\to 0$,即得

$$p(\lambda z)\geqslant|\lambda|p(z)$$

因而

$$p(\lambda z)=|\lambda|p(z)$$

所以 p 是 $\mathbf{C}^n$ 上的一个范数.

(2) 由于有穷维线性空间上的范数都是等价的,所以新范数 $p(z)$ 和老范数 $|z|$ 是等价的. 因而在新范数下,$\mathbf{C}^n$ 也是一个 Banach 空间.

(3) 任取 $z\in\Omega$,因为 Ω 是开集,故必有 $0<r<1$,使得 $\dfrac{z}{r}\in\Omega$,所以 $p(z)\leqslant r<1$. 反之,如果 $p(z)<1$,

取 c 使得 $p(\boldsymbol{z})<c<1$，于是 $\frac{\boldsymbol{z}}{c}\in\Omega$. 由于 Ω 是凸的且包含原点，因而

$$\boldsymbol{z}=(1-c)\cdot\boldsymbol{0}+c\left(\frac{\boldsymbol{z}}{c}\right)\in\Omega$$

这就证明了

$$\Omega=\{\boldsymbol{z}\in\mathbf{C}^n \mid p(\boldsymbol{z})<1\}$$

定义 4 设 Ω 是 $\mathbf{C}^n$ 中的域. 如果对任意的 $\boldsymbol{z}\in\Omega$ 及 $0\leqslant r\leqslant 1$ 有 $r\boldsymbol{z}\in\Omega$，则称 Ω 是星形域.

对于星形圆型域 Schwarz 引理有如下的推广：

定理 10 设 Ω_1 和 Ω_2 分别是 $\mathbf{C}^n$ 和 $\mathbf{C}^m$ 中的星形圆型域，其中 Ω_2 还是凸的有界域. 如果 $F:\Omega_1\to\Omega_2$ 是全纯的，那么：

(1) $F'(\boldsymbol{0})$ 把 Ω_1 映入 Ω_2；

(2) 如果 $F(\boldsymbol{0})=\boldsymbol{0}$，那么对任意 $0<r<1$ 有 $F(r\Omega_1)\subseteq r\Omega_2$.

证明 因为 Ω_2 是 $\mathbf{C}^m$ 中的圆型有界凸域，故可仿照命题 14 的做法在 $\mathbf{C}^m$ 中引进范数

$$\|\boldsymbol{w}\|=\inf\{c>0 \mid c^{-1}\boldsymbol{w}\in\Omega_2\}$$

$\mathbf{C}^m$ 中引进这个范数后所得的空间记为 Y，它是一个 Banach 空间，它的单位球正是 Ω_2，即

$$\Omega_2=\{\boldsymbol{w}\in\mathbf{C}^m \mid \|\boldsymbol{w}\|<1\}$$

现在固定 $\boldsymbol{z}\in r\Omega_1$，$0<r\leqslant 1$. 因为 Ω_1 是开的，故必有 $t<r$，使得 $\boldsymbol{z}\in t\Omega_1$，即 $t^{-1}\boldsymbol{z}\in\Omega_1$. 因为 Ω_1 是星形圆型域，所以对任意 $\lambda\in U$，$\lambda t^{-1}\boldsymbol{z}\in\Omega_1$，因而

$$F(\lambda t^{-1}\boldsymbol{z})\in\Omega_2$$

今设 T 是 Y 上任一范数为 1 的有界性泛函，定义

$$g(\lambda)=T(F(\lambda t^{-1}\boldsymbol{z}))$$

则 g 是 U 上的全纯函数，而且

$$|g(\lambda)| \leqslant \|T\| \|F(\lambda t^{-1}\boldsymbol{z})\| < 1$$

于是由单复变的 Schwarz 引理得 $|g'(0)| \leqslant 1$. 但

$$\frac{1}{\lambda}(g(\lambda) - g(0)) = T\left(\frac{1}{\lambda}(F(\lambda t^{-1}\boldsymbol{z}) - F(\mathbf{0}))\right) = T(F'(\mathbf{0})t^{-1}\boldsymbol{z} + o(1))$$

即

$$g'(0) = T(F'(\mathbf{0})t^{-1}\boldsymbol{z})$$

由 Hahn-Banach 定理

$$\|F'(\mathbf{0})t^{-1}\boldsymbol{z}\| = \sup\{|T(F'(\mathbf{0})t^{-1}\boldsymbol{z})| \mid T \in Y^*, \|T\| = 1\} \leqslant 1$$

这说明

$$F'(\mathbf{0})t^{-1}\boldsymbol{z} \in \bar{\Omega}_2$$

或者

$$F'(\mathbf{0})\boldsymbol{z} \in t\bar{\Omega}_2 \subseteq r\Omega_2$$

即

$$F'(\mathbf{0})(r\Omega_1) \subseteq r\Omega_2$$

这就证明了(1).

如果 $F(\mathbf{0}) = \mathbf{0}$, 那么 $g(0) = 0$, 这时由单复变的 Schwarz 引理得

$$|g(\lambda)| \leqslant |\lambda|, \lambda \in U$$

因而

$$\|F(\lambda t^{-1}\boldsymbol{z})\| = \sup\{|T(F(\lambda t^{-1}\boldsymbol{z}))| \mid T \in Y^*, \|T\| = 1\} \leqslant |\lambda|$$

这说明

$$\lambda^{-1}F(\lambda t^{-1}\boldsymbol{z}) \in \bar{\Omega}_2$$

令 $\lambda = t$, 即得

$$F(\boldsymbol{z}) \in t\bar{\Omega}_2 \subseteq r\Omega_2$$

因而

$$F(r\Omega_1) \subseteq r\Omega_2$$

看两个简单的例子.

例 1 设 $F: B_n \to U$ 是全纯的,这时

$$F'(\mathbf{0}) = \left(\frac{\partial F}{\partial z_1}(\mathbf{0}), \cdots, \frac{\partial F}{\partial z_n}(\mathbf{0})\right)$$

根据定理 10,它把 $\boldsymbol{z} \in B_n$ 映入 U,即

$$\left| \sum_{k=1}^{n} \frac{\partial F}{\partial z_k}(\mathbf{0}) z_k \right| < 1$$

由此即得

$$\sum_{k=1}^{n} \left| \frac{\partial F}{\partial z_k}(\mathbf{0}) \right|^2 \leqslant 1$$

例 2 设 $F: U \to B_m$ 是全纯的,记

$$F = (f_1, \cdots, f_m)$$

这时 $F'(0)$ 把 $\lambda \in U$ 映入 B_m,即

$$(f'_1(0)\lambda, \cdots, f'_m(0)\lambda) \in B_m$$

由此即得

$$\sum_{k=1}^{m} | f'_k(0) |^2 \leqslant 1$$

如果 Ω_1, Ω_2 都是球,利用 Schwarz 引理可得:

定理 11 (1) 如果 $F: B_n \to B_m$ 是全纯的,$\boldsymbol{a} \in B_n$,$F(\boldsymbol{a}) = \boldsymbol{b}$,那么

$$| \varphi_{\boldsymbol{b}}(F(\boldsymbol{z})) | \leqslant | \varphi_{\boldsymbol{a}}(\boldsymbol{z}) |$$

对每个 $\boldsymbol{z} \in B_n$ 成立,或者

$$\frac{| 1 - F(\boldsymbol{z}) \overline{F(\boldsymbol{a})}' |^2}{(1 - | F(\boldsymbol{z}) |^2)(1 - | F(\boldsymbol{a}) |^2)} \leqslant \frac{| 1 - \boldsymbol{z}\overline{\boldsymbol{a}}' |^2}{(1 - | \boldsymbol{z} |^2)(1 - | \boldsymbol{a} |^2)} \tag{1}$$

(2) 如果 $m = n$,且 $F \in \mathrm{Aut}(B_n)$,那么

$$| \varphi_{\boldsymbol{b}}(F(\boldsymbol{z})) | = | \varphi_{\boldsymbol{a}}(\boldsymbol{z}) |$$

即式(1) 的等号成立.

证明 (1) 令 $G=\varphi_b\circ F\circ\varphi_a$,则 $G:B_n\to B_m$ 是全纯的,而且

$$G(\mathbf{0})=(\varphi_b\circ F\circ\varphi_a)(\mathbf{0})=\mathbf{0}$$

于是由 Schwarz 引理,有

$$|G(\boldsymbol{z})|\leqslant|\boldsymbol{z}|$$

即

$$|(\varphi_b\circ F\circ\varphi_a)(\boldsymbol{z})|\leqslant|\boldsymbol{z}|$$

由此即得

$$|\varphi_b(F(\boldsymbol{z}))|\leqslant|\varphi_a(\boldsymbol{z})| \tag{2}$$

由式(2) 即得式(1).

(2) 如果 $m=n$,且 $F\in\mathrm{Aut}(B_n)$,则 $F^{-1}(\boldsymbol{b})=\boldsymbol{a}$,对 F^{-1} 用(1) 得

$$|\varphi_a(F^{-1}(\boldsymbol{w}))|\leqslant|\varphi_b(\boldsymbol{w})|$$

即

$$|\varphi_a(\boldsymbol{z})|\leqslant|\varphi_b(F(\boldsymbol{z}))|$$

再用(1) 的不等式即得

$$|\varphi_b(F(\boldsymbol{z}))|=|\varphi_a(\boldsymbol{z})|$$

2 全纯映射的从属原理

作为 Schwarz 引理的一个简单应用,我们引进从属映射的概念.

设 Ω 是 $\mathbf{C}^n$ 中包含原点的凸有界圆型域

$$F:\Omega\to\mathbf{C}^n,G:\Omega\to\mathbf{C}^n$$

是两个全纯映射. 如果存在全纯映射 $\varphi:\Omega\to\Omega,\varphi(\mathbf{0})=\mathbf{0}$,使得

$$F(\boldsymbol{z})=G(\varphi(\boldsymbol{z})),\boldsymbol{z}\in\Omega$$

就说 F 从属于 G,记为 $F\prec G$.

很明显，如果 $F \prec G$，那么 $F(\Omega) \subseteq G(\Omega)$，且 $F(\mathbf{0})=G(\mathbf{0})$. 在一定的条件下，它的逆也是成立的.

命题 15 如果 G 是 Ω 上的双全纯映射，那么 $F \prec G$ 的充分必要条件是 $F(\mathbf{0})=G(\mathbf{0})$ 与 $F(\Omega) \subseteq G(\Omega)$.

证明 必要性已如上述，现证充分性. 因为 G 是双全纯的，所以 G^{-1} 在 $G(\Omega)$ 上全纯. 于是

$$\varphi(z)=G^{-1}(F(z)), z \in \Omega \tag{3}$$

在 Ω 上全纯，且

$$\varphi(\Omega) \subseteq \Omega, \varphi(\mathbf{0})=\mathbf{0}$$

从式(3) 即得

$$F(z)=G(\varphi(z))$$

由命题 15 和 Schwarz 引理便可得到下面的从属原理.

定理 12 设 Ω 是 $\mathbf{C}^n$ 中包含原点的有界圆型凸域，$F:\Omega \to \mathbf{C}^n$ 是全纯的，$G:\Omega \to \mathbf{C}^n$ 是双全纯的. 如果 $F(\mathbf{0})=G(\mathbf{0})$，且 $F(\Omega) \subseteq G(\Omega)$，那么对任意 $0<r<1$ 有

$$F(r\Omega) \subseteq G(r\Omega)$$

证明 由命题 15 得知 $F \prec G$，因而存在

$$\varphi:\Omega \to \Omega, \varphi(\mathbf{0})=\mathbf{0}$$

使得 $F(z)=G(\varphi(z))$ 对每个 $z \in \Omega$ 成立. 但由定理 10 的(2) 得

$$\varphi(r\Omega) \subseteq r\Omega, 0<r<1$$

由此即得

$$F(r\Omega)=G(\varphi(r\Omega)) \subseteq G(r\Omega)$$

3 多圆柱上的星形映射

设 $f:U \to \mathbf{C}$ 是单叶全纯函数，如果 $f(U)$ 是 $\mathbf{C}$ 中的

星形域，就称 f 是星形函数. 如果 $f(U)$ 是 $\mathbf{C}$ 中的凸域，就称 f 是凸函数. f 是 U 上的星形函数或凸函数的充分必要条件分别是

$$\operatorname{Re}\left(z\frac{f'(z)}{f(z)}\right)\geqslant 0, z\in U$$

$$\operatorname{Re}\left(1+z\frac{f''(z)}{f'(z)}\right)\geqslant 0, z\in U$$

现在把星形函数和凸函数的概念推广到 $\mathbf{C}^n$.

定义 5 设 Ω 是 $\mathbf{C}^n$ 中包含原点的域，$f:\Omega\to\mathbf{C}^n$ 是双全纯映射. 如果 $f(\mathbf{0})=\mathbf{0}$，$f(\Omega)$ 是 $\mathbf{C}^n$ 中的星形域，就称 f 是 Ω 上的星形映射；如果 $f(\Omega)$ 是 $\mathbf{C}^n$ 中的欧氏凸域，就称 f 是 Ω 上的凸映射.

下面我们要给出 f 是 U^n 上的星形映射或凸映射的充分必要条件. 为此引进映射类 P. 在下面的讨论中记 $\|\mathbf{z}\|=\max\limits_{1\leqslant k\leqslant n}|z_k|$，$\mathbf{z}=(z_1,\cdots,z_n)$.

定义 6 P 是满足下面两个条件的全纯映射 $g: U^n\to\mathbf{C}^n$ 的全体：

(1) $g(\mathbf{0})=\mathbf{0}$；

(2) 当 $\|\mathbf{z}\|=|z_j|>0$ 时

$$\operatorname{Re}\left\{\frac{g_j(\mathbf{z})}{z_j}\right\}\geqslant 0$$

这里 $g=(g_1,\cdots,g_n)$.

我们需要下面三个引理.

引理 14 设对每个 $t\in I=[0,1]$，全纯映射族 $\varphi(\mathbf{z};t):U^n\to U^n$ 满足下面两个条件：

(1) $\varphi(\mathbf{z};0)=\mathbf{z}$，$\varphi(\mathbf{0};t)=\mathbf{0}$；

(2) 存在 $\rho>0$，使得

$$\lim_{t\to 0^+}\frac{\mathbf{z}-\varphi(\mathbf{z};t)}{t^\rho}=g(\mathbf{z}) \tag{4}$$

存在，且 $g \in H(U^n)$，那么 $g \in P$.

证明　由式(4)知 $g(\mathbf{0})=\mathbf{0}$. 记

$$\varphi(\mathbf{z};t)=(\varphi_1(\mathbf{z};t),\cdots,\varphi_n(\mathbf{z};t))$$

由式(4)知必有

$$\lim_{t\to 0^+}\varphi_k(\mathbf{z};t)=z_k, k=1,\cdots,n$$

令

$$\psi_k(\mathbf{z};t)=\frac{2z_k(z_k-\varphi_k(\mathbf{z};t))}{z_k+\varphi_k(\mathbf{z};t)}, k=1,\cdots,n$$

当 $z_k\neq 0$ 时，ψ_k 是 U^n 中的全纯函数. 由命题 14

$$\|\varphi(\mathbf{z};t)\|\leqslant\|\mathbf{z}\| \tag{5}$$

于是当 $\|\mathbf{z}\|=\max\limits_{1\leqslant k\leqslant n}|z_k|=|z_j|>0$ 时，由式(5)可得

$$\operatorname{Re}\left\{\frac{\psi_j(\mathbf{z};t)}{z_j}\right\}=2\operatorname{Re}\frac{z_j-\varphi_j}{z_j+\varphi_j}=$$

$$\frac{z_j-\varphi_j}{z_j+\varphi_j}+\frac{\bar{z}_j-\bar{\varphi}_j}{\bar{z}_j+\bar{\varphi}_j}=\frac{2(|z_j|^2-|\varphi_j|^2)}{|z_j+\varphi_j|^2}\geqslant 0$$

而由条件(2)得

$$\lim_{t\to 0^+}\frac{\psi_j(\mathbf{z};t)}{t^p}=\lim_{t\to 0^+}\frac{z_j-\varphi_j(\mathbf{z};t)}{t^\rho}\frac{2z_j}{z_j+\varphi_j(\mathbf{z};t)}=g_j(\mathbf{z})$$

所以

$$\operatorname{Re}\left\{\frac{g_j(\mathbf{z})}{z_j}\right\}=\operatorname{Re}\left\{\frac{1}{z_j}\lim_{t\to 0^+}\frac{\psi_j(\mathbf{z};t)}{t^\rho}\right\}=$$

$$\lim_{t\to 0^+}\frac{1}{t^\rho}\operatorname{Re}\left\{\frac{\psi_j(\mathbf{z};t)}{z_j}\right\}\geqslant 0$$

这就证明了 $g\in P$.

引理 15　设 $f:U^n\to\mathbf{C}^n$ 是双全纯映射，$f(\mathbf{0})=\mathbf{0}$. 如果全纯映射族 $F(\mathbf{z};t):U^n\to\mathbf{C}^n$ 满足：

(1) $F(\mathbf{z};0)=f(\mathbf{z}), F(\mathbf{0};t)=\mathbf{0}, t\in I$;

(2) 对每个 $t\in I, F(\mathbf{z};t)\prec f(\mathbf{z})$;

(3) 存在 $\rho>0$，使得

$$\lim_{t\to 0^+}\frac{F(z;0)-F(z;t)}{t^\rho}=h(z)$$

存在,且 $h\in H(U^n)$.

那么 $h(z)=f'(z)g(z)$,其中 $g\in P$,$f'(z)$ 是 f 的导数,即 f 的复 Jacobi 矩阵.

证明 由条件(2),存在

$$\varphi(z;t):U^n\to U^n$$

使得

$$f(\varphi(z;t))=F(z;t),z\in U^n,t\in I$$

且 $\|\varphi(z;t)\|\leqslant\|z\|$. 令 $\zeta=\varphi(z;t)$,把 $f_j(\zeta)(j=1,\cdots,n)$ 在 $\zeta=z$ 处展开成幂级数

$$f_j(\zeta)=f_j(z)+\frac{\partial f_j(z)}{\partial z_1}(\zeta_1-z_1)+\cdots+$$

$$\frac{\partial f_j(z)}{\partial z_n}(\zeta_n-z_n)+R_j(\zeta;z)$$

写成向量的形式,便得

$$f(\varphi(z;t))=f(z)+f'(z)(\varphi(z;t)-z)+$$
$$R(\varphi(z;t),z)$$

这里 $\dfrac{\|R(\zeta;z)\|}{\|\zeta-z\|}\to 0$(当 $\|\zeta-z\|\to 0$ 时). 于是

$$\frac{F(z;0)-F(z;t)}{t^\rho}=f'(z)\frac{z-\varphi(z;t)}{t^\rho}-$$
$$\frac{R(\varphi(z;t),z)}{t^\rho}\tag{6}$$

我们证明

$$\lim_{t\to 0^+}\frac{R(\varphi(z;t),z)}{t^\rho}=0\tag{7}$$

因为

$$\frac{R(\varphi(z;t),z)}{t^\rho}=\frac{R(\varphi(z;t),z)}{\varphi(z;t)-z}\frac{\varphi(z;t)-z}{t^\rho}$$

所以只需证明，当 $t \to 0^+$ 时，$\dfrac{\| \varphi(z;t) - z \|}{t^\rho}$ 有界. 若不然，则存在 $\{t_k\}$，$t_k \to 0^+$，使得

$$\frac{\| \varphi(z;t_k) - z \|}{t_k^\rho} \to \infty$$

在式(6) 两端取极限得

$$h(z) = \lim_{k\to\infty}\left\{\left(f'(z)\frac{z-\varphi(z;t_k)}{\| z-\varphi(z;t_k) \|} - \frac{R(\varphi(z;t_k),z)}{\| z-\varphi(z;t_k) \|}\right)\frac{\| \varphi(z;t_k) - z \|}{t_k^\rho}\right\}$$

因为

$$\frac{R(\varphi(z;t_k),z)}{\| \varphi(z;t_k) - z \|} \to 0$$

因而只能有

$$f'(z)\frac{z-\varphi(z;t_k)}{\| z-\varphi(z;t_k) \|} \to 0$$

因为 $(f'(z))^{-1}$ 存在，所以

$$\frac{z-\varphi(z;t_k)}{\| z-\varphi(z;t_k) \|} \to 0$$

但这是不可能的，因而(7) 成立. 现在在(6) 两端令 $t \to 0^+$，利用引理 14，即得

$$h(z) = f'(z)g(z)$$

其中 $g \in P$.

引理 16 设 $f:U^n \to \mathbf{C}^n$ 是全纯映射，如果存在 $g \in P$，使得 $f(z)=f'(z)g(z)$，那么当 $\| z \| = | z_j | > 0$ 时

$$\operatorname{Re}\frac{g_j(z)}{z_j} > 0$$

证明 取 $a \in U^n$，使得 $\| a \| = | a_j | > 0$. 令

$$\lambda_k = \frac{a_k}{a_j}, k = 1, \cdots, n$$

则

$$|\lambda_k| \leqslant 1, k = 1, \cdots, n$$

现命

$$\boldsymbol{z} = (\lambda_1, \cdots, \lambda_n) z_j, \ |z_j| < 1$$

则有

$$\|\boldsymbol{z}\| = |z_j| > 0$$

按 g 的定义有

$$\operatorname{Re} \frac{g_j(\boldsymbol{z})}{z_j} \geqslant 0, 0 < |z_j| < 1$$

由于

$$f(\boldsymbol{z}) = f'(\boldsymbol{z}) g(\boldsymbol{z})$$

写成分量的形式

$$f_j(\boldsymbol{z}) = \frac{\partial f_j(\boldsymbol{z})}{\partial z_1} g_1(\boldsymbol{z}) + \cdots + \frac{\partial f_j(\boldsymbol{z})}{\partial z_n} g_n(\boldsymbol{z}), j = 1, \cdots, n$$

把上边等式两端的函数都在 $\boldsymbol{z} = \boldsymbol{0}$ 处展开成幂级数，并比较一次项的系数可得 $\frac{\partial g_j(\boldsymbol{0})}{\partial z_k} = \delta_{jk}$，因而 $g_j(\boldsymbol{z})$ 在 $\boldsymbol{z} = \boldsymbol{0}$ 处有展开式

$$g_j(\boldsymbol{z}) = z_j + \boldsymbol{0}(|\boldsymbol{z}|), j = 1, \cdots, n$$

于是 $\frac{g_j(\boldsymbol{z})}{z_j} \to 1, z_j \to 0$. 由于 $\operatorname{Re} \frac{g_j(\boldsymbol{z})}{z_j}$ 是 $|z_j| < 1$ 中的调和函数，既然在 $0 < |z_j| < 1$ 中有

$$\operatorname{Re} \frac{g_j(\boldsymbol{z})}{z_j} \geqslant 0, \lim_{z_j \to 0} \frac{g_j(\boldsymbol{z})}{z_j} = 1$$

故必有

$$\operatorname{Re} \frac{g_j(\boldsymbol{z})}{z_j} > 0, \ |z_j| < 1$$

现在给出 f 是 U^n 上星形映射的条件.

定理 13　设 $f:U^n \to \mathbf{C}^n$ 是星形映射,那么一定存在 $g \in P$,使得 $f(z)=f'(z)g(z)$. 反之,设 $f:U^n \to \mathbf{C}^n$ 是全纯映射,$f(\mathbf{0})=\mathbf{0}$,对每个 $z \in U^n$,$f'(z)$ 非异. 如果存在 $g \in P$,使得 $f(z)=f'(z)g(z)$,那么 f 是 U^n 上的星形映射.

证明　定理的前半部分容易证明. 按照星形映射的定义,f 是双全纯的,如果令

$$F(z;t)=(1-t)f(z),t \in [0,1]$$

那么由命题 15,$F(z;t) \prec f(z)$,而且

$$\lim_{t \to 0^+} \frac{F(z;0)-F(z;t)}{t}=$$

$$\lim_{t \to 0^+} \frac{f(z)-(1-t)f(z)}{t}=f(z)$$

于是从引理 15 即得 $f(z)=f'(z)g(z)$,其中 $g \in P$.

现在证明定理的后半部分. 我们首先证明,如果 f 在 $rU^n(0<r\leqslant 1)$ 中双全纯,那么 $f(rU^n)$ 是星形域. 固定 $z \in rU^n$,记 $\Omega=f(rU^n)$,则 $f(z) \in \Omega$,只要证明对任意 $t \in [0,1]$

$$(1-t)f(z) \in \Omega$$

因为 Ω 是开集,所以存在 $t_0>0$,使得当 $-t_0<t<t_0$ 时

$$(1-t)f(z) \in \Omega$$

因为 f 在 rU^n 中双全纯,定义

$$\varphi(z;t)=f^{-1}((1-t)f(z)),-t_0 \leqslant t \leqslant t_0$$

或者

$$f(\varphi(z;t))=(1-t)f(z)$$

即 $\varphi(z;0)=z$. 记 $\varphi=(\varphi_1,\cdots,\varphi_n)$,上式两端对 t 求导数,并令 $t=0$ 得

$$\frac{\partial f_1(z)}{\partial z_1}\frac{\partial \varphi_1(z;0)}{\partial t}+\cdots+\frac{\partial f_1(z)}{\partial z_n}\frac{\partial \varphi_n(z;0)}{\partial t}=-f_1(z)$$

$$\vdots$$

$$\frac{\partial f_n(z)}{\partial z_1}\frac{\partial \varphi_1(z;0)}{\partial t}+\cdots+\frac{\partial f_n(z)}{\partial z_n}\frac{\partial \varphi_n(z;0)}{\partial t}=-f_n(z)$$

写成向量形式

$$f'(z)\frac{\partial \varphi(z;0)}{\partial t}=-f(z)$$

因为 $f'(z)$ 非异,故有

$$\frac{\partial \varphi(z;0)}{\partial t}=-(f'(z))^{-1}f(z)$$

把 $\varphi(z;t)$ 在 $t=0$ 处展开

$$\begin{aligned}\varphi(z;t)=\varphi(z;0)+\frac{\partial \varphi(z;0)}{\partial t}t+o(t)=\\ z-(f'(z))^{-1}f(z)t+o(t)=\\ z-(f'(z))^{-1}f'(z)g(z)t+o(t)=\\ z-g(z)t+o(t)\end{aligned}$$

这里 $g\in P$. 我们证明 $\|\varphi(z;t)\|$ 作为 t 的函数在 $0<t\leqslant t_0$ 中严格单调下降. 设 $\|z\|=|z_j|>0$,则

$$\begin{aligned}\|\varphi(z;t)\|^2\geqslant|\varphi_j(z;t)|^2=\\ |z_j|^2\left(1-2t\mathrm{Re}\left(\frac{g_j(z)}{z_j}\right)+o(t)\right)\end{aligned}\tag{8}$$

故当 $-t_0<t<0$ 时,由引理 16

$$\|\varphi(z;t)\|>|z_j|=\|z\|=\|\varphi(z;0)\|$$

取 $0<s<t<t_0$,令 $\tau=\dfrac{s-t}{1-t}$,则

$$-t_0<\tau<0$$

记 $w=\varphi(z;t)$. 则有

$$\|\varphi(w;\tau)\|>\|w\|=\|\varphi(z;t)\|$$

由此得

$$\begin{aligned}\|\varphi(\boldsymbol{z};s)\| = \|f^{-1}((1-s)f(\boldsymbol{z}))\| =\\ \|f^{-1}((1-\tau)(1-t)f(\boldsymbol{z}))\| =\\ \|f^{-1}((1-\tau)f(\boldsymbol{w}))\| =\\ \|\varphi(\boldsymbol{w};\tau)\| > \|\varphi(\boldsymbol{z};t)\|\end{aligned}$$

由此可得

$$\|\varphi(\boldsymbol{z};t_0)\| \leqslant \|\boldsymbol{z}\| < r$$

现在取 $t_0 < p < 2t_0 - t_0^2$，令 $t=\dfrac{p-t_0}{1-t_0}$，则

$$0 < t < t_0, 1-p=(1-t_0)(1-t)$$

记 $\boldsymbol{\zeta}=\varphi(\boldsymbol{z};t_0)=f^{-1}((1-t_0)f(\boldsymbol{z}))$，则

$$\|\boldsymbol{\zeta}\| < r$$

由上面的讨论

$$\|\varphi(\boldsymbol{\zeta};t)\| \leqslant \|\boldsymbol{\zeta}\| < r$$

即

$$\begin{aligned}\|f^{-1}((1-t)f(\boldsymbol{\zeta}))\| =\\ \|f^{-1}((1-t)(1-t_0)f(\boldsymbol{z}))\| =\\ \|f^{-1}((1-p)f(\boldsymbol{z}))\| < r\end{aligned}$$

这说明

$$(1-p)f(\boldsymbol{z}) \in \Omega$$

继续这个做法，便可证明对任意 $0 \leqslant t \leqslant 1$，有

$$(1-t)f(\boldsymbol{z}) \in \Omega$$

故 Ω 是星形域.

现在证明 f 在 U^n 上是单叶的，因而双全纯. 因为 $f'(\boldsymbol{0})$ 非异，故存在 $\rho > 0$，f 在 ρU^n 中是单叶的. 现在证明 f 在 $\rho\overline{U}^n$ 上也是单叶的. 如果存在 $\boldsymbol{z},\boldsymbol{w},\boldsymbol{z}\neq\boldsymbol{w}$，$\|\boldsymbol{z}\| \leqslant \|\boldsymbol{w}\| =\rho$，使得 $f(\boldsymbol{z})=f(\boldsymbol{w})$. 定义

$$\varphi(\boldsymbol{z};t)=f^{-1}((1-t)f(\boldsymbol{z}))$$

$$\varphi(\boldsymbol{w};t)=f^{-1}((1-t)f(\boldsymbol{w}))$$

由引理16和(8),可取t充分小,使得

$$\varphi(\boldsymbol{z};t),\varphi(\boldsymbol{w};t)\in\rho U^n,\varphi(\boldsymbol{z};t)\neq\varphi(\boldsymbol{w};t)$$

但

$$f(\varphi(\boldsymbol{z};t))=(1-t)f(\boldsymbol{z})=(1-t)f(\boldsymbol{w})=f(\varphi(\boldsymbol{w};t))$$

这就和f在ρU^n上单叶相矛盾.

现在再证明,如果f在ρU^n上是单叶的,那么存在$\varepsilon>0$,使得f在$(\rho+\varepsilon)U^n$上是单叶的.为此,我们设法构造连续的非负函数$\psi:U^n\times U^n\to\mathbf{R}$,使得$\psi(\boldsymbol{z},\boldsymbol{w})=0$的充分必要条件是$\boldsymbol{z}\neq\boldsymbol{w}$,且$f(\boldsymbol{z})=f(\boldsymbol{w})$.进而证明$\psi$在$\rho\overline{U}^n\times\rho\overline{U}^n$上取正值,因而存在$\varepsilon>0$,使得$\psi$在$(\rho+\varepsilon)U^n\times(\rho+\varepsilon)U^n$上取正值,所以当$\boldsymbol{z},\boldsymbol{w}\in(\rho+\varepsilon)U^n$,$\boldsymbol{z}\neq\boldsymbol{w}$时

$$f(\boldsymbol{z})\neq f(\boldsymbol{w})$$

即f在$(\rho+\varepsilon)U^n$上是单叶的.为了构造这样的ψ,定义

$$a_{jk}=\begin{cases}\dfrac{f_j(z_1,\cdots,z_k,w_{k+1},\cdots,w_n)-f_j(z_1,\cdots,z_{k-1},w_k,\cdots,w_n)}{z_k-w_k},z_k\neq w_k\\[2ex]\dfrac{\partial f_j}{\partial z_k}(z_1,\cdots,z_k,w_{k+1},\cdots,w_n),z_k=w_k\end{cases}$$

$$G(\boldsymbol{z},\boldsymbol{w})=\det(a_{jk})$$

令

$$\psi(\boldsymbol{z},\boldsymbol{w})=|G(\boldsymbol{z},\boldsymbol{w})|+\sum_{j=1}^{n}|f_j(\boldsymbol{z})-f_j(\boldsymbol{w})|$$

如果$\boldsymbol{z},\boldsymbol{w}\in U^n$,$\boldsymbol{z}\neq\boldsymbol{w}$,但$f(\boldsymbol{z})=f(\boldsymbol{w})$,那么$G(\boldsymbol{z},\boldsymbol{w})$的$n$个列向量线性相关,因而$G(\boldsymbol{z},\boldsymbol{w})=0$,所以$\psi(\boldsymbol{z},\boldsymbol{w})=0$.反之,如果$\psi(\boldsymbol{z},\boldsymbol{w})=0$,则必有$f(\boldsymbol{z})=f(\boldsymbol{w})$,而

$$\psi(\boldsymbol{z},\boldsymbol{z})=|G(\boldsymbol{z},\boldsymbol{z})|=|\det f'(\boldsymbol{z})|>0$$

所以必有$\boldsymbol{z}\neq\boldsymbol{w}$.现因$f$在$\rho\overline{U}^n$上单叶,所以$\psi$在$\rho\overline{U}^n\times\rho\overline{U}^n$上取正值.

4 多圆柱上的凸映射

现在给出 f 是 U^n 上凸映射的条件.

定理 14 设 $f:U^n \to \mathbf{C}^n$ 是全纯映射, $f(\mathbf{0})=\mathbf{0}$, $f'(\mathbf{z})$ 对每个 $\mathbf{z}\in U^n$ 非奇异,则 f 是 U^n 上的凸映射的充要条件是,存在单位圆盘上的凸映射 $\varphi_j(j=1,\cdots,n)$ 和非奇异方阵 $\boldsymbol{T}$,使得

$$f(\mathbf{z})=(\varphi_1(z_1),\cdots,\varphi_n(z_n))\boldsymbol{T} \tag{9}$$

证明 条件的充分性是显然的. 现证必要性. 设 f 是 U^n 上的凸映射,那么 f 在 U^n 上是双全纯的. 如果记 $f(U^n)=\Omega$,那么 Ω 是 $\mathbf{C}^n$ 中的欧氏凸域. 令

$$A_t(\mathbf{z})=(z_1\mathrm{e}^{\mathrm{i}A_1t},\cdots,z_n\mathrm{e}^{\mathrm{i}A_nt}),A_j\geqslant 0,j=1,\cdots,n$$

则 A_t 是 U^n 的自同构, $A_0(\mathbf{z})=\mathbf{z}$. 对于任意 $\mathbf{z}\in U^n$,显然

$$f(A_t(\mathbf{z}))\in\Omega,f(A_{-t}(\mathbf{z}))\in\Omega$$

由 Ω 的欧氏凸性有

$$\frac{1}{2}(f(A_t(\mathbf{z}))+f(A_{-t}(\mathbf{z})))\in\Omega$$

若记

$$F(\mathbf{z};t)=\frac{1}{2}\{f(A_t(\mathbf{z}))+f(A_{-t}(\mathbf{z}))\}$$

则由命题 15

$$F(\mathbf{z};t)\prec f(\mathbf{z}),0\leqslant t\leqslant 1$$

记 $q(t)=f(A_t(\mathbf{z}))$,把 $q(t)$ 在 $t=0$ 处展开得

$$f(A_t(\mathbf{z}))=f(\mathbf{z})+q'(0)t+\frac{1}{2}q''(0)t^2+o(t^2)$$

$$f(A_{-t}(\mathbf{z}))=f(\mathbf{z})-q'(0)t+\frac{1}{2}q''(0)t^2+o(t^2)$$

因而

$$F(\boldsymbol{z};0)-F(\boldsymbol{z};t)=$$

$$f(\boldsymbol{z})-\frac{1}{2}\{f(A_t(\boldsymbol{z}))+f(A_{-t}(\boldsymbol{z}))\}=$$

$$\frac{1}{2}\{(f(\boldsymbol{z})-f(A_t(\boldsymbol{z})))+(f(\boldsymbol{z})-f(A_{-t}(\boldsymbol{z})))\}=$$

$$-\frac{1}{2}q''(0)t^2+o(t^2)$$

所以

$$\lim_{t\to 0^+}\frac{F(\boldsymbol{z};0)-F(\boldsymbol{z};t)}{t^2}=-\frac{1}{2}q''(0)$$

如果记 $h(\boldsymbol{z})=-\frac{1}{2}q''(0)$，通过直接计算得

$$h(\boldsymbol{z})=\frac{1}{2}\left\{\sum_{j,k=1}^{n}\frac{\partial^2 f}{\partial z_j\partial z_k}A_jA_kz_jz_k+\sum_{k=1}^{n}\frac{\partial f}{\partial z_k}A_k^2z_k\right\}$$

写成分量的形式

$$2h_j(\boldsymbol{z})=\sum_{k=1}^{n}A_k^2\left(\frac{\partial^2 f_j}{\partial z_k^2}z_k^2+\frac{\partial f_j}{\partial z_k}z_k\right)+$$

$$2\sum_{k=2}^{n}\sum_{l=1}^{k-1}\frac{\partial^2 f_j}{\partial z_l\partial z_k}A_kA_lz_kz_l \tag{10}$$

由引理 15，存在 $g\in P$，使得

$$h(\boldsymbol{z})=f'(\boldsymbol{z})g(\boldsymbol{z}) \tag{11}$$

显然，g 和参数 A_k 的选取有关. 现在固定 k，$1\leqslant k\leqslant n$，选取

$$A_k=1,A_l=0,l\neq k$$

我们证明，在这组 A_j 的选取下有

$$g_j(\boldsymbol{z})\equiv 0,j\neq k$$

为此，选取 $\boldsymbol{z}\in U^n$，使得

$$\|\boldsymbol{z}\|=|z_j|>0,j\neq k$$

但 $z_k=0$. 对这样的 $\boldsymbol{z}$，由(10) 知

$$h_j(\boldsymbol{z})=0,j=1,\cdots,n$$

但从 $h(z)=f'(z)g(z)$ 可得

$$g_j(z)=\frac{\det J_j(z)}{(Jf)(z)},j=1,\cdots,n$$

这里

$$(Jf)(z)=\det f'(z)$$

$$J_j(z)=\begin{pmatrix}\frac{\partial f_1(z)}{\partial z_1} & \cdots & h_1 & \cdots & \frac{\partial f_1(z)}{\partial z_n}\\ \vdots & & \vdots & & \vdots\\ \frac{\partial f_n(z)}{\partial z_1} & \cdots & h_n & \cdots & \frac{\partial f_n(z)}{\partial z_n}\end{pmatrix}$$

因而 $g_j(z)=0$，当然 $\frac{g_j(z)}{z_j}=0$，故由引理 16 得 $g_j(z)\equiv 0,j\neq k$. 于是从(11) 得

$$h_j(z)=\frac{\partial f_j(z)}{\partial z_1}g_1(z)+\cdots+\frac{\partial f_j(z)}{\partial z_n}g_n(z)=$$

$$\frac{\partial f_j(z)}{\partial z_k}g_k(z),j=1,\cdots,n$$

比较(10) 得

$$\frac{\partial^2 f_j(z)}{\partial z_k^2}z_k^2+\frac{\partial f_j(z)}{\partial z_k}z_k=\frac{\partial f_j(z)}{\partial z_k}\psi_k(z) \tag{12}$$

这里 $\psi_k(z)=2g_k(z)\in P$.

再固定 $l\neq k$，并选取 $A_k=1,A_l=\varepsilon,A_m=0,m\neq k,l$，由(10) 得

$$2h_j(z)=\frac{\partial^2 f_j}{\partial z_k^2}z_k^2+\frac{\partial f_j}{\partial z_k}z_k+$$

$$\varepsilon^2\left(\frac{\partial^2 f_j}{\partial z_l^2}z_l^2+\frac{\partial f_j}{\partial z_l}z_l\right)+2\varepsilon z_k z_l\frac{\partial^2 f_j}{\partial z_k\partial z_l} \tag{13}$$

把(12) 代入(13) 得

$$2h_j(z)=\frac{\partial f_j}{\partial z_k}\psi_k+\varepsilon^2\frac{\partial f_j}{\partial z_l}\psi_l+2\varepsilon z_k z_l\frac{\partial^2 f_j}{\partial z_k\partial z_l}$$

于是在这组参数下,相应的 g 为

$$g_j(\mathbf{z}) = \frac{1}{(Jf)(\mathbf{z})} \begin{vmatrix} \frac{\partial f_1}{\partial z_1} & \cdots & h_1 & \cdots & \frac{\partial f_1}{\partial z_n} \\ \vdots & & \vdots & & \vdots \\ \frac{\partial f_n}{\partial z_1} & \cdots & \underset{j列}{h_n} & \cdots & \frac{\partial f_n}{\partial z_n} \end{vmatrix} =$$

$$\frac{1}{(Jf)(\mathbf{z})}\left\{\frac{1}{2}\begin{vmatrix} \frac{\partial f_1}{\partial z_1} & \cdots & \frac{\partial f_1}{\partial z_k}\psi_k & \cdots & \frac{\partial f_1}{\partial z_n} \\ \vdots & & \vdots & & \vdots \\ \frac{\partial f_n}{\partial z_1} & \cdots & \frac{\partial f_n}{\partial z_k}\psi_k & \cdots & \frac{\partial f_n}{\partial z_n} \end{vmatrix} + \right.$$

$$\frac{\varepsilon^2}{2}\begin{vmatrix} \frac{\partial f_1}{\partial z_1} & \cdots & \frac{\partial f_1}{\partial z_l}\psi_l & \cdots & \frac{\partial f_1}{\partial z_n} \\ \vdots & & \vdots & & \vdots \\ \frac{\partial f_n}{\partial z_1} & \cdots & \frac{\partial f_n}{\partial z_l}\psi_l & \cdots & \frac{\partial f_n}{\partial z_n} \end{vmatrix} +$$

$$\left.\varepsilon z_k z_l \begin{vmatrix} \frac{\partial f_1}{\partial z_1} & \cdots & \frac{\partial^2 f_1}{\partial z_k \partial z_l} & \cdots & \frac{\partial f_1}{\partial z_n} \\ \vdots & & \vdots & & \vdots \\ \frac{\partial f_n}{\partial z_1} & \cdots & \underset{j列}{\frac{\partial^2 f_n}{\partial z_k \partial z_l}} & \cdots & \frac{\partial f_n}{\partial z_n} \end{vmatrix}\right\}$$

当 $j \neq k$ 时,第一个行列式为0;当 $j \neq l$ 时,第二个行列式也为0;当 $j=l$ 时,第二个行列式为 $\psi_j(Jf)(\mathbf{z})$,所以有

$$g_j(\mathbf{z}) = \varepsilon \frac{z_k z_l G_j}{(Jf)(\mathbf{z})} + O(\varepsilon^2), j \neq k$$

这里 G_j 表示第三个行列式. 由引理 16,当 $\|\mathbf{z}\| = |z_j| > 0$ 时

$$\mathrm{Re}\left\{\frac{z_k z_l G_j}{z_j (Jf)(\mathbf{z})}\right\} > 0$$

但当 $z_k z_l=0$ 时,上式却等于 0,所以只能有

$$G_j\equiv 0, j=1,\cdots,n$$

因而向量 $\left(\frac{\partial^2 f_1}{\partial z_k\partial z_l},\cdots,\frac{\partial^2 f_n}{\partial z_k\partial z_l}\right)$ 可以写成向量

$$\left(\frac{\partial f_1}{\partial z_1},\cdots,\frac{\partial f_n}{\partial z_1}\right),\cdots,\left(\frac{\partial f_1}{\partial z_n},\cdots,\frac{\partial f_n}{\partial z_n}\right)$$

的线性组合,即

$$\frac{\partial^2 f_j}{\partial z_k\partial z_l}=c_1\frac{\partial f_j}{\partial z_1}+\cdots+c_n\frac{\partial f_j}{\partial z_n}, j=1,\cdots,n$$

由此得

$$c_j=\frac{G_j}{(Jf)(z)}=0, j=1,\cdots,n$$

因而

$$\frac{\partial^2 f_j}{\partial z_k\partial z_l}=0, j=1,\cdots,n$$

由此便得

$$f_j(z)=\sum_{m=1}^{n}a_{jm}\varphi_{jm}(z_m), j=1,\cdots,n \tag{14}$$

这里 φ_{jm} 是单位圆盘上的全纯函数. 把 f_j 的这个表达式代入(12)得

$$1+z_k\frac{\varphi''_{jk}(z_k)}{\varphi'_{jk}(z_k)}=\frac{\psi_k}{z_k}, 1\leqslant j\leqslant n, 1\leqslant k\leqslant n \tag{15}$$

这说明每个 φ_{jk} 都是单位圆盘 U 上的凸映射. 因为上式右端和 j 无关,因而

$$1+z_k\frac{\varphi''_{jk}(z_k)}{\varphi'_{jk}(z_k)}=1+z_k\frac{\varphi''_{lk}(z_k)}{\varphi'_{lk}(z_k)}, j\neq l$$

由此便得 $\varphi_{jk}=c\varphi_{lk}$. 因而可在(14)中适当选取常数 a_{jm},使得 $\varphi_{jk}=\varphi_{lk}=\varphi_k$. 于是

$$f_j(z)=\sum_{m=1}^{n}a_{jm}\varphi_m(z_m), j=1,\cdots,n$$

这个定理有很多有趣的应用,定理17便是其中之一.

5　球上的星形映射

现在讨论球上的星形映射和凸映射. 为了给出 f 是 B_n 上的星形映射或凸映射的条件,我们需要下面这些引理.

引理 17　设 f 是 B_n 上的双全纯映射,$f(\mathbf{0})=\mathbf{0}$,$f(B_n)$ 是星形域或欧氏凸域的充分必要条件是,对任意的 $0<r<1$,$f(rB_n)$ 是星形域或欧氏凸域.

证明　条件的充分性是显然的. 现证必要性. 先设 $f(B_n)$ 是星形的,要证对每个 $r\in(0,1)$,$f(rB_n)$ 也是星形的. 为此取 $\boldsymbol{a}\in rB_n$,则

$$|\boldsymbol{a}|<r, f(\boldsymbol{a})\in f(rB_n)$$

由于对任意 $\boldsymbol{z}\in B_n$

$$f(\boldsymbol{z})\in f(B_n)$$

因为 $f(B_n)$ 是星形的,所以对任意 $t\in(0,1)$

$$tf(\boldsymbol{z})\in f(B_n)$$

定义

$$u(\boldsymbol{z},t)=f^{-1}(tf(\boldsymbol{z}))$$

则 $u(\boldsymbol{z},t)\in B_n$,且 $u(\mathbf{0},t)=\mathbf{0}$. 故由 Schwarz 引理

$$|u(\boldsymbol{z},t)|\leqslant|\boldsymbol{z}|$$

特别地,令 $\boldsymbol{z}=\boldsymbol{a}$,即得

$$|u(\boldsymbol{a},t)|\leqslant|\boldsymbol{a}|<r$$

由此即得 $tf(\boldsymbol{a})\in f(rB_n)$. 故 $f(rB_n)$ 是星形的.

现在设 $f(B_n)$ 是欧氏凸的,要证对任意 $r\in(0,1)$,$f(rB_n)$ 是欧氏凸的. 为此取 $\boldsymbol{a},\boldsymbol{b}\in rB_n$,设 $|\boldsymbol{b}|\leqslant|\boldsymbol{a}|<r$,要证对 $t\in[0,1]$

$$tf(\boldsymbol{a})+(1-t)f(\boldsymbol{b})\in f(rB_n)$$

对于 $z \in B_n$，容易知道

$$\frac{|\langle z, a\rangle|}{|a|^2}|b| \leqslant \frac{|z|}{|a|}|b| \leqslant |z| < 1$$

即 $\frac{\langle z, a\rangle}{|a|^2}b \in B_n$. 由于 $f(B_n)$ 是欧氏凸的，所以

$$tf(z) + (1-t)f\left(\frac{\langle z, a\rangle}{|a|^2}b\right) \in f(B_n)$$

定义

$$v(z,t) = f^{-1}\left(tf(z) + (1-t)f\left(\frac{\langle z, a\rangle}{|a|^2}b\right)\right)$$

则 $v(z,t) \in B_n$，且 $v(\mathbf{0},t) = \mathbf{0}$. 由 Schwarz 引理

$$|v(z,t)| \leqslant |z|$$

令 $z = a$ 得

$$|v(a,t)| \leqslant |a| < r$$

即

$$tf(a) + (1-t)f(b) \in f(rB_n)$$

引理 18 设 Ω 是 $\mathbf{C}^n$ 中包含原点的域，$g: \Omega \to \mathbf{R}$ 是定义在 Ω 上的实函数. 如果 g 有二阶连续偏导数，则有下列 Taylor 展开

$$g(z) = g(\mathbf{0}) + 2\mathrm{Re}\left(\sum_{j=1}^{n} \frac{\partial g(\mathbf{0})}{\partial z_j} z_j\right) + \mathrm{Re}\left\{\sum_{j,k=1}^{n} \frac{\partial^2 g(\mathbf{0})}{\partial z_j \partial z_k} z_j z_k + \sum_{j,k=1}^{n} \frac{\partial^2 g(\mathbf{0})}{\partial z_j \partial \bar{z}_k} z_j \bar{z}_k\right\} + o(|z|^2) \tag{16}$$

证明 记 $z_j = x_j + \mathrm{i}y_j$，把 g 看成 $\mathbf{R}^{2n}$ 中的域 Ω 上的函数，则有下列 Taylor 展开式

$$g(x_1,y_1,\cdots,x_n,y_n)=$$
$$g(\mathbf{0})+\sum_{j=1}^{n}\left(\frac{\partial g(\mathbf{0})}{\partial x_j}x_j+\frac{\partial g(\mathbf{0})}{\partial y_j}y_j\right)+$$
$$\frac{1}{2}\sum_{j,k=1}^{n}\left\{\frac{\partial^2 g(\mathbf{0})}{\partial x_j\partial x_k}x_jx_k+\frac{\partial^2 g(\mathbf{0})}{\partial x_j\partial y_k}x_jy_k+\frac{\partial^2 g(\mathbf{0})}{\partial y_j\partial x_k}y_jx_k+\right.$$
$$\left.\frac{\partial^2 g(\mathbf{0})}{\partial y_j\partial y_k}y_jy_k\right\}+o(|\boldsymbol{x}|^2+|\boldsymbol{y}|^2) \tag{17}$$

利用记号

$$\frac{\partial}{\partial z_j}=\frac{1}{2}\left(\frac{\partial}{\partial x_j}-\mathrm{i}\frac{\partial}{\partial y_j}\right),\frac{\partial}{\partial \bar{z}_j}=\frac{1}{2}\left(\frac{\partial}{\partial x_j}+\mathrm{i}\frac{\partial}{\partial y_j}\right)$$

把$\frac{\partial}{\partial x_j},\frac{\partial}{\partial y_j},\frac{\partial^2}{\partial x_j\partial x_k}$等都化成$\frac{\partial}{\partial z_j},\frac{\partial}{\partial \bar{z}_j},\frac{\partial^2}{\partial z_j\partial z_k}$等,并利用$\overline{\left(\frac{\partial g}{\partial z_j}\right)}=\frac{\partial g}{\partial \bar{z}_j}$等关系,从(17)即得(16).

引进记号

$$\frac{\partial}{\partial \mathbf{z}}=\left(\frac{\partial}{\partial z_1},\cdots,\frac{\partial}{\partial z_n}\right),\left(\frac{\partial}{\partial \mathbf{z}}\right)'=\left(\frac{\partial}{\partial z_1},\cdots,\frac{\partial}{\partial z_n}\right)'$$

$$\frac{\partial^2}{\partial \mathbf{z}'\partial \bar{\mathbf{z}}}=\left(\frac{\partial}{\partial \mathbf{z}}\right)'\left(\frac{\partial}{\partial \bar{\mathbf{z}}}\right)=\begin{pmatrix}\frac{\partial}{\partial z_1}\\ \vdots\\ \frac{\partial}{\partial z_n}\end{pmatrix}\left(\frac{\partial}{\partial \bar{z}_1},\cdots,\frac{\partial}{\partial \bar{z}_n}\right)=$$
$$\begin{pmatrix}\frac{\partial^2}{\partial z_1\partial \bar{z}_1} & \cdots & \frac{\partial^2}{\partial z_1\partial \bar{z}_n}\\ \vdots & & \vdots\\ \frac{\partial^2}{\partial z_n\partial \bar{z}_1} & \cdots & \frac{\partial^2}{\partial z_n\partial \bar{z}_n}\end{pmatrix}$$

引理 19 设Ω是$\mathbf{C}^n$中的域,$\varphi:\Omega\to\mathbf{R}$有二阶连续偏导数,$f:\Omega\to\mathbf{C}^n$是双全纯映射. 定义

$$\Phi(w)=\varphi(f^{-1}(w)),w\in f(\Omega)$$

那么:

(1) $\dfrac{\partial\varphi}{\partial z}(\mathrm{d}z)'=\dfrac{\partial\Phi}{\partial w}(\mathrm{d}w)'$;

(2) $\mathrm{d}w\dfrac{\partial^2\Phi}{\partial w'\partial\overline{w}}\mathrm{d}\overline{w}'=\mathrm{d}z\dfrac{\partial^2\varphi}{\partial z'\partial\overline{z}}\mathrm{d}\overline{z}'$;

(3) $\mathrm{d}w\dfrac{\partial^2\Phi}{\partial w'\partial w}\mathrm{d}w'=\mathrm{d}z\dfrac{\partial^2\varphi}{\partial z'\partial z}\mathrm{d}z'-\dfrac{\partial\varphi}{\partial z}\left(\dfrac{\mathrm{d}f}{\mathrm{d}z}\right)^{-1}\times$

$$\begin{pmatrix}\mathrm{d}z\dfrac{\partial^2 f_1}{\partial z'\partial z}\mathrm{d}z'\\ \vdots\\ \mathrm{d}z\dfrac{\partial^2 f_n}{\partial z'\partial z}\mathrm{d}z'\end{pmatrix}.$$

证明 因为

$$\varphi(z)=\Phi(f(z)),f=(f_1,\cdots,f_n)$$

所以

$$\frac{\partial\varphi}{\partial z_j}=\sum_{k=1}^{n}\frac{\partial\Phi}{\partial w_k}\frac{\partial f_k}{\partial z_j},j=1,\cdots,n$$

即

$$\left(\frac{\partial\varphi}{\partial z_1},\cdots,\frac{\partial\varphi}{\partial z_n}\right)=\left(\frac{\partial\Phi}{\partial w_1},\cdots,\frac{\partial\Phi}{\partial \omega_n}\right)\begin{pmatrix}\dfrac{\partial f_1}{\partial z_1} & \cdots & \dfrac{\partial f_1}{\partial z_n}\\ \vdots & & \vdots\\ \dfrac{\partial f_n}{\partial z_1} & \cdots & \dfrac{\partial f_n}{\partial z_n}\end{pmatrix}$$

即$\dfrac{\partial\varphi}{\partial z}=\dfrac{\partial\Phi}{\partial w}\dfrac{\mathrm{d}f}{\mathrm{d}z}$,这里$\dfrac{\mathrm{d}f}{\mathrm{d}z}=f'(z)$. 于是

$$\frac{\partial\varphi}{\partial z}(\mathrm{d}z)'=\frac{\partial\Phi}{\partial w}\frac{\mathrm{d}f}{\mathrm{d}z}(\mathrm{d}z)'=\frac{\partial\Phi}{\partial w}(\mathrm{d}w)'$$

这就是(1). 为了证(2),注意

$$\frac{\partial^2\varphi}{\partial z_i\partial\overline{z}_l}=\sum_{k=1}^{n}\sum_{j=1}^{n}\frac{\partial^2\Phi}{\partial w_k\partial\overline{w}_j}\left(\frac{\partial\overline{f}_j}{\partial z_l}\right)\frac{\partial f_k}{\partial z_i}=$$

$$\sum_{k=1}^{n}\sum_{j=1}^{n}\frac{\partial f_k}{\partial z_i}\frac{\partial^2\Phi}{\partial w_k\partial\overline{w}_j}\left(\frac{\partial\overline{f}_j}{\partial z_l}\right)$$

由此可得矩阵等式

$$\frac{\partial^2\varphi}{\partial \boldsymbol{z}'\partial\overline{\boldsymbol{z}}}=\left(\frac{\mathrm{d}f}{\mathrm{d}z}\right)'\frac{\partial^2\Phi}{\partial \boldsymbol{w}'\partial\overline{\boldsymbol{w}}}\frac{\mathrm{d}\overline{f}}{\mathrm{d}z}$$

或者

$$\mathrm{d}z\frac{\partial^2\varphi}{\partial \boldsymbol{z}'\partial\overline{\boldsymbol{z}}}\mathrm{d}\overline{z}'=\mathrm{d}z\left(\frac{\mathrm{d}f}{\mathrm{d}z}\right)'\frac{\partial^2\Phi}{\partial \boldsymbol{w}'\partial\overline{\boldsymbol{w}}}\frac{\mathrm{d}\overline{f}}{\mathrm{d}z}\mathrm{d}\overline{z}'=\mathrm{d}\boldsymbol{w}\frac{\partial^2\Phi}{\partial \boldsymbol{w}'\partial\overline{\boldsymbol{w}}}\mathrm{d}\overline{\boldsymbol{w}}'$$

最后证明(3).因为

$$\frac{\partial^2\varphi}{\partial z_i\partial z_l}=\sum_{k=1}^{n}\left(\sum_{j=1}^{n}\frac{\partial^2\Phi}{\partial w_k\partial w_j}\frac{\partial f_j}{\partial z_l}\frac{\partial f_k}{\partial z_i}+\frac{\partial\Phi}{\partial w_k}\frac{\partial^2 f_k}{\partial z_i\partial z_l}\right)$$

即

$$\frac{\partial^2\varphi}{\partial \boldsymbol{z}'\partial\boldsymbol{z}}=\left(\frac{\mathrm{d}f}{\mathrm{d}z}\right)'\frac{\partial^2\Phi}{\partial \boldsymbol{w}'\partial\boldsymbol{w}}\frac{\mathrm{d}f}{\mathrm{d}z}+\sum_{k=1}^{n}\frac{\partial\Phi}{\partial w_k}\frac{\partial^2 f_k}{\partial \boldsymbol{z}'\partial\boldsymbol{z}}$$

或者

$$\frac{\partial^2\varphi}{\partial \boldsymbol{w}'\partial\boldsymbol{w}}=\left(\frac{\mathrm{d}f}{\mathrm{d}z}\right)'^{-1}\left\{\frac{\partial^2\varphi}{\partial \boldsymbol{z}'\partial\boldsymbol{z}}-\sum_{k=1}^{n}\frac{\partial\Phi}{\partial w_k}\frac{\partial^2 f_k}{\partial \boldsymbol{z}'\partial\boldsymbol{z}}\right\}\left(\frac{\mathrm{d}f}{\mathrm{d}z}\right)^{-1}$$

于是

$$\mathrm{d}\boldsymbol{w}\frac{\partial^2\Phi}{\partial \boldsymbol{w}'\partial\boldsymbol{w}}\mathrm{d}\boldsymbol{w}'=\mathrm{d}z\left\{\frac{\partial^2\varphi}{\partial \boldsymbol{z}'\partial\boldsymbol{z}}-\sum_{k=1}^{n}\frac{\partial\Phi}{\partial w_k}\frac{\partial^2 f_k}{\partial \boldsymbol{z}'\partial\boldsymbol{z}}\right\}\mathrm{d}z'=$$

$$\mathrm{d}z\frac{\partial^2\varphi}{\partial \boldsymbol{z}'\partial\boldsymbol{z}}\mathrm{d}z'-\frac{\partial\Phi}{\partial\boldsymbol{w}}\begin{pmatrix}\mathrm{d}z\dfrac{\partial^2 f_1}{\partial \boldsymbol{z}'\partial\boldsymbol{z}}\mathrm{d}z'\\ \vdots\\ \mathrm{d}z\dfrac{\partial^2 f_n}{\partial \boldsymbol{z}'\partial\boldsymbol{z}}\mathrm{d}z'\end{pmatrix}=$$

$$\mathrm{d}z\frac{\partial^2\varphi}{\partial \boldsymbol{z}'\partial\boldsymbol{z}}\mathrm{d}z'-\frac{\partial\varphi}{\partial\boldsymbol{z}}\left(\frac{\mathrm{d}f}{\mathrm{d}z}\right)^{-1}\begin{pmatrix}\mathrm{d}z\dfrac{\partial^2 f_1}{\partial \boldsymbol{z}'\partial\boldsymbol{z}}\mathrm{d}z'\\ \vdots\\ \mathrm{d}z\dfrac{\partial^2 f_n}{\partial \boldsymbol{z}'\partial\boldsymbol{z}}\mathrm{d}z'\end{pmatrix}$$

设 $\boldsymbol{z}=(z_1,\cdots,z_n)\in\mathbf{C}^n$，记 $z_j=x_j+\mathrm{i}y_j$，那么可记

$$\boldsymbol{z}=(x_1,y_1,\cdots,x_n,y_n)$$

它可以看成是 $\mathbf{R}^{2n}$ 中的点. 设另有 $\boldsymbol{w}=(w_1,\cdots,w_n)$，记 $w_j=u_j+\mathrm{i}v_j$，则 $\boldsymbol{w}=(u_1,v_1,\cdots,u_n,v_n)$ 也可看成 $\mathbf{R}^{2n}$ 中的点. 现把 $\boldsymbol{z},\boldsymbol{w}$ 都看成 $\mathbf{R}^{2n}$ 中的向量，它们的内积是

$$\boldsymbol{z}\cdot\boldsymbol{w}=\sum_{j=1}^{n}(x_ju_j+y_jv_j)$$

作为 $\mathbf{C}^n$ 中的向量，它们的内积为

$$\langle\boldsymbol{z},\boldsymbol{w}\rangle=\sum_{j=1}^{n}z_j\overline{w}_j$$

容易看出，这两个内积之间有关系式

$$\boldsymbol{z}\cdot\boldsymbol{w}=\mathrm{Re}\langle\boldsymbol{z},\boldsymbol{w}\rangle$$

作为实向量，它们之间的夹角 θ 定义为

$$\cos\theta=\frac{\boldsymbol{z}\cdot\boldsymbol{w}}{|\boldsymbol{z}||\boldsymbol{w}|}=\frac{\mathrm{Re}\langle\boldsymbol{z},\boldsymbol{w}\rangle}{|\boldsymbol{z}||\boldsymbol{w}|}$$

所以 θ 为锐角的充分必要条件是 $\mathrm{Re}\langle\boldsymbol{z},\boldsymbol{w}\rangle$ 取正值.

讨论多圆柱上的星形映射时，映射类 P 起着重要的作用. 对球上的星形映射，我们要引进下面的映射类 Q.

定义 7 Q 是满足下面两个条件的全纯映射 g：$B_n\to\mathbf{C}^n$ 的全体：

(1) $g(\mathbf{0})=\mathbf{0}$；

(2) 当 $\boldsymbol{z}\in B_n$ 时，$\mathrm{Re}\,g(\boldsymbol{z})\overline{\boldsymbol{z}}'\geqslant 0$.

现在可以证明下面的定理：

定理 15 设 f：$B_n\to\mathbf{C}^n$ 是双全纯映射，$f(\mathbf{0})=\mathbf{0}$，那么 f 是星形映射的充分必要条件是存在 $g\in Q$，使得

$$f(\boldsymbol{z})=f'(\boldsymbol{z})g(\boldsymbol{z})\tag{18}$$

证明 先证必要性. 设 $f(B_n)$ 是星形域. 由引理

17,对任意 $t,0<t<1,f(tB_n)$ 也是星形域. 记 $\varphi_t(\boldsymbol{z})=\boldsymbol{z}\overline{\boldsymbol{z}}'-t^2$,则

$$tB_n=\{\boldsymbol{z}\in\mathbf{C}^n\mid\varphi_t(\boldsymbol{z})<0\}$$

记 $\Phi_t(\boldsymbol{w})=\varphi_t(f^{-1}(\boldsymbol{w}))$,令

$$\Omega_t=\{\boldsymbol{w}\in\mathbf{C}^n\mid\Phi_t(\boldsymbol{w})<0\}$$

则 $\Omega_t=f(tB_n)$,所以 Ω_t 对任意 $0<t<1$ 都是星形的. 任取 $\boldsymbol{w}\in\partial\Omega_t$,则 $\Phi_t(\boldsymbol{w})=0$. 由引理18,对充分小的 $\varepsilon>0$ 有

$$\Phi_t\left(\boldsymbol{w}+\varepsilon\frac{\partial\Phi_t}{\partial\overline{\boldsymbol{w}}}\right)=2\mathrm{Re}\left(\varepsilon\frac{\partial\Phi_t}{\partial\overline{\boldsymbol{w}}}\left(\frac{\partial\Phi_t}{\partial\boldsymbol{w}}\right)'\right)+O(\varepsilon^2)=$$

$$2\varepsilon\left|\frac{\partial\Phi_t}{\partial\boldsymbol{w}}\right|^2+O(\varepsilon^2)>0$$

这说明当 ε 充分小时,$\boldsymbol{w}+\varepsilon\dfrac{\partial\Phi_t}{\partial\overline{\boldsymbol{w}}}$ 永远在 Ω_t 的外部,即 $\dfrac{\partial\Phi_t}{\partial\overline{\boldsymbol{w}}}$ 是 $\partial\Omega_t$ 在 $\boldsymbol{w}$ 处的外法向量. 由于对任意 $0<t_0<1$

$$(1-t_0)\boldsymbol{w}\in\Omega_t$$

所以

$$\cos\left(-\frac{\partial\Phi_t}{\partial\overline{\boldsymbol{w}}},-\boldsymbol{w}\right)>0$$

即 $\mathrm{Re}\dfrac{\partial\Phi_t}{\partial\boldsymbol{w}}\boldsymbol{w}'>0$. 因为

$$\frac{\partial\varphi_t}{\partial\boldsymbol{z}}=\frac{\partial\Phi_t}{\partial\boldsymbol{w}}f'(\boldsymbol{z})$$

而$\dfrac{\partial\varphi_t}{\partial\boldsymbol{z}}=\overline{\boldsymbol{z}}$,于是得

$$\mathrm{Re}\{\overline{\boldsymbol{z}}(f'(\boldsymbol{z}))^{-1}\boldsymbol{w}'\}>0$$

因为 $\boldsymbol{w}'=f(\boldsymbol{z})$,上式即

$$\mathrm{Re}\{\overline{\boldsymbol{z}}(f'(\boldsymbol{z}))^{-1}f(\boldsymbol{z})\}>0$$

记

$$g(z)=(f'(z))^{-1}f(z)$$

则 $g\in Q$,且 $f(z)=f'(z)g(z)$. 这就证明了条件的必要性.

充分性. 如果(18) 成立,那么对于 $w\in\partial\Omega_t$,存在 $\varepsilon>0$,当 $0<\tau<\varepsilon$ 时

$$(1-\tau)w\in\Omega_t$$

由此可以证明对于 $0<\tau<1$,都有

$$(1-\tau)w\in\Omega_t$$

因为如果存在 $\tau_1<1$ 使得

$$(1-\tau_1)w\in\partial\Omega_t$$

而对所有 $0<\tau<\tau_1$,有

$$(1-\tau)w\in\Omega_t$$

那么记

$$(1-\tau_1)w=w_0\in\partial\Omega_t$$

则对任意小的正数 τ,若记 $(1-\tau)(1-\tau_1)=1-\rho$,则 $\rho>\tau_1$,于是

$$(1-\tau)w_0=(1-\tau)(1-\tau_1)w=(1-\rho)w\notin\Omega_t$$

这是一个矛盾. 因而 Ω_t 是星形的,所以 $f(B_n)$ 是星形的.

6 球上的凸映射

现在来讨论 $f(B_n)$ 是欧氏凸域的条件. 由引理 17,$f(B_n)$ 是欧氏凸域的充分必要条件是对任意 $t\in(0,1)$,$\Omega_t=f(tB_n)$ 是欧氏凸域. 任取 $w\in\partial\Omega_t$ 及在 w 处的切向量 $\mathrm{d}w$,那么 Ω_t 是欧氏凸域的条件是 $w+\mathrm{d}w$ 在 Ω_t 的外部,即

$$\Phi_t(w+\mathrm{d}w)>0$$

对每个 $w\in\partial\Omega_t$ 及在 w 处的切向量 $\mathrm{d}w$ 成立. 按照引理

18 把 $\Phi_t(w+\mathrm{d}w)$ 展开得

$$\Phi_t(w+\mathrm{d}w)=\Phi_t(w)+2\mathrm{Re}\left(\mathrm{d}w\left(\frac{\partial\Phi_t}{\partial w}\right)'\right)+$$

$$\mathrm{Re}\left\{\mathrm{d}w\,\frac{\partial^2\Phi_t}{\partial w'\partial w}(\mathrm{d}w)'+\mathrm{d}w\,\frac{\partial^2\Phi_t}{\partial w'\partial\overline{w}}(\mathrm{d}\overline{w})'\right\}+o(|\,\mathrm{d}w\,|^2) \tag{19}$$

因为 $w\in\partial\Omega_t$,$\Phi_t(w)=0$;又因为$\dfrac{\partial\Phi_t}{\partial\overline{w}}$是 $\partial\Omega_t$ 在 w 处的法向量,所以

$$\mathrm{Re}\left(\mathrm{d}w\left(\frac{\partial\Phi_t}{\partial w}\right)'\right)=0$$

把引理 19 的(2),(3) 代入式(19) 即得

$$\Phi_t(w+\mathrm{d}w)=$$

$$\mathrm{Re}\left\{\mathrm{d}z\,\frac{\partial^2\varphi_t}{\partial z'\partial z}\mathrm{d}z'-\frac{\partial\varphi_t}{\partial z}\left(\frac{\mathrm{d}f}{\mathrm{d}z}\right)^{-1}\begin{pmatrix}\mathrm{d}z\,\dfrac{\partial^2 f_1}{\partial z'\partial z}\mathrm{d}z'\\ \vdots\\ \mathrm{d}z\,\dfrac{\partial^2 f_n}{\partial z'\partial z}\mathrm{d}z'\end{pmatrix}+\right.$$

$$\left.\mathrm{d}z\,\frac{\partial^2\varphi_t}{\partial z'\partial\overline{z}}\mathrm{d}\overline{z}'\right\}+o(|\,\mathrm{d}w\,|^2)$$

现在 $\varphi_t(z)=z\overline{z}'-t^2$,所以

$$\frac{\partial\varphi_t}{\partial z_j}=\overline{z}_j,\frac{\partial^2\varphi_t}{\partial z_j\partial z_k}=0,\frac{\partial^2\varphi_t}{\partial z_j\partial\overline{z}_k}=\delta_{jk}$$

因而

$$\frac{\partial^2\varphi_t}{\partial z'\partial z}=0,\frac{\partial^2\varphi_t}{\partial z'\partial\overline{z}}=I_n$$

于是有

$$\Phi_t(\boldsymbol{w}+\mathrm{d}\boldsymbol{w})=$$

$$\mathrm{Re}\left\{|\mathrm{d}\boldsymbol{z}|^2-\bar{\boldsymbol{z}}\left(\frac{\mathrm{d}f}{\mathrm{d}\boldsymbol{z}}\right)^{-1}\begin{pmatrix}\mathrm{d}\boldsymbol{z}\dfrac{\partial^2 f_1}{\partial \boldsymbol{z}'\partial \boldsymbol{z}}\mathrm{d}\boldsymbol{z}'\\ \vdots \\ \mathrm{d}\boldsymbol{z}\dfrac{\partial^2 f_n}{\partial \boldsymbol{z}'\partial \boldsymbol{z}}\mathrm{d}\boldsymbol{z}'\end{pmatrix}\right\}+o(|\mathrm{d}\boldsymbol{w}|^2)$$

因而 Ω_t 是欧氏凸的充分必要条件为

$$\mathrm{Re}\left\{|\mathrm{d}\boldsymbol{z}|^2-\bar{\boldsymbol{z}}\left(\frac{\mathrm{d}f}{\mathrm{d}\boldsymbol{z}}\right)^{-1}\begin{pmatrix}\mathrm{d}\boldsymbol{z}\dfrac{\partial^2 f_1}{\partial \boldsymbol{z}'\partial \boldsymbol{z}}\mathrm{d}\boldsymbol{z}'\\ \vdots \\ \mathrm{d}\boldsymbol{z}\dfrac{\partial^2 f_n}{\partial \boldsymbol{z}'\partial \boldsymbol{z}}\mathrm{d}\boldsymbol{z}'\end{pmatrix}\right\}>0 \quad (20)$$

为了把(20)写得更简洁些,我们引进如下的记号:设 $\boldsymbol{A}=(a_{ij})$,$\boldsymbol{B}=(b_{ij})$ 分别是 $m\times n$ 和 $p\times q$ 矩阵,称

$$\boldsymbol{A}\times\boldsymbol{B}=\begin{pmatrix}a_{11}\boldsymbol{B} & \cdots & a_{1n}\boldsymbol{B}\\ \vdots & & \vdots\\ a_{m1}\boldsymbol{B} & \cdots & a_{mn}\boldsymbol{B}\end{pmatrix}$$

为 $\boldsymbol{A}$ 和 $\boldsymbol{B}$ 的直积,$\boldsymbol{A}\times\boldsymbol{B}$ 是 $mp\times nq$ 矩阵. 这里我们只引进这个概念,在前面讨论典型域的核函数时,还要研究它的一些基本性质. 现在定义

$$f''(\boldsymbol{z})=\left(\frac{\partial}{\partial z_1},\cdots,\frac{\partial}{\partial z_n}\right)\times f'(\boldsymbol{z})=$$

$$\left(\frac{\partial}{\partial z_1}f'(\boldsymbol{z}),\cdots,\frac{\partial}{\partial z_n}f'(\boldsymbol{z})\right)=$$

$$\begin{pmatrix}\dfrac{\partial^2 f_1}{\partial z_1^2} & \cdots & \dfrac{\partial^2 f_1}{\partial z_n\partial z_1} & \cdots & \dfrac{\partial^2 f_1}{\partial z_1\partial z_n} & \cdots & \dfrac{\partial^2 f_1}{\partial z_n^2}\\ \vdots & & \vdots & & \vdots & & \vdots\\ \dfrac{\partial^2 f_n}{\partial z_1^2} & \cdots & \dfrac{\partial^2 f_n}{\partial z_n\partial z_1} & \cdots & \dfrac{\partial^2 f_n}{\partial z_1\partial z_n} & \cdots & \dfrac{\partial^2 f_n}{\partial z_n^2}\end{pmatrix}$$

设 $\boldsymbol{\alpha}=(\alpha_1,\cdots,\alpha_n)$,定义

$$\boldsymbol{\alpha}^2=\boldsymbol{\alpha}\times\boldsymbol{\alpha}=(\alpha_1,\cdots,\alpha_n)\times(\alpha_1,\cdots,\alpha_n)=$$
$$(\alpha_1^2,\cdots,\alpha_1\alpha_n,\cdots,\alpha_n\alpha_1,\cdots,\alpha_n^2)$$

这里 $f''(\boldsymbol{z})$ 是 $n\times n^2$ 矩阵，$\boldsymbol{\alpha}^2$ 是 $1\times n^2$ 矩阵.

在(20)中令 $\boldsymbol{\alpha}=\dfrac{\mathrm{d}\boldsymbol{z}}{|\mathrm{d}\boldsymbol{z}|}$，则 $\boldsymbol{\alpha}$ 是单位向量，而且满足 $\mathrm{Re}(\bar{\boldsymbol{z}}\boldsymbol{\alpha}')=0$. 于是(20)便可写成较为简洁的形式

$$\mathrm{Re}\{1-\bar{\boldsymbol{z}}(f'(\boldsymbol{z}))^{-1}f''(\boldsymbol{z})(\boldsymbol{\alpha}^2)'\}>0 \qquad (21)$$

这样，我们已经证明了如下定理：

定理16 设 $f:B_n\to\mathbf{C}^n$ 是双全纯映射，$f(\mathbf{0})=\mathbf{0}$，那么 $f(B_n)$ 是欧氏凸的充分必要条件是，对每一个 $\boldsymbol{z}\in B_n$ 及满足 $\mathrm{Re}(\bar{\boldsymbol{z}}\boldsymbol{\alpha}')=0$ 的单位向量 $\boldsymbol{\alpha}$，有

$$\mathrm{Re}\{1-\bar{\boldsymbol{z}}(f'(\boldsymbol{z}))^{-1}f''(\boldsymbol{z})(\boldsymbol{\alpha}^2)'\}>0$$

下面看一个例子.

例3 如果 $\eta\in\mathbf{C}$，$|\eta|<\dfrac{1}{2}$，那么

$$f(\boldsymbol{z})=(z_1+\eta z_2^2,z_2,\cdots,z_n)$$

是 B_n 上的凸映射.

解 事实上，$f^{-1}(\boldsymbol{z})=(z_1-\eta z_2^2,z_2,\cdots,z_n)$ 它是双全纯的，且 $f(\mathbf{0})=\mathbf{0}$，容易算出

$$f'(\boldsymbol{z})=\begin{pmatrix}1 & 2\eta z_2 & 0 & \cdots & 0\\ 0 & 1 & 0 & \cdots & 0\\ \vdots & \vdots & \vdots & & \vdots\\ 0 & 0 & 0 & \cdots & 1\end{pmatrix}$$

$$(f'(\boldsymbol{z}))^{-1}=\begin{pmatrix}1 & -2\eta z_2 & 0 & \cdots & 0\\ 0 & 1 & 0 & \cdots & 0\\ \vdots & \vdots & \vdots & & \vdots\\ 0 & 0 & 0 & \cdots & 1\end{pmatrix}$$

$$f''(z)=\begin{pmatrix}0&\cdots&0&0&2\eta&\cdots&0&\cdots&0&\cdots&0\\0&\cdots&0&0&0&\cdots&0&\cdots&0&\cdots&0\\\vdots&&\vdots&\vdots&\vdots&&\vdots&&\vdots&&\vdots\\0&\cdots&0&0&0&\cdots&0&\cdots&0&\cdots&0\end{pmatrix}$$

所以

$$\overline{\boldsymbol{z}}(f'(\boldsymbol{z}))^{-1}f''(\boldsymbol{z})(\boldsymbol{\alpha}^2)'=$$

$$(\overline{z}_1,-2\eta\overline{z}_1z_2+\overline{z}_2,\overline{z}_3,\cdots,\overline{z}_n)\begin{pmatrix}2\eta\alpha_2^2\\0\\\vdots\\0\end{pmatrix}=2\eta\overline{z}_1\alpha_2^2$$

因而

$$|\overline{\boldsymbol{z}}(f'(\boldsymbol{z}))^{-1}f''(\boldsymbol{z})(\boldsymbol{\alpha}^2)'|<1$$

由定理 16，f 是 B_n 上的凸映射.

作为定理 14 和定理 16 的一个应用，史济怀给出球和多圆柱不全纯等价的一个新证明.

定理 17 多圆柱 U^n 和球 B_n 不全纯等价.

证明 如果 U^n 和 B_n 全纯等价，那么存在 U^n 上的双全纯映射 f，使得 $f(U^n)=B_n$. 由于 U^n 是可递的，不妨设 $f(\mathbf{0})=\mathbf{0}$. 因为 B_n 是凸的，由定理 14，f 可写为

$$f(\boldsymbol{z})=(g_1(z_1),\cdots,g_n(z_n))\boldsymbol{T}$$

这里 $\boldsymbol{T}$ 是 n 阶非奇异方阵，$g_j(z_j)(j=1,\cdots,n)$ 是单位圆盘 $|z_j|<1$ 上的凸映射. 考虑

$$\varphi^{(1)}(\boldsymbol{z})=(z_1,z_2,\cdots,z_n+\eta z_1^2),\ |\eta|<\frac{1}{2}$$

由例 3，$\varphi^{(1)}$ 是 B_n 上的凸映射，因而 $\varphi^{(1)}\circ f$ 是 U^n 上的凸映射. 再用定理 14 得

$$(\varphi^{(1)}\circ f)(\boldsymbol{z})=(h_1^{(1)}(z_1),\cdots,h_n^{(1)}(z_n))\boldsymbol{S}^{(1)}$$

这里 $\boldsymbol{S}^{(1)}$ 是 n 阶非异方阵，$h_j^{(1)}(z_j)$ 是 $|z_j|<1$ 上的凸

映射. 由此得

$$(h_1^{(1)}(z_1),\cdots,h_n^{(1)}(z_n))\boldsymbol{S}^{(1)}=$$
$$(f_1,f_2,\cdots,f_n+\eta f_1^2)=$$
$$(f_1,\cdots,f_n)+(0,\cdots,0,\eta f_1^2)$$

即

$$(h_1^{(1)}(z_1),\cdots,h_n^{(1)}(z_n))\boldsymbol{S}^{(1)}-(g_1(z_1),\cdots,g_n(z_n))\boldsymbol{T}=$$
$$(0,\cdots,0,\eta f_1^2)$$

记 $\boldsymbol{S}^{(1)}=(s_{ij}^{(1)})$,$\boldsymbol{T}=(t_{ij})$,比较两端最后一个坐标得

$$\{s_{1n}^{(1)}h_1^{(1)}(z_1)+\cdots+s_{nn}^{(1)}h_n^{(1)}(z_n)\}-$$
$$\{t_{1n}g_1(z_1)+\cdots+t_{nn}g_n(z_n)\}=$$
$$\eta(t_{11}g_1(z_1)+\cdots+t_{n1}g_n(z_n))^2$$

$t_{11},\cdots,t_{n1}$ 中至少有一个不为 0,不妨设 $t_{11}\neq 0$.

上式两端对 z_1 求导数得

$$s_{1n}^{(1)}(h_1^{(1)}(z_1))'-t_{1n}g'_1(z_1)=$$
$$2\eta(t_{11}g_1(z_1)+\cdots+t_{n1}g_n(z_n))t_{11}g'_1(z_1)$$

因为左端是 z_1 的函数,故可得

$$t_{21}=t_{31}=\cdots=t_{n1}=0$$

再考虑 $\varphi^{(2)}(\boldsymbol{z})=(z_1+\eta z_2^2,z_2,\cdots,z_n)$,由例 3,它是 B_n 上的凸映射,于是由定理 14 得

$$(\varphi^{(2)}\circ f)(\boldsymbol{z})=(h_1^{(2)}(z_1),\cdots,h_n^{(2)}(z_n))\boldsymbol{S}^{(2)}$$

和上面一样做法,即可得

$$t_{12}=t_{32}=\cdots=t_{n2}=0$$

相继考虑

$$\varphi^{(3)}(\boldsymbol{z})=(z_1,z_2+\eta z_3^2,\cdots,z_n)$$
$$\vdots$$
$$\varphi^{(n)}(\boldsymbol{z})=(z_1,z_2,\cdots,z_{n-1}+\eta z_n^2,z_n)$$

它们都是 B_n 上的凸映射,再用定理 14,即可得

$$\boldsymbol{T}=\begin{pmatrix} t_{11} & & & \\ & t_{22} & & \\ & & \ddots & \\ & & & t_{nn} \end{pmatrix}$$

所以

$$f(\boldsymbol{z})=(t_{11}g_1(z_1),\cdots,t_{nn}g_n(z_n))$$

它当然不可能把 U^n 映为 B_n.

§16　Schwarz 引理的重要性

1　The Schwarz Lemma in B

Definition 8. The familiar classical Schwarz lemma deals with functions defined in the open unit disc $U \subseteq C$, and asserts the following:

(a) *If $f: U \to U$ is holomorphic, then $|f'(0)| < 1$, except when $f(\lambda) = c\lambda$ for some $c \in C$ with $|c| = 1$;*

(b) *If also $f(0) = 0$, then $|f(\lambda)| < |\lambda|$ for every $\lambda \in U \setminus \{0\}$, except when $f(\lambda) = c\lambda$, as in* (a).

As we shall see, this implies a variety of analogous results in several variables. Our first example concerns holomorphic maps of one balanced region into another; a set $E \in \mathbf{C}^n$ is said to be balanced if $\lambda z \in E$ whenever $z \in E$ and $\lambda \in C$, $|\lambda| \leqslant 1$. This terminology is customary in functional analysis. Balanced open sets in $\mathbf{C}^n$ are also known as *star-shaped circular regions*. *Note that every balanced region is a neighborhood of the origin.*

Theorem 18. *Suppose that:*

(ⅰ) *Ω_1 and Ω_2 are balanced regions in $\mathbf{C}^n$ and $\mathbf{C}^m$ respectively;*

(ⅱ) *Ω_2 is convex and bounded;*

(ⅲ) *$F:\Omega_1 \to \Omega_2$ is holomorphic.*

Then:

(a) *$F'(0)$ maps Ω_1 into Ω_2;*

(b) *$F(r\Omega_1) \subseteq r\Omega_2 \ (0 < r \leqslant 1)$ if $F(0) = 0$.*

Recall that $F'(0)$ is a linear operator carrying $\mathbf{C}^n$ into $\mathbf{C}^m$.

Proof. The assumptions made on Ω_2 show that $\mathbf{C}^m$ may be regarded as a Banach space Y whose unit ball is Ω_2. The corresponding norm is

$$\| w \| = \inf\{c > 0 \mid c^{-1}w \in \Omega_2\} \tag{1}$$

Fix $z \in r\Omega_1$, where $0 < r \leqslant 1$. Since Ω_1 is open, $z \in t\Omega_1$ for some $t < r$. Let L be a linear functional on Y, of norm 1. Then

$$g(\lambda) = LF(\lambda t^{-1} z) \tag{2}$$

defines a holomorphic map g of U into U. By the chain rule

$$g'(0) = LF'(0)t^{-1}z \tag{3}$$

Since $| g'(0) | \leqslant 1$, by Definition 8(a), and since this holds for every L of norm 1, the Hahn-Banach theorem implies that

$$\| F'(0)t^{-1}z \| \leqslant 1 \tag{4}$$

Thus $F'(0)z \in t\bar{\Omega}_2 \subseteq r\Omega_2$. This proves (a).

If also $F(0) = 0$ and g is given by (2), then $g(0) = 0$, hence $| g(\lambda) | \leqslant | \lambda |$, and (b) follows by the same argument that gave (a).

Remark. If Ω_1 is also convex and bounded, then $\mathbf{C}^n$ is a Banach space X with unit ball Ω_1, and (a) asserts that $F'(0):X \to Y$ is a linear operator of norm at most 1. By analogy with the classical Schwarz lemma, one may ask whether F must then be linear whenever $\| F'(0) \| = 1$. This is not so when $n > 1$, even in the case $\Omega_1 = B_n, \Omega_2 = B_m$; we shall see this in Example 1. But the linearity of F does follow if $F'(0)$ is assumed to be an isometry:

Theorem 19. *If $F: B_n \to B_m$ is holomorphic and $F'(0)$ is an isometry of $\mathbf{C}^n$ into $\mathbf{C}^m$, then $F(z) = F'(0)z$ for all $z \in B_n$.*

Proof. Put $F'(0) = A, F(0) = a, G = \varphi_a \circ F$, where $\varphi_a \in \text{Aut}(B_m)$. We claim that $a = 0$.

If $z \in B_n$ and $w = Az$, the chain rule gives

$$G'(0)z = \varphi'_a(a)w \tag{5}$$

By hypothesis, $|w| = |Az| = |z|$. By Theorem 18, $|G'(0)z| \leqslant |z|$. Hence

$$|s^{-2}Pw + w^{-1}Qw| \leqslant |w| = |Pw + Qw| \tag{6}$$

where $s = (1 - |a|^2)^{\frac{1}{2}}$ and $Pw \perp Qw$. This can only happen when $s = 1$, i. e., $a = 0$.

Thus $F(0) = 0$, hence $|F(z)| \leqslant |z|$, by Theorem 18.

Pick $\zeta \in \mathbf{C}^n$, $|\zeta| = 1$, and define

$$h(\lambda) = \langle F(\lambda\zeta), A\zeta \rangle, \lambda \in U \tag{7}$$

Then h is a holomorphic map of U into U with $h'(0) = |A\zeta|^2 = 1$, so that $h(\lambda) = \lambda$, or

$$\langle \lambda^{-1}F(\lambda\zeta), A\zeta \rangle = 1, 0 < |\lambda| < 1 \tag{8}$$

Since $|F(\lambda\zeta)| \leqslant |\lambda|$, the left side of (8) is the inner product of two vectors in B_m. This can only be 1

when the two vectors are equal(and have norm 1). Hence $F(\lambda\zeta) = \lambda A\zeta$, which gives the desired conclusion, since A is linear.

As in the case in one variable, part (b) of the Schwarz lemma can be generalized by applying automorphisms to both the domain and the range of F:

Theorem 20. *If* $F: B_n \to B_m$ *is holomorphic*, $a \in B_n$, *and* $F(a) = b$, *then*

$$|\varphi_b(F(z))| \leqslant |\varphi_a(z)|, z \in B_n \tag{9}$$

Equivalently

$$\frac{|1-\langle F(z),F(a)\rangle|^2}{(1-|F(z)|^2)(1-|F(a)|^2)} \leqslant \frac{|1-\langle z,a\rangle|^2}{(1-|z|^2)(1-|a|^2)} \tag{10}$$

It is of course understood that $\varphi_a \in \mathrm{Aut}(B_n)$ and $\varphi_b \in \mathrm{Aut}(B_m)$. Assertion (9) can be stated in geometric terms: F maps each ellipsoid $E(a,\varepsilon)$ into the ellipsoid $E(F(a),\varepsilon)$.

Proof. Since $\varphi_b \circ F \circ \varphi_a$ maps B_n into B_m and takes 0 to 0, Theorem 18 shows that

$$|\varphi_b(F(\varphi_a(z)))| \leqslant |z|$$

which gives (9) if z is replaced by $\varphi_a(z)$. If we square (9), subtract from 1, we obtain(10).

Note. If $m = n$ and $F \in \mathrm{Aut}(B_n)$, then equality holds in (10). To see this, apply (10) to F^{-1} as well as to F.

Example 1. (i) Suppose $f: B_n \to U$ is holomorphic. Then $f'(0)$ is the linear functional that takes $z \in B_n$ to

$$\sum_{k=1}^{n}(D_k f)(0)z_k \tag{11}$$

which lies in U, by Theorem 18 with $m=1$. It follows that

$$\sum_{k=1}^{n}|(D_k f)(0)|^2 \leqslant 1 \tag{12}$$

(ii) Suppose $F: U \to B_m$ is holomorphic, $F = (f_1, \cdots, f_m)$. Then $F'(0)$ is the linear map that takes $\lambda \in U$ to the vector

$$(f'_1(0)\lambda, \cdots, f'_m(0)\lambda) \tag{13}$$

in B_m, by Theorem 18 with $n=1$. Hence

$$\sum_{i=1}^{m}|f'_i(0)|^2 \leqslant 1 \tag{14}$$

(iii) As regards the remark that precedes Theorem 19, we shall now see that the extremal functions related to the Schwarz lemma need not be unique, even in the simplest case $\Omega_1 = B_2, \Omega_2 = U$.

The power series

$$1-\sqrt{1-t} = \sum_{k=1}^{\infty} c_k t^k, \ |t| < 1 \tag{15}$$

has $c_k > 0$ for all k. Let the functions g_k be arbitrary members of $H^\infty(B_2)$, subject only to the inequality $\| g_k \|_\infty \leqslant c_k$, and define

$$f(z,w) = z + w^2 g_1(z,w) + w^4 g_2(z,w) + w^6 g_3(z,w) + \cdots \tag{16}$$

If $|z|^2 + |w|^2 < 1$, it follows that

$$|f(z,w)| \leqslant |z| + 1 - \sqrt{1-|w|^2} < 1 \tag{17}$$

Every f given by (16) is thus a holomorphic

map of B_2 into U.

If $h \in H^{\infty}(B_2)$ and $\| h \|_{\infty} \leqslant 1$, Theorem 18(a) implies that $\| h'(0) \| \leqslant 1$. Equality holds for every f of the form (16), since $f'(0)e_1 = 1$ and $f'(0)e_2 = 0$.

If $h \in H^{\infty}(B_2)$, $\| h \|_{\infty} \leqslant 1$, and $h(0,0) = 0$, Theorem 18(b) implies that $| h(z,0) | \leqslant | z |$; again, equality holds for every f given by(16).

Simple examples of (16) are

$$z + \frac{1}{2}w^2 \text{ or } z + 1 - \sqrt{1 - w^2} \tag{18}$$

2 Fixed-Point Sets in *B*

We saw that the fixed-point sets of automorphisms of B are affine. Theorem 22 will show that this property is shared by all holomorphic maps of B into B. But we first consider a somewhat more general situation.

Definition 9. Let Ω be a balanced, convex, bounded region in $\mathbf{C}^n$. As pointed out in the proof of Theorem 18, $\mathbf{C}^n$ may then be regarded as a Banach space X whose unit ball is Ω. We say that Ω is strictly convex if to every linear functional L on X, with $\| L \| = 1$, corresponds just one $z \in \overline{\Omega}$(the closure of Ω) such that $Lz = 1$.

Evidently, B is strictly convex.

Theorem 21(Rudin). *Let Ω be a balanced, bounded, strictly convex region in $\mathbf{C}^n$. If $F:\Omega \to \Omega$ is holomorphic and $F(0) = 0$, then F and the linear operator $F'(0)$ fix* *the same points of* Ω.

Proof. Let X be the Banach space whose unit ball is Ω. We shall use $\| \cdot \|$ for the norm in X, for the corresponding norms of linear functionals on X, and for the norms of linear operators on X.

Put $F'(0) = A$. By Theorem 18

$$\| A \| \leqslant 1 \text{ and } \| F(z) \| \leqslant \| z \|, z \in \Omega \quad (19)$$

Fix $z \in \Omega, z = ru$, where $0 < r < 1$, $\| u \| = 1$. By the Hahn-Banach theorem, there is a linear functional L on X with

$$\| L \| = 1, Lu = 1 \quad (20)$$

Put

$$g(\lambda) = LF(\lambda u), \lambda \in U \quad (21)$$

Then $g: U \to U$ is holomorphic, $g(0) = 0$, and $g'(0) = LAu$.

If $F(z) = z$, then $g(r) = L(ru) = r$, hence $g(\lambda) = \lambda$ for all λ, hence $g'(0) = 1$. Thus $LAu = 1$. The strict convexity of Ω, combined with (20), implies now that $Au = u$. Hence $Az = z$.

Conversely, assume $Az = z$. Then $g'(0) = Lu = 1$, hence $g(r) = r$, or

$$L(r^{-1} F(ru)) = 1 \quad (22)$$

By (19), $\| r^{-1} F(ru) \| \leqslant 1$. The strict convexity of Ω, combined with (20) and (22), implies now that $r^{-1} F(ru) = u$, hence $F(z) = z$.

Theorem 22(Rudin). *If* $F: B \to B$ *is holomorphic, then the fixed-point set* E *of* F *is affine.*

Proof. Suppose $a \in E$, and let E_a denote the

fixed-point set of $\varphi_a \circ F \circ \varphi_a$. Then $0 \in E_a$, and Theorem 21 implies that E_a is affine. Since $E = \varphi_a(E_a)$, it follows that E is affine.

Holomorphic Retracts. A map $F: B \to B$ is said to be *a* retraction of B if $F(F(z)) = F(z)$ for every $z \in B$. The range of F is then exactly its fixed-point set. A holomorphic retract of B is, by definition, the range of some holomorphic retraction of B.

Theorem 22 thus has the following corollary.

Corollary(Suffridge). *The holomorphic retracts of B are exactly the affine subsets of B.*

Indeed, if $E \subseteq B$ is affine and $a \in E$, then $\varphi_a(E) = B \cap Y$, where Y is a subspace of $\mathbf{C}^n$. Let P be the orthogonal projection of $\mathbf{C}^n$ onto Y. Then $\varphi_a P \varphi_a$ is a holomorphic retraction of B onto E. The converse follows from Theorem 22.

Although the holomorphic retracts of B are thus very simple, there exist very complicated holomorphic retractions. For example, let $f \in H^\infty(B_2)$ be any one of the functions described by (16), and put $F(z,w) = (f(z,w), 0)$. Since $f(z,0) = z$, F retracts B onto the set $\{(z,0) \mid |z| < 1\}$.

3 An Extension Problem

Statement of the Problem. Suppose $1 \leqslant n < m$, and let $\Phi: B_n \to B_m$ be holomorphic. Let us say that Φ has the norm-preserving H^∞ extension property(or property(*), for brevity) if the following is true:

(*) To every $f \in H^\infty(B_n)$ corresponds a $g \in H^\infty(B_m)$ such that:

(a) $g \circ \Phi = f$;

(b) $\| g \|_\infty = \| f \|_\infty$.

The problem is: *Which Φ have property* (*)?

The reason for calling this an extension problem is quite simple. Clearly, (*) implies that Φ is one-to-one. Every $f \in H^\infty(B_n)$ corresponds therefore to a function $\tilde{f}$ on $\Phi(B_n)$ such that $\tilde{f} \circ \Phi = f$, and any g that satisfies (a) is an extension of $\tilde{f}$. The requirement (b) is of course extremely strong, and one should expect that only very special Φ's can satisfy it. Theorem 23 confirms this expectation.

If Φ has property (*) one sees very easily that $\psi \circ \Phi$ has property (*) for every $\psi \in \mathrm{Aut}(B_m)$. Theorem 23 implies therefore that every Φ with property (*) has affine range.

Theorem 23. *For a holomorphic map $\Phi: B_n \to B_m$ with $\Phi(0) = 0$, the following are equivalent*:

(i) *Φ has property* (*);

(ii) *Φ is a linear isometry*;

(iii) *There is a multiplicative linear operator*

$$E: H^\infty(B_n) \to H^\infty(B_m)$$

such that $(Ef) \circ \Phi = f$ for every $f \in H^\infty(B_n)$.

Proof. Assume (i). Pick $\zeta \in \mathbf{C}^n$, $|\zeta| = 1$, and put $f(z) = \langle z, \zeta \rangle$. Then $f \in H^\infty(B_n)$, $\| f \|_\infty = 1$. Hence there is a $g \in H^\infty(B_m)$, with $\| g \|_\infty = 1$, such that $g(\Phi(z)) = \langle z, \zeta \rangle$. With $z = \lambda\zeta$, this becomes

$$g(\Phi(\lambda\zeta)) = \lambda, \lambda \in U \tag{23}$$

Since $\Phi(0) = 0$, differentiation of (23) gives

$$g'(0)\Phi'(0)\zeta = 1 \tag{24}$$

By Theorem 18, $\Phi'(0)\zeta \in \overline{B}_m$ and $g'(0)$ is a linear functional on $\mathbf{C}^m$, of norm at most 1. Hence (24) implies that $\Phi'(0)\zeta$ is a unit vector in $\mathbf{C}^m$ for every unit vector ζ in $\mathbf{C}^n$. This says that $\Phi'(0)$ is an isometry, hence $\Phi(z) = \Phi'(0)z$, by Theorem 19. Thus(i) implies (ii).

If (ii) holds, then $\Phi(z) = Az$, where A is a linear isometry of $\mathbf{C}^n$ onto a subspace Y of $\mathbf{C}^m$. Let P be the orthogonal projection of $\mathbf{C}^m$ onto Y, and define

$$(Ef)(w) = f(A^{-1}Pw), w \in B_m \tag{25}$$

for all $f \in H^\infty(B_n)$. (Note that A^{-1} is linear and well-defined on the range of P, and that P maps B_m onto $Y \cap B_m$.) It is clear that E is linear and multiplicative; also, $(Ef) \circ \Phi = f$, because $A^{-1}P\Phi(z) = z$. Thus (ii) implies (iii).

Finally, assume (iii). Since E is multiplicative

$$Ef = E(f \cdot 1) = (Ef) \cdot (E1)$$

hence $E1 = 1$. (Note that $Ef \equiv 0$ implies $f \equiv 0$.) If $fg = 1$, it follows that

$$(Ef) \cdot (Eg) = E(fg) = 1$$

Thus Ef is invertible in $H^\infty(B_m)$ whenever f is invertible in $H^\infty(B_n)$. It follows that the sets $f(B_n)$ and $(Ef)(B_m)$ have the same closures in C. In particular, $\| Ef \|_\infty = \| f \|_\infty$. Thus (iii) implies (i).

Note: The only $f \in H^{\infty}(B_n)$ that were needed to prove the implication (i) → (ii) were the linear functions $\langle z, \zeta \rangle$.

4 The Lindelöf-Čirka Theorem

The classical theorem of Lindelöf which Čirka extended to several variables concerns the limit of a function $f \in H^{\infty}(U)$ at a single boundary point. It is thus not a theorem of Fatou type. Although Lindelöf's theorem is an elementary consequence of the maximum modulus principle, it does not seem to appear in the standard elementary texts. For this reason, a proof is included here.

Theorem 24(Lindelöf). *Suppose* $f \in H^{\infty}(U)$ *and* $\gamma: [0,1) \to U$ *is a continuous curve such that* $\gamma(t) \to 1$ *as* $t \to 1$. *If*

$$\lim_{t \to 1} f(\gamma(t)) = L \tag{26}$$

exists, then f *has nontangential limit* L *at the point* 1.

Note that there is no restriction on the manner in which $\gamma(t)$ tends to 1, except that $\gamma(t)$ must lie in U for all $t < 1$.

Proof. Without loss of generality, assume $\| f \|_{\infty} = 1$ and $L = 0$. Let Σ be the strip defined by $|\operatorname{Re} z| < 1$. Let φ be a conformal map of U onto Σ, with $\varphi(0) = 0$, such that, setting $\Gamma = \varphi \circ \gamma$, we have $\operatorname{Im} \Gamma(t) \to +\infty$ as $t \to 1$. Replace f by $F = f \circ \varphi^{-1}$. Then $F \in H^{\infty}(\Sigma)$, $|F| \leqslant 1$, $F(\Gamma(t)) \to 0$ as $t \to 1$.

Given $\delta \in (0,1)$, we have to prove that $F(x+iy) \to 0$ as $y \to +\infty$, uniformly in $|x| \leqslant 1-\delta$.

Fix ε, $0<\varepsilon<1$. Choose any $y > \operatorname{Im} \Gamma(0)$, so large that $|F(\Gamma(t))| < \varepsilon$ whenever $\operatorname{Im} \Gamma(t) \geqslant y$. We claim that then

$$|F(x+iy)| \leqslant \varepsilon^{\frac{\delta}{4}} \text{ if } |x| \leqslant 1-\delta \qquad (27)$$

The theorem follows obviously from (27).

To prove (27), assume $y=0$, without loss of generality (by a vertical translation of Σ), choose t_0 so that $\operatorname{Im} \Gamma(t_0)=0$ but $\operatorname{Im} \Gamma(t)>0$ if $t_0<t<1$, let $E=\{\Gamma(t) \mid t_0 \leqslant t<1\}$, and let $\bar{E}$ be the reflection of E in the real axis. Then $E \cup \bar{E}$ intersects the real axis in a unique point x_0.

Assume $x_0 < x \leqslant 1-\delta$. Define

$$G_\eta(z)=\frac{F(z)\,\overline{F(\bar{z})}\varepsilon^{\frac{1+z}{2}}}{1+\eta(1+z)}, z \in \Sigma \qquad (28)$$

where η is a positive parameter. Then $G_\eta \in H^\infty(\Sigma)$. On E, $|F(z)|<\varepsilon$; on $\bar{E}$, $\overline{|F(\bar{z})|}<\varepsilon$; hence $|G_\eta|<\varepsilon$ on $E \cup \bar{E}$. On the right edge of Σ, the boundary values of $|G_\eta|<\varepsilon$. When $|\operatorname{Im} z|$ is sufficiently large, then $|G_\eta(z)|<\varepsilon$, because of the denominator in (28). These facts imply that $|G_\eta(x)|<\varepsilon$, by the maximum modulus principle, applied to G_η in the component of $\Sigma \backslash (E \cup \bar{E})$ that contains x. Letting $\eta \to 0$, we obtain therefore

$$|F(x)|^2 \leqslant \varepsilon \cdot \varepsilon^{-\frac{1+x}{2}}=\varepsilon^{\frac{1-x}{2}} \leqslant \varepsilon^{\frac{\delta}{2}}$$

since $1-x \geqslant \delta$.

If $-1+\delta \leqslant x \leqslant x_0$, replace $1+z$ by $1-z$ in

(28); this leads to the same conclusion.

Thus (27) holds, and the proof is complete.

Remark. We stated in Lindelöf's theorem in the disc U but proved it in the strip Σ. Other conformal maps will of course transfer the theorem to other regions in C.

For example, let $\Pi_\alpha = \{z = re^{i\theta} \mid r > 0, |\theta| < \alpha\}$. If $f \in H^\infty(\Pi_\alpha)$, $f \to L$ along some curve γ_0 in Π_α that approaches 0, and $\beta < \alpha$, then f tends to L along every curve γ that approaches 0 within Π_β.

Approach Curves in *B*. A curve in B that approaches a point $\zeta \in S$ will be called a ζ-curve. More precisely, a ζ-curve is a continuous map $\Gamma : [0, 1) \to B$ such that $\Gamma(t) \to \zeta$ as $t \to 1$. Usually, however, it will not be necessary to refer to any parametrization.

With each ζ-curve Γ we associate its orthogonal projection

$$\gamma = \langle \Gamma, \zeta \rangle \zeta \tag{29}$$

into the complex line through 0 and ζ. Then $(\Gamma - \gamma) \perp \gamma$, so that

$$|\Gamma - \gamma|^2 + |\gamma|^2 = |\Gamma|^2 \tag{30}$$

Since $|\Gamma| < 1$, (30) implies

$$\frac{|\Gamma - \gamma|^2}{1 - |\gamma|^2} < 1 \tag{31}$$

As ζ-curve Γ is said to special if

$$\lim_{t \to 1} \frac{|\Gamma(t) - \gamma(t)|^2}{1 - |\gamma(t)|^2} = 0 \tag{32}$$

and is said to be restricted if it satisfies both (32)

and

$$\frac{|\gamma(t)-\zeta|}{1-|\gamma(t)|}\leqslant A, 0\leqslant t<1 \tag{33}$$

for some $A<\infty$.

The restricted ζ-curves Γ are thus the special ones whose projection γ is nontangential.

There is a simple relation between restricted ζ-curves and the Korányi regions $D_\alpha(\zeta)$. Recall that $z\in D_\alpha(\zeta)$ precisely when

$$|1-\langle z,\zeta\rangle|<\frac{\alpha}{2}(1-|z|^2) \tag{34}$$

Assume that Γ satisfies (33), and also (31), but with some $c<1$ in place of 1. Then (30) leads to

$$1-|\Gamma|^2=1-|\gamma|^2-|\Gamma-\gamma|^2>(1-c)(1-|\gamma|^2)$$

and (33) shows that

$$|1-\langle\Gamma,\zeta\rangle|=|\langle\zeta-\gamma,\zeta\rangle|\leqslant|\zeta-\gamma|\leqslant A(1-|\gamma|)$$

Thus

$$\frac{|1-\langle\Gamma,\zeta\rangle|}{1-|\Gamma|^2}<\frac{A}{(1-c)(1+|\gamma|)} \tag{35}$$

which tends to $\frac{A}{2(1-c)}$ as $t\to 1$.

We conclude: If $\alpha>\frac{A}{1-c}$, then Γ lies in $D_\alpha(\zeta)$ eventually; that is to say, $\Gamma(t)\in D_\alpha(\zeta)$ for all t that are sufficiently close to 1.

If (31) is replaced by (32), the above holds for arbitrarily small c. Thus:

Every restricted ζ-curve Γ satisfying (33) lies eventually in $D_\alpha(\zeta)$, for all $\alpha>A$.

Conversely, every ζ-curve Γ that lies in $D_\alpha(\zeta)$ satisfies (33) with $A=\alpha$.

We shall say that a function $f: B \to C$ has restricted K-limit L at ζ if $\lim f(\Gamma(t))=L$ as $t \to 1$, for every restricted ζ-curve Γ.

The preceding discussion shows that this happens whenever f has a K-limit at ζ. However, an $f \in H^\infty(B)$ may have a restricted K-limit at a point ζ, without having a K-limit at ζ. The simplest example of this is probably given by the function

$$f(z,w)=\frac{w^2}{1-z^2} \tag{36}$$

which is in $H^\infty(B_2)$, has restricted K-limit 0 at (1, 0), but fails to have a K-limit there, since

$$f(t, c\sqrt{1-t^2})=c^2, 0 \leqslant t<1 \tag{37}$$

for every $c \in U$. The expansion of (36), namely

$$f(z,w)=\sum_{k=1}^{\infty} z^{2k} w^2 \tag{38}$$

is a very simple example of a power series that converges absolutely at every point of S although the convergence is not uniform.

Theorem 25(Čirka). *Suppose* $f \in H^\infty(B)$, $\zeta \in S$, Γ_0 *is a special* ζ*-curve, and*

$$\lim_{t \to 1} f(\Gamma_0(t))=L \tag{39}$$

Then f *has restricted* K*-limit* L *at* ζ.

Proof. Let Γ be any special ζ-curve. Fix $t \in [0, 1)$ for the moment. Since $(\Gamma-\gamma) \perp \gamma$, the point $(1-\lambda)\gamma(t)+\lambda\Gamma(t)$ lies in B whenever

$$|\gamma|^2+|\lambda|^2|\Gamma-\gamma|^2<1, \text{i. e.}$$

whenever $|\lambda|<R=R(t)$, where

$$R^2=\frac{1-|\gamma|^2}{|\Gamma-\gamma|^2} \tag{40}$$

By (31), $R>1$. Since Γ is special, $R(t)\to\infty$ as $t\to 1$.

If $|\lambda|<R$ we can define

$$g(\lambda)=f((1-\lambda)\gamma(t)+\lambda\Gamma(t)) \tag{41}$$

The Schwarz lemma, applied to $g(\lambda)-g(0)$ in the disc $\{|\lambda|<R\}$, shows that

$$|g(1)-g(0)|\leqslant\frac{2\|f\|_\infty}{R(t)} \tag{42}$$

Since $R(t)\to\infty$, we conclude from (41) and (42) that

$$\lim_{t\to 1}\{f(\Gamma(t))-f(\gamma(t))\}=0 \tag{43}$$

We now apply (43) to the given curve Γ_0 and to an arbitrary restricted ζ-curve Γ. By (39) and (43), $f(\gamma_0(t))\to L$. Since γ is nontangential, Lindelöf's theorem (applied in the disc $\{\lambda\zeta \mid \lambda\in U\}$) shows that $f(\gamma(t))\to L$. Hence $f(\Gamma(t))\to L$, by (43), and the proof is complete.

Asymptotic Values. If f is a function in B, Γ is a ζ-curve, and $f(z)$ tends to L as z tends to ζ along Γ, then L is said to be an asymptotic value of f at ζ.

Lindelöf's theorem implies that no $f\in H^\infty(U)$ can have more than one asymptotic value at any boundary point. This is false if U is replaced by B; the function f mentioned at the end of page 179 has every c with $|c|\leqslant 1$ as an asymptotic value at (1,

0), even though $|f| \leqslant 1$. But Čirka's theorem shows that we still have uniqueness if we restrict ourselves to special ζ-curves:

If $f \in H^{\infty}(B)$, $\zeta \in S$, and f tends to L_1 and L_2 along special ζ-curves Γ_1 and Γ_2, then $L_1 = L_2$.

Example 2(Nagel-Rudin). Here is an example that is a bit more ambitious than the one given at the end of page 179. It exhibits a function $f \in H^{\infty}(B_2)$ whose restricted K-limit is 0 at every point on the circle $\{(e^{i\theta}, 0) \mid -\pi \leqslant \theta \leqslant \pi\}$, but which has no K-limit at any of these points.

To do this, pick positive integers n_j and corresponding radii $r_j = 1 - \frac{1}{n_j}$, so that $n_1 = 2$

$$n_j > 10(n_1 + \cdots + n_{j-1}), j = 2, 3, 4, \cdots \tag{44}$$

and

$$n_j \exp\left\{-\frac{n_j}{n_k}\right\} < j^{-2}, 1 \leqslant k < j \tag{45}$$

Define

$$f(z, w) = w^2 g(z) = w^2 \sum_{j=1}^{\infty} n_j z^{n_j} \tag{46}$$

Since

$$n_j |z|^{n_j} < 2(n_j - n_{j-1}) |z|^{n_j} < 2 \sum |z|^m$$

where the sum extends over all m with $n_{j-1} < m \leqslant n_j$, it follows that $|g(z)| < \frac{2}{1 - |z|}$, hence $|f(z, w)| < 4$ in B_2. Thus $f \in H^{\infty}(B_2)$.

Since $f(z, 0) = 0$, Čirka's theorem implies that f has restricted K-limit 0 at all points $(z, 0)$ with

$|z|=1$.

For $k\geqslant 2$, $\frac{1}{4}\leqslant\left(1-\frac{1}{k}\right)^{k}<\frac{1}{e}$. If $|z|=r_p$, it follows from (44), (45), (46) that

$$|g(z)|>\frac{n_p}{4}-\frac{n_p}{10}-\sum_{j=p+1}^{\infty}j^{-2} \tag{47}$$

Thus $|g(z)|>\frac{n_p}{20}=\frac{1}{20(1-r_p)}$ as soon as n_p is large enough, and therefore

$$|f(r_p e^{i\theta}, c\sqrt{1-r_p^2})|>\frac{|c|^2}{20} \tag{48}$$

if $|c|<1$. The points at which f is evaluated in (48) lie in $D_\alpha(e^{i\theta},0)$ when $\alpha>\frac{2}{1-|c|^2}$. Hence f has no K-limit at $(e^{i\theta},0)$

Example 3. Fix a constant $c>\frac{1}{2}$ and define f in B_2 by

$$f(z,w)=(1-z)^{-c}w \tag{49}$$

Then $f\notin H^\infty(B_2)$, but $f\in H^p(B_2)$ for all $p<\frac{4}{2c-1}$. If $\frac{1}{2}<\delta<c$ and

$$\Gamma(t)=(t,(1-t)^\delta),0\leqslant t<1 \tag{50}$$

then Γ tends to $(1,0)$ restrictedly, and

$$f(\Gamma(t))=(1-t)^{\delta-c}\to\infty \tag{51}$$

Since $f(z,0)=0$, we see that f has no restricted K-limit at $(1,0)$.

Take a point $(a,b)\in S$, $a\neq 1$, and consider the rectilinear path

$$\Gamma(t)=(t+(1-t)a,(1-t)b) \tag{52}$$

from (a,b) to $(1,0)$. On this path

$$f(\Gamma(t))=\frac{b}{(1-a)^c}\cdot(1-t)^{1-c} \tag{53}$$

When $c<1$, this tends to 0 as $t\to 1$. Thus all "rectilinear limits" of f at $(1,0)$ are 0. In fact, $f(z,w)\to 0$ as $(z,w)\to(1,0)$ within any cone in B whose vertex is at $(1,0)$, although (as we saw above) the restricted K-limit of f does not exist there.

When $c=1$, then $f(z,w)=\frac{w}{1-z}$, and (53) shows that f is constant on each of the lines (52). All rectilinear limits of f exist therefore at $(1,0)$, but they are not equal. In fact, they cover C.

By Čirka's theorem, no $f\in H^\infty(B)$ can behave in this way.

It will be clear from the proof that the hypotheses could be varied considerably, but it seems best to stick to a simple statement.

Theorem 26. *Suppose* $f\in H(B)$, $\zeta\in S$, f *is bounded in every region* $D_\alpha(\zeta)$, *and the radial limit of* f *exists at* ζ. *Then the restricted K-limit of* f *exists at* ζ.

Proof. Let $\gamma_0(t)=t\zeta$, $0\leqslant t<1$, and let Γ be any restricted ζ-curve, with projection γ. Then γ is nontangential. Lindelöf's theorem shows therefore that f has the same limit along γ and γ_0. It is thus enough to prove that

$$\lim_{t\to 1}\{f(\Gamma(t))-f(\gamma(t))\}=0 \tag{54}$$

We saw that $\Gamma(t)\in D_\alpha(\zeta)$ eventually, for some α. Choose $\beta>\alpha$. A slight modification of the proof of Theorem 25 shows that $(1-\lambda)\gamma+\lambda\Gamma\in D_\beta$ whenever $|\lambda|<R=R(t)$, where

$$R^2=\frac{1-|\gamma|^2-\left(\frac{2}{\beta}\right)|1-\gamma|}{|\Gamma-\gamma|^2} \tag{55}$$

If $\Gamma(t)\in D_\alpha$, then $|1-\gamma|<\frac{\alpha}{2}(1-|\gamma|^2)$, so that

$$R^2>\frac{\beta-\alpha}{\beta}\cdot\frac{1-|\gamma|^2}{|\Gamma-\gamma|^2} \tag{56}$$

which tends to ∞ as $t\to 1$, since Γ is special.

Now define $g(\lambda)=f((1-\lambda)\gamma+\lambda\Gamma)$ for $|\lambda|<R$, use the fact that f is bounded in D_β, and estimate $g(1)-g(0)$ by the Schwarz lemma, as in the proof of Theorem 25. This leads to (54).

5 The Julia-Carathéodory Theorem

In the present section, the following one-variable facts will be generalized to holomorphic maps from one ball into another:

Suppose $f: U\to U$ is holomorphic. If there is some sequence $\{z_i\}$ in U, with $z_i\to 1$ and $f(z_i)\to 1$, along which

$$\frac{1-|f(z_i)|}{1-|z_i|}$$

is bounded, then f maps each circular disc in U that has 1 in its boundary into a disc of the same sort.

This(in a more quantitative form) is Julia's theorem. Carathéodory added that $f'(z)$ then has a nontangential positive finite limit at $z=1$.

The generalizations to several variables will be proved directly, without any reference to the theorems just mentioned. In fact, if one takes $n=1$ and $m=1$, the proofs that follow are the classical ones.

The Setting. Throughout this section, m and n will be fixed, F will be a holomorphic map of B_n into B_m, ζ will be a fixed boundary point of B_n, and we define

$$L=\liminf_{z\to\zeta}\frac{1-|F(z)|^2}{1-|z|^2} \tag{57}$$

The basic assumption we make is that $L<\infty$.

There is then a sequence $\{a_i\}$ in B_n that converges to ζ, such that

$$\lim_{i\to\infty}\frac{1-|F(a_i)|^2}{1-|a_i|^2}=L \tag{58}$$

and such that $F(a_i)$ converges to some boundary point of B_m. By unitary transformations we may choose coordinates so that $\zeta=e_1$ and $F(a_i)$ converges to e_1. (The symbol e_1 is here used with two meanings; it designates the first element in the standard basis of $\mathbf{C}^n$ as well as $\mathbf{C}^m$. It is unlikely that this will cause any confusion.)

Let $f_1,\ldots,f_m$ be the components of F.

The Schwarz lemma(Theorem 20) states that

$$\frac{|1-\langle F(z),F(a_i)\rangle|^2}{1-|F(z)|^2}\leqslant$$

$$\frac{1-|F(a_i)|^2}{1-|a_i|^2}\cdot\frac{|1-\langle z,a_i\rangle|^2}{1-|z|^2} \quad (59)$$

for all $z\in B_n$. As $i\to\infty$, $\langle z,a_i\rangle\to z_1$ and $\langle F(z),F(a_i)\rangle\to f_1(z)$. Hence (58) and (59) yield.

Julia's Theorem. *Under the above hypotheses*

$$\frac{|1-f_1(z)|^2}{1-|F(z)|^2}\leqslant L\frac{|1-z_1|^2}{1-|z|^2}, z\in B_n \quad (60)$$

One incidental consequence of (60) is that $L>0$.

The inequality (60) has an appealing geometric interpretation that involves ellipsoids: For $0<c<1$, let E_c be the set of all $z\in B_n$ that satisfy

$$\frac{|1-z_1|^2}{1-|z|^2}<\frac{c}{1-c} \quad (61)$$

Writing $z=(z_1,z')$ in the usual way, a little computing shows that (61) is the same as

$$\frac{|z_1-(1-c)|^2}{c^2}+\frac{|z'|^2}{c}<1 \quad (62)$$

Thus E_c is an ellipsoid in B_n that has e_1 as a boundary point, has its center at $(1-c)e_1$, has radius c in the e_1-plane, and has radius $\sqrt{c}$ in the directions orthogonal to e_1.

If $\frac{\gamma}{1-\gamma}=\frac{Lc}{1-c}$ and if E_γ denotes the corresponding ellipsoid in B_m, then it follows from (60) and (61) that F maps E_c into E_γ, where

$$\gamma=\frac{Lc}{1+Lc-c} \quad (63)$$

Let us now add an inessential assumption that will simplify the statements of some inequalities, namely: $F(0)=0$. Then $|F(z)|\leqslant|z|$ (Theorem 18), hence $L\geqslant 1$, and thus (63) implies the simpler statement $\gamma\leqslant Lc$.

This proves the first part of the following geometric version of Julia's theorem:

Theorem 27. *If* F *is as in page* 185 *and if also* $F(0)=0$, *then*:

(i) $F(E_c)\subseteq E_{Lc}$ *when* $0<c<\frac{1}{L}$;

(ii) $F(D_\alpha)\subseteq D_{\alpha\sqrt{L}}$ *for all* $\alpha>1$.

To prove the assertion about the Korányi regions $D_\alpha=D_\alpha(e_1)$, simply multiply the inequalities (60) and

$$\frac{1}{1-|F(z)|^2}\leqslant\frac{1}{1-|z|^2}$$

Then take square roots, to obtain

$$\frac{|1-f_1(z)|}{1-|F(z)|^2}\leqslant\sqrt{L}\cdot\frac{|1-z_1|}{1-|z|^2}<\alpha\sqrt{L}$$

if $z\in D_\alpha$.

We shall need the following relation between D_α and D_β.

Lemma 20. *Suppose* $1<\alpha<\beta,\delta=\frac{1}{3}\left(\frac{1}{\alpha}-\frac{1}{\beta}\right)$, *and* $z=(z_1,z')\in D_\alpha$.

(i) *If* $|\lambda|\leqslant\delta|1-z_1|$ *then* $(z_1+\lambda,z')\in D_\beta$;

(ii) *If* $|w'|\leqslant\delta|1-z_1|^{\frac{1}{2}}$ *then* $(z_1,z'+w')\in D_\beta$.

Proof. The condition that $z \in D_\alpha$ can be written in the form

$$|z'|^2 < 1 - |z_1|^2 - \frac{2}{\alpha}|1 - z_1| \qquad (64)$$

in which z_1 and z' are separated.

Since $|z_1| < 1$, $|\lambda| < 1$, $\beta > 1$, and $5\delta + \frac{2}{\beta} < \frac{2}{\alpha}$, we have

$$|z_1 + \lambda|^2 + \frac{2}{\beta}|1 - z_1 - \lambda| <$$

$$|z_1|^2 + 5|\lambda| + \frac{2}{\beta}|1 - z_1| <$$

$$|z_1|^2 + \frac{2}{\alpha}|1 - z_1| < 1 - |z'|^2$$

which proves (ⅰ). Since $2|z'| < 3|1 - z_1|^{\frac{1}{2}}$ for all $z \in B$, we have

$$|z' + w'|^2 \leqslant |z'|^2 + (3\delta + \delta^2)|1 - z_1| <$$

$$1 - |z_1|^2 + \left(4\delta - \frac{2}{\alpha}\right)|1 - z_1| <$$

$$1 - |z_1|^2 - \frac{2}{\beta}|1 - z_1|$$

which proves (ⅱ).

We are now ready for the generalization of Carathéodory's theorem.

Recall that $D_1, \ldots, D_n$ denote the partial derivatives with respect to $z_1, \ldots, z_n$.

Theorem 28. *Suppose* $F = (f_1, \ldots, f_m)$ *is a holomorphic map of* B_n *into* B_m, $F(0) = 0$

$$L = \liminf_{z \to e_1} \frac{1 - |F(z)|^2}{1 - |z|^2} < \infty \qquad (65)$$

and $F(a_i) \to e_1$ *for some sequence* $\{a_i\}$ *in* B_n *such that* $a_i \to e_1$ *and*

$$\lim_{i\to\infty} \frac{1-|F(a_i)|^2}{1-|a_i|^2} = L \tag{66}$$

Suppose $2 \leqslant j \leqslant m$ *and* $2 \leqslant k \leqslant n$.

The following functions are then bounded in every region $D_\alpha(e_1)$:

(i) $\dfrac{1-F_1(z)}{1-z_1}$;

(ii) $(D_1 f_1)(z)$;

(iii) $\dfrac{f_j(z)}{(1-z_1)^{\frac{1}{2}}}$;

(iv) $(1-z_1)^{\frac{1}{2}}(D_1 f_j)(z)$;

(v) $\dfrac{(D_k f_1)(z)}{(1-z_1)^{\frac{1}{2}}}$;

(vi) $(D_k f_j)(z)$.

Moreover, the functions (i), (ii) *have restricted K-limit L at* e_1 *and the functions* (iii), (iv), (v) *have restricted K-limit* 0 *at* e_1.

Corollary. *In the case* $m=n$, *the Jacobian* JF *of* F *is bounded in every region* $D_\alpha(e_1)$.

Because of its length, the proof will be divided into several steps.

Step 1. Radial Behavior. We shall first prove that

$$\lim_{x\to 1} \frac{1-f_1(xe_1)}{1-x} = L \tag{67}$$

and

$$\lim_{x\to 1} \frac{f_j(x)}{(1-x)^{\frac{1}{2}}} = 0, 2 \leqslant j \leqslant m \tag{68}$$

where it is understood that $0 < x < 1$.

Suppose that actually $1-x<\frac{1}{L}$. Put $1-x=2c$. Then xe_1 is a boundary point of E_c. By Theorem 27, $F(xe_1)$ lies in the closure of E_{Lc}. Since $2Lc < 1$, it follows that $|F(xe_1)| \geqslant 1-2Lc$, which is the same as

$$1-|F(xe_1)| \leqslant L(1-x) \tag{69}$$

Since $F(0)=0, 1+|F(x)| \leqslant 1+x$. Hence (69) implies

$$\frac{1-|F(xe_1)|^2}{1-x^2} \leqslant \frac{1-|F(xe_1)|}{1-x} \leqslant L \tag{70}$$

By the definition of L as the lower limit (65), it follows from (70) that

$$\lim_{x\to 1}\frac{1-|F(xe_1)|^2}{1-x^2}=L \tag{71}$$

To simplify the notation, we now write $w=w(x)$ for $f_1(xe_1)$. By (70) and Julia's Theorem

$$\frac{|1-w|^2}{(1-x)^2} \leqslant L\cdot\frac{1-|F(xe_1)|^2}{1-x^2} \leqslant L^2 \tag{72}$$

Since $1-|F(xe_1)| \leqslant 1-|w| \leqslant |1-w|$, we conclude from (70), (71), and (72) that

$$\lim_{x\to 1}\frac{1-|w(x)|}{1-x}=\lim_{x\to 1}\frac{|1-w(x)|}{1-x}=L \tag{73}$$

The ratio of the two numerators in (73) converges therefore to 1 as $x\to 1$. This implies that also

$$\lim_{x\to 1}\frac{1-w(x)}{1-|w(x)|}=1 \tag{74}$$

and (67) is thus a consequence of (73).

Since $w(x)\to 1$ as $x\to 1$, (67) is the same as

$$\lim_{x\to 1}\frac{1-|f_1(xe_1)|^2}{1-x^2}=L \tag{75}$$

Now (68) follows from (71) and (75), because

$$|F|^2=|f_1|^2+\cdots+|f_m|^2 \tag{76}$$

Step 2. The Functions (ⅰ) and (ⅲ). Fix $\alpha>1$, and assume $z\in D_\alpha(e_1)$ is so close to e_1 that $Lc<1$ if $c=\left(\frac{\alpha}{2}\right)|1-z_1|$.

Then $|1-z_1|^2=\left(\frac{2c}{\alpha}\right)|1-z_1|<c(1-|z|^2)$.

Since $c<\frac{c}{1-c}$, it follows that $z\in E_c$ (see (61)), hence $F(z)\in E_{Lc}$, and therefore

$$|1-f_1(z)|<2Lc=\alpha L|1-z_1| \tag{77}$$

Since (77) holds for every $z\in D_\alpha(e_1)$ that is sufficiently close to e_1, we conclude that the function $\frac{1-f_1}{1-z_1}$ is bounded in every $D_\alpha(e_1)$; by (67) and Theorem 26, its restricted K-limit at e_1 is L.

If $2\leqslant j\leqslant m$, the inclusion $F(z)\in E_{Lc}$ shows that

$$|f_j(z)|^2<Lc=\frac{1}{2}\alpha L|1-z_1| \tag{78}$$

Hence $\frac{f_j(z)}{(1-z_1)^{\frac{1}{2}}}$ is bounded in every $D_\alpha(e_1)$, and its restricted K-limit at e_1 is 0, because of (68) and Theorem 26.

Step 3. The Functions (ⅱ) and (ⅳ). These involve differentiation with respect to z_1. Suppose $1<\alpha<\beta$, choose δ as in Lemma 20, let $z\in D_\alpha$, and

put

$$r = r(z) = \delta \mid 1 - z_1 \mid \tag{79}$$

Then $(z_1 + \lambda, z') \in D_\beta$ for all λ with $|\lambda| \leqslant r$. By the Cauchy formula

$$(D_1 f_1)(z) = \frac{1}{2\pi i}\int_{|\lambda|=r} f_1(z_1 + \lambda, z')\lambda^{-2} d\lambda \tag{80}$$

The integral is unchanged if f_1 is replaced by $f_1 - 1$. Do this, then multiply and divide the integrand by $z_1 + \lambda - 1$, and put $\lambda = re^{i\theta}$, to obtain

$$(D_1 f_1)(z) = \frac{1}{2\pi}\int_{-\pi}^{\pi} \frac{1 - f_1(z_1 + re^{i\theta}, z')}{1 - (z_1 + re^{i\theta})} \cdot \left\{1 - \frac{1 - z_1}{re^{i\theta}}\right\} d\theta \tag{81}$$

The first factor in the integrand is bounded, by Step 2, since $(z_1 + re^{i\theta}, z') \in D_\beta(e_1)$. The second factor is at most $1 + \frac{1}{\delta}$, by (79). We conclude that $D_1 f_1$ is bounded in $D_\alpha(e_1)$.

When $z = xe_1$ in (81), then the second factor in the integrand is $1 - \delta^{-1}e^{-i\theta}$, and the first factor converges boundedly to L as $x \to 1$, since $x + r(x)e^{i\theta} \to 1$ nontangentially, for every θ, by (79). Hence $(D_1 f_1)(xe_1) \to L$ as $x \to 1$, by the dominated convergence theorem. Another application of Theorem 26 shows now that $D_1 f_1$ has restricted K-limit L at e_1.

If $2 \leqslant j \leqslant m$, a similar application of the Cauchy formula gives

$$(D_1 f_1)(z) = \frac{1}{2\pi}\int_{-\pi}^{\pi} \frac{f_j(z_1 + re^{i\theta}, z')}{(1 - z_1 - re^{i\theta})^{\frac{1}{2}}} \cdot$$

$$\frac{(1-z_1-re^{i\theta})}{re^{i\theta}}d\theta \tag{82}$$

from which it follows exactly as above (using Step 2 and Theorem 26) that $(1-z_1)^{\frac{1}{2}}(D_1 f_j)(z)$ is bounded in $D_\alpha(e_1)$ and that its restricted K-limit at e_1 is 0.

Step 4. The Functions (ⅴ) and (ⅵ). These involve differentiation with respect to z_k for $2 \leqslant k \leqslant n$. Without loss of generality, take $k=2$.

Suppose $1<\alpha<\beta$, choose δ as in Lemma 20, let $z \in D_\alpha(e_1)$, and put

$$\rho=\rho(z)=\delta \mid 1-z_1 \mid^{\frac{1}{2}} \tag{83}$$

Then $(z_1, z'+w') \in D_\beta(e_1)$ for all w' with $|w'| \leqslant \rho$. If we apply the Cauchy formula as in Step 3, we obtain

$$\frac{(D_2 f_1)(z)}{(1-z_1)^{\frac{1}{2}}}=-\frac{(1-z_1)^{\frac{1}{2}}}{\rho(z)} \cdot \frac{1}{2\pi}\int_{-\pi}^{\pi} \frac{1-f_1(z_1, z_2+\rho e^{i\theta}, \ldots)}{1-z_1} e^{-i\theta} d\theta \tag{84}$$

and, for $j \geqslant 2$

$$(D_2 f_j)(z)=\frac{(1-z_1)^{\frac{1}{2}}}{\rho(z)} \cdot \frac{1}{2\pi}\int_{-\pi}^{\pi} \frac{f_j(z_1, z_2+\rho e^{i\theta}, \ldots)}{(1-z_1)^{\frac{1}{2}}} e^{-i\theta} d\theta \tag{85}$$

The integrands are bounded, by the bounds of (ⅰ) and (ⅲ) in $D_\beta(e_1)$. In view of (83), the left sides of (84) and (85) are therefore bounded in $D_\alpha(e_1)$.

To finish, we have to prove that the left side of (84) has restricted K-limit 0 at e_1. By Theorem 26 it is enough to prove this for the radial limit. Moreover, it involves now no loss of generality to assume $n=2, m=1$, in which case $f_1=F$. Writing (z, w) in place of (z_1, z_2), we can expand F in the form

$$F(z,w)=f(z)+2w(1-z)^{\frac{1}{2}}g(z)+\sum_{j=2}^{\infty}g_j(z)w^j \tag{86}$$

Then $\dfrac{(D_2F)(z,0)}{(1-z)^{\frac{1}{2}}}=2g(z)$. It is therefore enough to show that

$$g(x)\to 0 \text{ as } x\nearrow 1 \tag{87}$$

We know that $\dfrac{1-f(z)}{1-z}\to L$ as $z\to 1$ nontangentially, and that g is nontangentially bounded at 1, and we make one further reduction:

If $\left|\sum_{k=0}^{\infty}c_k w^k\right|<1$ *in a certain disc with center at* 0, *then also* $\left|c_0+\frac{1}{2}c_1 w\right|<1$ *in this same disc.*

This is so because $c_0+\frac{1}{2}c_1 w$ is the arithmetic mean of the first two partial sums of the power series. If we apply this to (86), we see that (87) is a consequence of the following proposition (in which there is some redundancy in the hypotheses):

Proposition 16. *Suppose* $h: B_2\to U$ *has the form*

$$h(z,w)=f(z)+w(1-z)^{\frac{1}{2}}g(z) \tag{88}$$

where $f, g \in H(U)$, $\frac{1-f(z)}{1-z}$ *has finite nontangential limit* L *at* $z = 1$, *and* g *is nontangentially bounded at* 1. *Then*

$$g(x) \to 0 \text{ as } x \nearrow 1 \tag{89}$$

Proof. Choose $\varepsilon > 0$, put $c = \frac{L^2}{\varepsilon^2}$, let z tend to 1 along the line $z = x + ic(1-x)$. Then $1 - z = (1 - ic)(1-x)$, hence

$$|1-z| \geqslant c(1-x) \tag{90}$$

and also $1 - |z|^2 > 1 - x$ if $\frac{c^2}{1+c^2} < x < 1$, an assumption that will be made in the rest of this proof. Note that

$$f(z) = 1 - (L + o(1))(1 - ic)(1-x) \tag{91}$$

so that

$$\text{Re } f(z) = 1 - (L + o(1))(1-x) \tag{92}$$

Associate with every z under consideration a $w \in C$ with $|w|^2 = 1 - |z|^2 > 1 - x$, whose argument is so chosen that

$$w(1-z)^{\frac{1}{2}} g(z) = |w(1-z)^{\frac{1}{2}} g(z)| \geqslant$$
$$c^{\frac{1}{2}}(1-x)|g(z)| \tag{93}$$

by (90). Hence, by (92) and (93)

$$1 \geqslant \text{Re } h(z, w) \geqslant$$
$$1 + \{c^{\frac{1}{2}}|g(z)| - L - o(1)\}(1-x) \tag{94}$$

Consequently

$$\limsup_{x \to 1} |g(x + ic(1-x))| \leqslant Lc^{-\frac{1}{2}} = \varepsilon \tag{95}$$

The same estimate holds on the line $z = x - ic(1 -$

x). Since $g(z)$ is bounded as $z \to 1$ between these two lines, it follows that

$$\limsup_{x \to 1} |g(x)| \leqslant \varepsilon \tag{96}$$

which proves (89), since ε was arbitary.

We shall now show that the conclusions of Theorem 28 are optimal. The numbers (ⅰ) through (ⅵ) will refer to Theorem 28.

The first two examples will use the function

$$g(z) = \exp\left\{-\frac{\pi}{2} - \mathrm{i}\log(1-z)\right\}, z \in U \tag{97}$$

Note that $|g| < 1$ in U, and that

$$g'(z) = \frac{\mathrm{i}g(z)}{1-z} \tag{98}$$

As $z \to 1$, $g(z)$ spirals around the origin without approaching it.

Example 4. Take $n=m=2$, define $F: B_2 \to B_2$ by

$$F(z,w) = (z, wg(z)) \tag{99}$$

The hypotheses of Theorem 28 hold, with $L=1$. Since $D_1 f_1 = 1$ and $D_2 f_1 = 0$, we have

$$(JF)(z,w) = (D_2 f_2)(z,w) = g(z) \tag{100}$$

Therefore the radial limit of $D_2 f_2$ and of JF does not exist at e_1.

This dealt with (ⅵ). As regards (ⅳ)

$$(1-z)^{\frac{1}{2}}(D_1 f_2)(z,w) = \frac{\mathrm{i}w}{(1-z)^{\frac{1}{2}}} \cdot g(z) \tag{101}$$

This has no K-limit at e_1, although its restricted K-limit is 0. We see also that the boundedness assertion made about (ⅳ) becomes false if the exponent $\frac{1}{2}$ is replaced by any smaller one.

Example 5. Take $n=2, m=1$, put

$$F(z,w)=z+\frac{1}{2}w^2 g(z) \tag{102}$$

Example 1 shows that F maps B_2 into U. The hypotheses of Theorem 28 hold again with $L=1$. Since $F=f_1$, we now have

$$\frac{1-f_1(z,w)}{1-z}=1-\frac{w^2}{2(1-z)}\cdot g(z) \tag{103}$$

$$(D_1 f_1)(z,w)=1+\frac{\mathrm{i}w^2}{2(1-z)}\cdot g(z) \tag{104}$$

$$\frac{(D_2 f_1)(z,w)}{(1-z)^{\frac{1}{2}}}=\frac{w}{(1-z)^{\frac{1}{2}}}\cdot g(z) \tag{105}$$

Hence (ⅰ), (ⅱ) *and* (ⅴ) *need have no K-limit at* e_1, *and the boundedness assertion made about* (ⅴ) *becomes false if* $\frac{1}{2}$ *is replaced by any larger exponent.*

Example 6. This will show that the exponent $\frac{1}{2}$ is best possible in (ⅲ).

Take $n=1, m=2$. Pick $\varepsilon>0$, put

$$h(z)=\frac{1}{2\pi}\int_{-\pi}^{\pi}\frac{\mathrm{e}^{\mathrm{i}\theta}+z}{\mathrm{e}^{\mathrm{i}\theta}-z}\mid\theta\mid^{1+\varepsilon}\mathrm{d}\theta \tag{106}$$

and note that h lies in the disc algebra, that $h(1)=0$, and that $\mathrm{Re}\,h(z)>0$ for all other $z\in\overline{U}$.

Put $c=\frac{1}{2}\pi^{1+\varepsilon}$ and define $F=(f_1,f_2)$ by

$$f_1(z)=z\mathrm{e}^{-\mathrm{ch}(z)},\ f_2(z)=c^{\frac{1}{2}}(1-z)^{\frac{1+\varepsilon}{2}}z \tag{107}$$

Let $u = \mathrm{Re}[ch]$. Since $|1-e^{i\theta}| \leqslant |\theta|$ if $|\theta| \leqslant \pi$, we have $|f_2|^2 \leqslant u$ on the unit circle, hence $|f_2|^2 \leqslant u$ in U, because $|f_2|^2$ is subharmonic. Therefore

$$|f_1|^2 + |f_2|^2 \leqslant u + e^{-2u} < 1 \qquad (108)$$

in U; the last inequality holds because $0 < u < \frac{1}{2}$ by our choice of c.

Thus F maps U into B_2 and $F(0) = 0$.

To show that F satisfies the other hypothesis of Theorem 28, it is enough to show that $f'_1(x)$ has a finite limit as $x \nearrow 1$, since then $\frac{1-|F(x)|^2}{1-x^2}$ is bounded. By (106)

$$h'(x) = \frac{1}{\pi}\int_{-\pi}^{\pi} \frac{e^{i\theta}}{(e^{i\theta}-x)^2} |\theta|^{1+\varepsilon} d\theta \qquad (109)$$

Since $|e^{i\theta} - x| \geqslant \sin\left|\frac{\theta}{2}\right|$ if $0 < x < 1$, $|\theta| \leqslant \pi$, the dominated convergence theorem leads from (109) to

$$\lim_{x\to 1} h'(x) = -\frac{1}{2\pi}\int_{-\pi}^{\pi} \frac{|\theta|^{1+\varepsilon}}{1-\cos\theta} d\theta \qquad (110)$$

which is finite because $\varepsilon > 0$. By (110) and (107), $\lim f'_1(x)$ is also finite. (Ahern and Clark have proved much more general theorems about derivatives of functions of the form (106).)

By (107), $\frac{f_2(x)}{(1-x)^{\frac{1}{2}+\varepsilon}}$ is unbounded as $x \nearrow 1$.

The boundedness assertion concerning (ⅲ) *becomes*

therefore false if $\frac{1}{2}$ *is replaced by any larger exponent.*

Finally, we note that the map F defined by (99) furnishes an example in which the function (iii) has no K-limit at e_1.

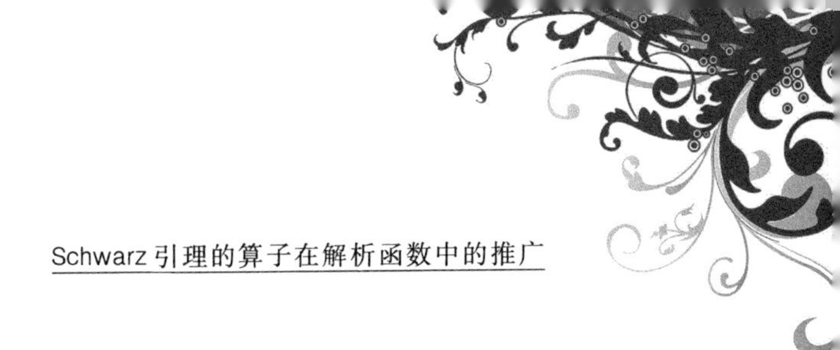

§17 Schwarz 引理的算子在解析函数中的推广

Schwarz 引理是复分析中的一个著名结果，它有多种多样的变异形式及推广. 本节介绍北京师范大学陈公宁教授在复 Banach 代数中的两个重要推广. 陈教授曾师从著名数学家 Ky Fan 教授，并受到国际著名数论大师 Enrico Bombieri 和 Andrew Odlyzko 的高度评价. 陈教授早年是研究一般有理插值的，即给定一组数据 $y_i, c_{ik}, k=0,1,\cdots,c_i-1; i=1,2,\cdots,\theta$，总共包含 $\sum_{i=1}^{\theta} c_i$ 对数据. 这里，对 $i \neq j, y_i \neq y_j$，目的是找出所有有理数值函数 Φ，使得

$$\frac{1}{k!}\Phi^{(k)}(y_i)=c_{ik}, \forall i,k$$

后者转向矩阵算子理论和多复变函数方面的研究. 下面两个结果分别是陈教授发表在《北京师范大学学报》和《数学年刊》上的.

1 Banach 代数中对谱半径的 Schwarz 引理

众所周知，复分析中著名的 Schwarz 引理有多种的推广与变异形式，其中最基本的是如下结果：

定理 29 令 X 与 Y 是复 Banach 空间，且 X_0 是 X 的单位开球. 如果 $h: X_0 \to Y$ 是满足 $\| h(x) \| \leqslant 1 (x \in X_0)$ 与 $h(0)=0$ 的全纯函数，那么

$$\| h(x) \| \leqslant \| x \|, x \in X_0$$

这里当X与Y是复Banach空间，Ω是X的开子集时，我们称$h:\Omega \to Y$是全纯的，假如在Ω的各点x处，h的Fréchet导数$h'(x)$存在并为自X到Y内的有界复线性映射. 用$\mathrm{Hol}(\Omega, Y)$表示定义在Ω上而值域在Y内的所有全纯函数的集合.

本节旨在讨论复Banach代数中对谱半径的上述定理(Schwarz引理)的变异形式以及它的推论. 此后总假定字母U表示复域$\mathscr{L}$上的有单位元$e \neq 0$的Banach代数. 若$x \in \mathscr{U}$，用$\sigma(x)$与$| x |_\sigma$分别记x的谱与谱半径. 令$\mathscr{U}_\Delta = \{x \in U \mid \sigma(x) \subseteq \Delta\}$，这里$\Delta = \{\lambda \in \mathscr{L} \mid | \lambda | < 1\}$. 则$U_\Delta$是$U$内的开集. 对于$U$内元素的谱半径，在下文中常要引用如下两个事实：第一，如果$x, y \in U$且$xy = yx$，那么$| x^n |_\sigma = | x |_\sigma^n$($n$为正整数)，$| xy |_\sigma \leqslant | x |_\sigma | y |_\sigma$与$| x + y |_\sigma \leqslant | x |_\sigma + | y |_\sigma$；第二，如果$f \in \mathrm{Hol}(\Delta, U)$，那么函数$| \lambda | \to | f(\lambda) |_\sigma$是$\Delta$上的次调和函数，因而有其相应的极大原理.

再设$f \in \mathrm{Hol}(\Delta, \mathscr{L})$或$\mathrm{Hol}(\Delta, U)$，又设$x \in U_\Delta$，定义函数$\hat{f}$如下

$$\hat{f}(x) = \frac{1}{2\pi \mathrm{i}} \int_\Gamma f(\lambda)(\lambda e - x)^{-1} \mathrm{d}\lambda \tag{1}$$

这里，Γ是Δ内围绕$\sigma(x)$的任意周线. 可以证明，这时$\hat{f}$不依赖于这样Γ的选择，并且，$\hat{f} \in \mathrm{Hol}(U_\Delta, U)$. 我们从如下两个引理开始.

引理 20 设$f \in \mathrm{Hol}(\Delta, U)$满足

$$| f(\lambda) |_\sigma \leqslant 1, \lambda \in \Delta$$

且对某$n \geqslant 1$

$$f(0)=f'(0)=\cdots=f^{(n-1)}(0)=0$$

则或者

$$|f(\lambda)|_\sigma<|\lambda|^n,\lambda\in\Delta-\{0\}$$

或者

$$|f(\lambda)|_\sigma\equiv|\lambda|^n,\lambda\in\Delta$$

证明 令

$$g(\lambda)=\frac{f(\lambda)}{\lambda^n},\lambda\in\Delta-\{0\}$$

按题设 $g\in \mathrm{Hol}(\Delta,\mathscr{L})$，应用次调和函数 $\lambda\to|g(\lambda)|_\sigma(\lambda\in\Delta)$ 的极大原理，由不等式

$$|g(\lambda)|_\sigma=\frac{1}{|\lambda|^n}|f(\lambda)|_\sigma\leqslant|\lambda|^{-n},\lambda\in\Delta-\{0\}$$

容易推得

$$|g(\lambda)|_\sigma\leqslant1,\lambda\in\Delta$$

并且，除了 $|g(\lambda)|_\sigma\equiv1(\lambda\in\Delta)$ 的情形外，必定有

$$|g(\lambda)|_\sigma<1,\lambda\in\Delta-\{0\}$$

因此本引理成立.

引理 21 设 Λ 是 $\mathscr{L}$ 内的开集，且 $f\in \mathrm{Hol}(\Lambda,U)$. 如果 $x\in U_\Delta$ 且与 f 可换（即对所有 $\lambda\in\Lambda$，$xf(\lambda)=f(\lambda)x$），那么有

$$\sigma(\hat{f}(x))\subseteq\sigma(f(\sigma(x)))$$

我们的基本结果是如下定理.

定理 30 设 $f\in \mathrm{Hol}(\Delta,U)$ 满足

$$|f(\lambda)|_\sigma\leqslant1,\lambda\in\Delta$$

且对某 $n\geqslant1$

$$f(0)=f'(0)=\cdots=f^{(n-1)}(0)=0$$

如果 $x\in U$ 有谱半径 $|x|_\sigma<1$ 且与 f 可换，那么

$$|\hat{f}(x)|_\sigma=|x^n|_\sigma \tag{2}$$

这里，$\hat{f}$ 由式(1) 定义.

证明 设 $x \in U$ 有 $|x|_\sigma < 1$. 取实数 t 使得 $|x|_\sigma < t < 1$. 因为 $\hat{f} \in \mathrm{Hol}(U_\Delta, U)$，且对所有 $\lambda \in \Delta$，$\lambda t^{-1} x \in U_\Delta$，故 $G(\lambda) = \hat{f}(\lambda t^{-1} x)$ 定义一个自 Δ 到 U 内的全纯函数，即 $G \in \mathrm{Hol}(\Delta, U)$. 按条件

$$f(0) = f'(0) = \cdots = f^{(n-1)}(0) = 0$$

以及全纯函数的链规则容易算出

$$G(0) = \hat{f}(0) = 0$$

$$G'(0) = \hat{f}'(0) t^{-1} x = 0$$

$$\vdots$$

$$G^{(n-1)}(0) = 0$$

按题设，对所有 $\lambda \in \Delta$，$|f(\lambda)|_\sigma \leqslant 1$，且 $\lambda t^{-1} x$ 与 f 可换. 根据引理21容易推出

$$|G(\lambda)|_\sigma = |\hat{f}(\lambda t^{-1} x)|_\sigma \leqslant 1$$

再利用引理20得出

$$|G(\lambda)|_\sigma = |\hat{f}(\lambda t^{-1} x)|_\sigma \leqslant |\lambda|^n, \lambda \in \Delta$$

即对所有满足条件 $|x|_\sigma < t < 1$ 的实数 t，都有 $|\hat{f}(x)|_\sigma \leqslant t^n$. 因此

$$|\hat{f}(x)|_\sigma \leqslant |x|_\sigma^n = |x^n|_\sigma$$

证毕.

特殊地，当 $f \in \mathrm{Hol}(\Delta, \mathscr{L})$ 时，$x \in U$ 与 f 的可换性自然成立，因此有如下推论：

推论1 设 $f \in \mathrm{Hol}(\Delta, \mathscr{L})$ 满足

$$|f(\lambda)|_\sigma \leqslant 1, \lambda \in \Delta$$

且对某 $n \geqslant 1$

$$f(0) = f'(0) = \cdots = f^{(n-1)}(0) = 0$$

如果 $x \in U_\Delta$，那么

$$|\hat{f}(x)|_\sigma \leqslant |x^n|_\sigma$$

如下推论与定理30的 $n=1$ 情形相仿，但假设条件

似更接近于 Schwarz 引理的“谱半径形式”.

推论 2 设 $f\in \mathrm{Hol}(\Delta,U)$ 满足

$$|f(\lambda)|_\sigma\leqslant 1,\lambda\in\Delta,|f(0)|_\sigma=0$$

且

$$f(0)f(\lambda)=f(\lambda)f(0),\lambda\in\Delta$$

如果 $x\in U_\Delta$ 与 f 可换,那么

$$|\hat{f}(x)|_\sigma\leqslant|x|_\sigma$$

证明 容易看出由

$$g(\lambda)=f(\lambda)-f(0),\lambda\in\Delta$$

定义的函数 $g\in \mathrm{Hol}(\Delta,U)$,且 $g(0)=0$. 由谱半径性质有(因为 $f(\lambda)$ 与 $f(0)$ 可换)

$$|g(\lambda)|_\sigma\leqslant|f(\lambda)|_\sigma+|f(0)|_\sigma=$$
$$|f(\lambda)|_\sigma\leqslant 1,\lambda\in\Delta$$

对 g 与 $n=1$ 应用定理 30,得出

$$|\hat{g}(x)|_\sigma\leqslant|x|_\sigma$$

另一方面,从关于式(1) 运算的基本代数法则知道

$$\hat{g}(x)=\hat{f}(x)-f(0)$$

且因 $f(\lambda)$ 与 $f(0)$,x 可换($\lambda\in\Delta$),有

$$\hat{f}(x)f(0)=f(0)\hat{f}(x)$$

于是

$$\hat{g}(x)f(0)=f(0)\hat{g}(x)$$

再次应用谱半径性质可得

$$|\hat{f}(x)|_\sigma\leqslant|\hat{g}(x)|_\sigma+|f(0)|_\sigma=|\hat{g}(x)|_\sigma\leqslant|x|_\sigma$$

证毕.

注 一般地说,当以 $|f(0)|_\sigma=0$(即 $f(0)\in U$ 是拓扑幂零的) 代替定理 30 中 $f(0)=0$(即 $\|f(0)\|=0$) 的假定时,上述推论 2 中的附加条件

$$f(0)f(\lambda)=f(\lambda)f(0),\lambda\in\Delta$$

是必须的，即使对 $x=\lambda e$（λ 是模小于1的复数）的特殊情形. 有趣的是，当 U 限制为有限维 Hilbert 空间 H 上的所有有界线性算子组成的 Banach 代数时，记它为 $\mathscr{B}(H)$，我们有如下与 H 维数有关的结果，其中 $f(0)$ 与 $f(\lambda)$ 可换性虽可以去掉，但结果比前一推论减弱.

推论3 设 $H\neq\{0\}$ 是 m 维复 Hilbert 空间，又设 $f\in \mathrm{Hol}(\Delta,\mathscr{B}(H))$ 满足

$$|f(\lambda)|_\sigma\leqslant 1,\lambda\in\Delta,|f(0)|_\sigma=0$$

如果 $T\in\mathscr{B}(H)$ 满足 $|T|_\sigma<1$ 且与 f 可换，那么

$$|\hat{f}(T)|_\sigma\leqslant |T|_\sigma^{\frac{1}{m}}$$

证明 令

$$g(\lambda)=\frac{f(\lambda)^m}{\lambda},\lambda\in\Delta-\{0\}$$

则有

$$|g(\lambda)|_\sigma=\frac{|f(\lambda)|_\sigma^m}{|\lambda|}\leqslant|\lambda|^{-1},\lambda\in\Delta-\{0\}\quad(3)$$

由于 $\dim H=m<\infty$，且 $f(0)\in\mathscr{B}(H)$ 是拓扑幂零的，故必定有 $f(0)^m=0$，因而按前面定义的 $g\in \mathrm{Hol}(\Delta,\mathscr{B}(H))$. 这时，$\lambda\mapsto|g(\lambda)|_\sigma$ 是次调和的，因此由式(3)推得

$$|g(\lambda)|_\sigma\leqslant 1,\lambda\in\Delta$$

应用式(1)运算代数法则到 $f(\lambda)^m=\lambda g(\lambda)$ 可得（因 T 与 f，因而也与 g 可换）

$$\hat{f}(T)^m=T\hat{g}(T),T\hat{g}(T)=\hat{g}(T)T$$

再次引用谱半径性质以及引理21，最后推出

$$\begin{aligned}|\hat{f}(T)^m|_\sigma&=|\hat{f}(T)|_\sigma^m\leqslant|T|_\sigma|\hat{g}(T)|_\sigma\leqslant\\|T|_\sigma&\sup_{\lambda\in\sigma(T)}|g(\lambda)|_\sigma\leqslant|T|_\sigma\sup_{\lambda\in\Delta}|g(\lambda)|_\sigma\leqslant\\|T|_\sigma&\end{aligned}$$

证毕.

下述定理 31 与定理 30 的 $n=1$ 情形紧密相关,并且,前者可视为后者的推广.

定理 31 设 $f \in \mathrm{Hol}(\Delta, U)$ 满足 $|f(\lambda)|_\sigma \leqslant 1$ $(\lambda \in \Delta)$ 与 $f(0)=\alpha e$(α 是复数). 如果 $x \in U_\Delta$ 与 f 可换,那么

$$|\hat{f}(x)|_\sigma \leqslant \frac{|\alpha|+|x|_\sigma}{1-|\alpha||x|_\sigma} \tag{4}$$

证明 先考虑 $|f(\lambda)|_\sigma \neq 1(\lambda \in \Delta)$ 的情形. 此时由次调和函数的极大原理得

$$|f(\lambda)|_\sigma < 1, \lambda \in \Delta$$

于是

$$|\alpha| < 1, 且 |\bar{\alpha} f(\lambda)|_\sigma < 1, \lambda \in \Delta$$

因此,由 Möbius 变换

$$g(\lambda) = [f(\lambda) - \alpha e][e - \bar{\alpha} f(\lambda)]^{-1}, \lambda \in \Delta$$

确定的函数 $g \in \mathrm{Hol}(\Delta, U)$,且 $g(0)=0$,又因 $\sigma(f(\lambda)) \subseteq \Delta$,有

$$|g(\lambda)|_\sigma = \max_{\xi \in \sigma(f(\lambda))} \left|\frac{\xi - \alpha}{1 - \bar{\alpha}\xi}\right| \leqslant 1$$

应用定理 30,对题设中的 $x \in U_\Delta$,有

$$|\hat{g}(x)|_\sigma \leqslant |x|_\sigma$$

另一方面,按式(1) 运算基本代数法则

$$\hat{g}(x) = [\hat{f}(x) - \alpha e][e - \bar{\alpha}\hat{f}(x)]^{-1}$$

由上式可推出

$$\hat{f}(x)\hat{g}(x) = \hat{g}(x)\hat{f}(x)$$

于是由谱半径性质有

$$\begin{aligned}&|\hat{f}(x)|_\sigma - |\alpha| \leqslant |\hat{f}(x) - \alpha e|_\sigma \leqslant\\&|\hat{g}(x)|_\sigma |e - \bar{\alpha}\hat{f}(x)|_\sigma \leqslant\\&|\hat{g}(x)|_\sigma[1 + |\alpha||\hat{f}(x)|_\sigma] \leqslant\\&|x|_\sigma[1 + |\alpha||\hat{f}(x)|_\sigma]\end{aligned}$$

整理一下便得式(4).倘若 $|f(\lambda)|_\sigma \equiv 1(\lambda \in \Delta)$,即有 $|\alpha| = 1$,这时由引理 21

$$|\hat{f}(x)|_\sigma \leqslant \sup_{\lambda \in \sigma(x)} |f(\lambda)|_\sigma = 1$$

则知式(4)也成立.定理 31 证毕.

特殊地,当 $f \in \mathrm{Hol}(\Delta, \mathscr{L})$ 时,由谱映射定理,对 $x \in U_\Delta$ 有

$$\delta(f(x)) = f(\sigma(x))$$

此时,定理 31 有如下的改进.

推论 4 设 $f \in \mathrm{Hol}(\Delta, \mathscr{L})$ 满足

$$|f(\lambda)| \leqslant 1, \lambda \in \Delta$$

则当 $x \in U_\Delta$ 时,有

$$|\hat{f}(x)|_\sigma \leqslant \frac{|f(0)| + |x|_\sigma}{1 + |f(0)||x|_\sigma}$$

证明 如前,令

$$g(\lambda) = [f(\lambda) - \alpha][1 - \bar{\alpha}f(\lambda)]^{-1}, \lambda \in \Delta$$

这里,$\alpha = f(0)$,只要 $|f(\lambda)| \not\equiv 1(\lambda \in \Delta)$,由最大模原理知道,$|f(\lambda)| < 1$.由谱映射定理以及前一定理所证可得

$$|\hat{g}(x)|_\sigma = \sup_{\lambda \in \sigma(x)} |g(\lambda)| = \sup_{\lambda \in \sigma(x)} \left|\frac{f(\lambda) - \alpha}{1 - \bar{\alpha}f(\lambda)}\right| \leqslant |x|_\sigma$$

由此推出

$$|f(\lambda)| \leqslant \frac{|x|_\sigma + |\alpha|}{1 + |\alpha||x|_\sigma}, \lambda \in \sigma(x)$$

因此

$$|\hat{f}(x)|_\sigma = \sup_{\lambda \in \sigma(x)} |f(\lambda)| \leqslant$$

$$\frac{|x|_\sigma + |\alpha|}{1 + |\alpha||x|_\sigma}$$

倘若 $|f(\lambda)| \equiv 1 (\lambda \in \Delta)$，则有

$$|\alpha| = |f(0)| = 1$$

这时上述不等式显然也成立. 证毕.

下面是 Harnack 双边不等式的谱半径变异形式.

推论 5 设 $g \in \mathrm{Hol}(\Delta, \mathscr{L})$ 满足

$$\mathrm{Re}\, g(\lambda) > 0, \lambda \in \Delta \text{ 与 } g(0) = 1$$

且对某 $n \geqslant 2$

$$g'(0) = g''(0) = \cdots = g^{(n-1)}(0) = 0$$

则对 $x \in U_\Delta$ 我们有

$$\frac{1 - |x^n|_\sigma}{1 + |x^n|_\sigma} \leqslant |\hat{g}(x)|_\sigma \leqslant \frac{1 + |x^n|_\sigma}{1 - |x^n|_\sigma}$$

证明 定义

$$f(\lambda) = \frac{g(\lambda) - 1}{g(\lambda) + 1}$$

则

$$f \in \mathrm{Hol}(\Delta, \mathscr{L}), \text{且 } f(0) = f'(0) = \cdots = f^{(n-1)}(0) = 0$$

当 $x \in U_\Delta$ 时，有

$$\hat{f}(x) = [\hat{g}(x) - e][\hat{g}(x) + e]^{-1}$$

或者

$$\hat{g}(x) - e = \hat{f}(x)[\hat{g}(x) + e]$$

于是，由于 $\mathrm{Hol}(\Delta, \mathscr{L})$ 是可换族，故

$$\hat{f}(x)\hat{g}(x) = \hat{g}(x)\hat{f}(x)$$

$$|\hat{g}(x) - e|_\sigma \leqslant |\hat{f}(x)|_\sigma [|\hat{g}(x)|_\sigma + 1] \leqslant$$

$$|x^n|_\sigma [|\hat{g}(x)|_\sigma + 1]$$

因此，有要证的第二个不等式

$$|\hat{g}(x)|_\sigma \leqslant \frac{1+|x^n|_\sigma}{1-|x^n|_\sigma}$$

另外，由 $h(\lambda)=\dfrac{1}{g(\lambda)}$ 定义的函数 $h\in \mathrm{Hol}(\Delta,\mathscr{L})$ 也满足

$$h(0)=1, h'(0)=\cdots=h^{(n-1)}(0)=0, n\geqslant 2$$

这时，按运算法则

$$\hat{h}(x)=\hat{g}(x)^{-1}$$

利用前一部分证明的结果，我们有

$$|\hat{g}(x)|_\sigma^{-1}\leqslant|\hat{g}(x)^{-1}|_\sigma=|\hat{h}(x)|_\sigma\leqslant \frac{1+|x^n|_\sigma}{1-|x^n|_\sigma}$$

于是，本推论结果中的第一个不等式也成立.

作为前一推论的一个应用，我们有如下的 Carathéodory 不等式的谱半径变异形式.

推论 6 设 $h\in \mathrm{Hol}(\Delta,\mathscr{L})$ 对某 $n\geqslant 1$ 满足

$$h(0)=h'(0)=\cdots=h^{(n-1)}(0)=0$$

且

$$\mathrm{Re}\, h(\lambda)<1, \lambda\in\Delta$$

则对 $x\in U_\Delta$ 我们有

$$|\hat{h}(x)|_\sigma\leqslant\frac{2|x^n|_\sigma}{1-|x^n|_\sigma}$$

证明 定义函数 $g: g(\lambda)=1-h(\lambda)$. 这时，$g\in \mathrm{Hol}(\Delta,\mathscr{L})$ 满足前一推论诸条件，故从 $\hat{g}(x)=e-\hat{h}(x)$ 以及前一推论的证明可得

$$|\hat{h}(x)|_\sigma=|\hat{g}(x)-e|_\sigma\leqslant|x^n|_\sigma|\hat{g}(x)+e|_\sigma=$$
$$|x^n|_\sigma|2e-\hat{h}(x)|_\sigma\leqslant|x^n|_\sigma[2+|\hat{h}(x)|_\sigma]$$

于是，最后导出要证的不等式.

2 关于 von Neumann-Heinz 定理与 Ky Fan 定理的推广

设 A 总是表示具有单位元 e 的复 Banach 代数；$B(H)$ 表示非零复 Hilbert 空间 H 上的有界线性算子组成的 Banach 代数. 设 Ω 是复平面 C 上的一个区域，$\mathrm{Hol}(\Omega,A)$ 是定义在 Ω 上的 A － 值全纯函数的集合. 当 $x\in A_{\Omega}=\{y\in A\mid\sigma(y)\subseteq\Omega\}$，这里，$\sigma(y)$ 表示 y 的谱，且当 $k\in\mathrm{Hol}(\Omega,A)$ 时，$\tilde{k}(x)$ 将表示由下列积分确定的 A 内元素

$$\tilde{k}(x)=\frac{1}{2\pi\mathrm{i}}\int_{\Gamma}k(\lambda)(\lambda e-x)^{-1}\mathrm{d}\lambda \tag{5}$$

其中，Γ 是 Ω 内围绕 $\sigma(x)$ 的围道. 有关上述运算微积的讨论可见[15]. 特别地，有如下结论.

引理 22 如果

$$f_1,f_2\in\mathrm{Hol}(\Omega,A),f(\lambda)=f_1(\lambda)f_2(\lambda),\lambda\in\Omega$$

并且 $x\in A_{\Omega}$，那么当且仅当

$$\int_{\Gamma}[f_1(x)-f_1(\lambda)](\lambda e-x)^{-1}\times$$

$$[f_2(\lambda)x-xf_2(\lambda)](\lambda e-x)^{-1}\mathrm{d}\lambda=0$$

对 Ω 内围绕 $\sigma(x)$ 的围道 Γ 成立时

$$f(x)=f_1(x)f_2(x)$$

上述结论表明，如果

$$f_1(\lambda)=f_1(x)$$

即 $f_1(\lambda)$ 为 A 的常数元素，或者如果

$$f_2(\lambda)x=xf_2(\lambda)$$

对所有 $\lambda\in\Omega$ 成立，那么有

$$f(x)=f_1(x)f_2(x)$$

假如 $A=B(H)$ 与 $f\in\mathrm{Hol}(\Omega,C)$，式(5)内的积分便是通常的 Riesz-Dunford 积分，即当 $T\in B(H)$，

$\sigma(T)\subseteq\Omega$，且 $f\in\mathrm{Hol}(\Omega,C)$ 时，式(5)变为

$$\tilde{f}(T)=\frac{1}{2\pi\mathrm{i}}\int_{\Gamma}f(\lambda)(\lambda I-T)^{-1}\mathrm{d}\lambda \tag{6}$$

这里，I 为 H 上的单位算子. 对于这样定义的

$\tilde{f}:B(H)_{\Omega}\to B(H),B(H)_{\Omega}=\{S\in B(H)\mid\sigma(S)\subseteq\Omega\}$

有如下两个基本定理.

定理 32(von Neumann-Heinz)　如果 $T\in B(H)$ 是压缩的，即

$$\|T\|\leqslant 1,\Omega\supseteq\bar{\Delta}=\{\lambda\in C\mid|\lambda|\leqslant 1\}$$

u(或 v) $\in H(\Omega,C)$ 满足 $u(\lambda)\leqslant 1$(或 $\mathrm{Re}\,v(\lambda)\geqslant 0$)，$\lambda\in\bar{\Delta}$，那么有 $\|\tilde{u}(T)\|\leqslant 1$(或 $\mathrm{Re}\,\tilde{v}(T)\geqslant 0$).

在上述定理中，$\mathrm{Re}\,\tilde{v}(T)$ 表示 $\tilde{v}(T)\in B(H)$ 的实部. 一般地，如果 $T\in B(H)$，那么

$$\mathrm{Re}\,T=\frac{1}{2}(T+T^{*})$$

并且，如果 T_1 与 T_2 是 $B(H)$ 的两个Hermite算子，那么符号 $T_1\geqslant T_2$ 表示 T_1-T_2 是正的，即

$$((T_1-T_2)w,w)\geqslant 0$$

对所有 $w\in H$ 成立；$T_1>T_2$ 表示 T_1-T_2 是正的与可逆的.

定理 33(Ky Fan)　如果 $T\in B(H)$ 是真正压缩的，即

$$\|T\|<1,\Delta=\{\lambda\in C\mid|\lambda|<1\}$$

h(或 k) $\in\mathrm{Hol}(\Delta,C)$ 满足 $\|h(\lambda)\|<1$(或 $\mathrm{Re}\,k(\lambda)>0$)，$\lambda\in\Delta$，那么有 $\|\tilde{h}(T)\|<1$(或 $\mathrm{Re}\,\tilde{k}(T)>0$).

本节应用复Banach代数的极大原理与谱映射定理给出它们的两种推广以及若干有关推论.

引理 23　设 E 是 H 上正规算子 V 的单位谱分解，$\Omega\supseteq\sigma(V)$，并且，$f\in\mathrm{Hol}(\Omega,B(H))$ 使得

$$f(\lambda)V = Vf(\lambda), \lambda \in \Omega$$

则有

$$\tilde{f}(V) = \int_{\sigma(V)} f(\lambda) \mathrm{d}E(\lambda) \quad (7)$$

$$\| \tilde{f}(V) \| \leqslant \max\{ \| f(\lambda) \| \mid \lambda \in \sigma(V) \} \quad (8)$$

在本节中假定 A 有 Hermite 与连续的对合 $*$. U 与 U_e 分别表示 A 的酉元素的集合与 U 的主分量. 当 $x \in A$ 时, $|x|_\sigma$ 表示 x 的谱半径, $p(x) = |x^* x|_\sigma^{\frac{1}{2}}$. 此时, $|x|_\sigma \leqslant p(x)$, 并且, p 是 A 上的一个伪范数, 它在 A 上连续. 当 Q 是 A 的子集时, $\overline{\mathrm{co}}\, Q$ 表示 Q 的闭凸包.

特别地, 当 $A = B(H)$ 时, 取对合 $*$ 为 H 上算子的 Hilbert 空间共轭, 显然, 它是 Hermite 与连续的, 且有

$$|T|_\sigma \leqslant p(T) = \| T \|$$

对所有 $T \in B(H)$ 成立. 我们首先证明一个引理, 它含有极大原理的一种较弱形式.

引理 24 设 A 有 Hermite 与连续的对合 $*$, $\Omega \supseteq r\bar{\Delta}$, 这里, $0 < r \leqslant 1$. 令

$A_0 = \{x \in A \mid p(x) < 1\}$ 与 $A_1 = \{x \in A \mid p(x) \leqslant 1\}$

如果 $k \in \mathrm{Hol}(\Omega, A)$, 那么有

$$\tilde{k}(rx) = \frac{1}{2\pi} \int_0^{2\pi} \tilde{k}(r\psi_x(\mathrm{e}^{\mathrm{i}t})) \mathrm{d}t, x \in A_0 \quad (9)$$

$$\tilde{k}(rA_1) \subseteq \overline{\mathrm{co}}\, \tilde{k}(rU_e) \quad (10)$$

$$\| \tilde{k}(rx) \| \leqslant \sup\{ \| \tilde{k}(ry) \| \mid y \in U_e \}, x \in A_1 \quad (11)$$

这里, $\tilde{k}$ 由式(5)确定, ψ_x 是如下的特征函数

$$\psi_x(\lambda) = (e - xx^*)^{-\frac{1}{2}} (\lambda e + x) \times$$

$$(e+\lambda x^{*})^{-1}(e-x^{*}x)^{\frac{1}{2}}, x\in A_0, |\lambda|\leqslant 1 \tag{12}$$

证明 由前所述,p 是 A 上的连续的伪范数,因而 A_0 是 A 的开集.此外,由于 $|x|_\sigma\leqslant p(x)$,因此,只要 $x\in A_1$,便有 $rx\in A_\Omega$.当 $k\in \mathrm{Hol}(\Omega,A)$ 时,$\tilde{k}$:$A_\Omega\to A$ 是全纯的.事实上,对任意 $x\in A_\Omega$,因 A_Ω 是 A 的开集,所以当 $h\in A$ 具有充分小的范数时,$\sigma(x+h)\subseteq\Omega$.现设 Γ 是 Ω 内围绕 $\sigma(x)$ 与 $\sigma(x+h)$ 的围道,并设当 $\lambda\in\Gamma$ 时

$$\|(\lambda e-x)^{-1}\|<M, \|h\|<\frac{1}{2M}$$

此时

$$\begin{aligned}
&\|\tilde{k}(x+h)-\tilde{k}(x)-\\
&\frac{1}{2\pi\mathrm{i}}\int_\Gamma k(\lambda)(\lambda e-x)^{-1}h(\lambda e-x)^{-1}\mathrm{d}\lambda\|=\\
&\left\|\frac{1}{2\pi\mathrm{i}}\int_\Gamma k(\lambda)[(\lambda e-x-h)^{-1}-(\lambda e-x)^{-1}-\right.\\
&\left.(\lambda e-x)^{-1}h(\lambda e-x)^{-1}\mathrm{d}\lambda]\right\|\leqslant\\
&\frac{L}{2\pi}\max_{\lambda\in\Gamma}\|k(\lambda)\|\ \|(\lambda e-x-h)^{-1}-(\lambda e-x)^{-1}-\\
&(\lambda e-x)^{-1}h(\lambda e-x)^{-1}\|\leqslant\\
&\frac{L}{2\pi}\max_{\lambda\in\Gamma}\|k(\lambda)\|\ \|(e-(\lambda e-x)^{-1}h)^{-1}-\\
&(\lambda e-x)^{-1}h-e\|\ \|(\lambda e-x)^{-1}\|\leqslant\\
&\frac{L}{2\pi}\max_{\lambda\in\Gamma}\|k(\lambda)\|\cdot 2\|(\lambda e-x)^{-1}\|^3\|h\|^2\leqslant\\
&\frac{L}{\pi}\max_{\lambda\in\Gamma}\|k(\lambda)\|M^3\|h\|^2
\end{aligned}$$

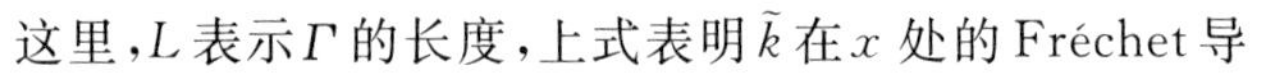

这里,L 表示 Γ 的长度,上式表明 $\tilde{k}$ 在 x 处的 Fréchet 导

数存在,因而 $\tilde{k}$ 在 A_Ω 上全纯.

此外,$\Omega \supseteq r\bar{\Delta}$ 蕴涵 $A_\Omega \supseteq r\,\overline{\mathrm{co}}\,U_e$,这是因为如果 $x \in r\,\overline{\mathrm{co}}\,U_e$,那么

$$|x|_\sigma \leqslant p(x) = r$$

因而

$$\sigma(x) \subseteq r\bar{\Delta} \subseteq \Omega$$

便得式(10)与(11),而式(9)可用向量值全纯函数的平均值性质与当 $|\lambda|=1$ 与 $x \in A_0$ 时便有 $\psi_x(\lambda) \in U_e$ 的事实直接从 $\tilde{k}(r\psi_x)|_{\lambda=0}$ 的表达式推出. 证毕.

现在应用引理 24 导出前文中两个基本定理的一种推广结果. 为简单起见,我们采用记号 $T \cup S$,假如 $TS = ST$,这里 $T, S \in B(H)$(或 A).

定理 34 设 $\Omega \supseteq \bar{\Delta}$,$f$(或 g)$\in \mathrm{Hol}(\Omega, B(H))$ 满足 $\|f(\lambda)\| \leqslant 1$(或 $\mathrm{Re}\, g(\lambda) \geqslant 0$),$\forall \lambda \in \bar{\Delta}$,并且,$T \in B(H)$ 是 H 上的压缩,$T \cup f(\lambda)$ 与 $T^* \cup f(\lambda)$(或 $T \cup g(\lambda)$ 与 $T^* \cup g(\lambda)$)对所有 $\lambda \in \Omega$ 成立. 则有

$$\|\tilde{f}(T)\| \leqslant 1, \text{或 } \mathrm{Re}\, \tilde{g}(T) \geqslant 0$$

证明 显然,对 H 上的酉算子 V,有

$$\Omega \supseteq \bar{\Delta} \supseteq \sigma(V)$$

今令 $T_j = d_j T$,这里,$0 < d_j < 1$ 且 $\lim\limits_{j\to\infty} d_j = 1$. 按题设,$f(\lambda) \cup \psi_{T_j}(\lambda')$ 对所有 j 与 $\lambda, \lambda' \in \bar{\Delta}$ 成立. 应用当 $|\lambda|=1$ 时 $\psi_{T_j}(\lambda)$ 为 H 上酉算子的事实,引理 24 中式(9)(取 $r=1$)与引理 23,得出

$$\|\tilde{f}(T_j)\| \leqslant \sup\{\|\tilde{f}(\psi_{T_j}(\lambda))\| \mid |\lambda|=1\} \leqslant \sup\{\|f(\lambda)\| \mid |\lambda|=1\} \leqslant 1$$

另一方面,由于 $\|T_j\| < 1$,故

$$T_j \in B(H)_\Omega = \{S \in B(H) \mid \sigma(S) \subseteq \Omega\}$$

应用 $\widetilde{f}$ 在 $B(H)_\Omega$ 上的连续性，即得

$$\|\widetilde{f}(T)\| \leqslant 1$$

类似地，由式(9)得出

$$\mathrm{Re}\,\widetilde{g}(T_j) = \frac{1}{2\pi}\int_0^{2\pi} \mathrm{Re}\,\widetilde{g}(\psi_{T_j}(\mathrm{e}^{\mathrm{i}t}))\mathrm{d}t$$

但对任意的 $t \in [0, 2\pi]$，由引理 24 知道

$$\mathrm{Re}\,\widetilde{g}(\psi_{T_j}(\mathrm{e}^{\mathrm{i}t})) = \int_{\sigma(\psi_{T_j}(\mathrm{e}^{\mathrm{i}t}))} \mathrm{Re}\,g(\lambda)\mathrm{d}E(\lambda)$$

上式中，$\mathrm{Re}\,g(\lambda)$ 与 $\psi_{T_j}(\mathrm{e}^{\mathrm{i}t})$ 可交换，因为 $g(\lambda) \cup T_j * T_j$. 再根据[16]，引理 6.1 得出，$\mathrm{Re}\,\widetilde{g}(\psi_{T_j}(\mathrm{e}^{\mathrm{i}t})) \geqslant 0$，于是 $\mathrm{Re}\,\widetilde{g}(T_j) \geqslant 0$. 应用连续性便得 $\mathrm{Re}\,\widetilde{g}(T) \geqslant 0$. 证毕.

注 当 f(或 g) $\in \mathrm{Hol}(\Omega, C)$ 时，定理 34 中的条件等同于前面的 von Neumann-Heinz 定理的假定条件，因为这时 $T \cup f(\lambda)$ 与 $T * \cup f(\lambda)$ 自然成立，因此定理 34 确实是定理 32 的推广.

定理 35 假定 f(或 g) $\in \mathrm{Hol}(\Delta, B(H))$ 满足 $\|f(\lambda)\| < 1$(或 $\mathrm{Re}\,g(\lambda) > 0$)，$\forall \lambda \in \Delta$，且 $T \in B(H)$ 是真正压缩，即 $\|T\| < 1$，它满足 $T \cup f(\lambda)$ 与 $T^* \cup f(\lambda)$(或 $T \cup g(\lambda)$ 与 $T^* \cup g(\lambda)$)，$\forall \lambda \in \Delta$，则有

$$\|\widetilde{f}(T)\| < 1, \text{或 } \mathrm{Re}\,\widetilde{g}(T) > 0$$

证明 如果 $\|T\| < 1$，那么存在 r 满足 $0 < r < 1$ 与真正压缩 $\hat{T} \in B(H)$ 使得 $T = r\hat{T}$. 此时，$\Delta \supseteq r\bar{\Delta}$ 与 $\sigma(\hat{T}) \subseteq \Delta$. 类似于定理 34 的证明，应用引理 24 与引理 23(取 $\Omega = \Delta$)，我们推出

$$\|\tilde{f}(T)\| = \|\tilde{f}(r\hat{T})\| \leqslant$$
$$\max\{\|\tilde{f}(r\psi_{\hat{T}}(\lambda))\| \mid |\lambda|=1\} \leqslant$$
$$\max\{\|f(\lambda)\| \mid |\lambda|=r\} < 1$$

为证明本定理的另一半结果，令

$$f(\lambda)=(g(\lambda)-I)(g(\lambda)+I)^{-1}$$

因为

$$g \in \mathrm{Hol}(\Delta, B(H)) \text{ 与 } \mathrm{Re}\, g(\lambda) > 0, \forall \lambda \in \Delta$$

所以有

$$f \in \mathrm{Hol}(\Delta, B(H)) \text{ 与 } \|f(\lambda)\| < 1$$

这后一结论可由 $B(H)$ 内 Cayley 变换性质得到. 由于 $T \cup g(\lambda), \forall \lambda \in \Delta$，故从引理22(取 $\Omega=\Delta, A=B(H)$)看出

$$\tilde{f}(T)=(\tilde{g}(T)-I)(\tilde{g}(T)+I)^{-1}$$

此时容易验证

$$\tilde{g}(T)=(\tilde{f}(T)+I)(I-\tilde{f}(T))^{-1}$$

与

$$\mathrm{Re}\, \tilde{g}(T)=(I-\tilde{f}(T)^*)^{-1}(I-\tilde{f}(T)^*\tilde{f}(T)) \times (I-\tilde{f}(T))^{-1}$$

因此，当且仅当 $I-\tilde{f}(T)^*\tilde{f}(T)>0$，即 $\|\tilde{f}(T)\|<1$ 时，$\mathrm{Re}\ \tilde{g}(T)>0$. 但由前一部分证明知道 $\|\tilde{f}(T)\|<1$，因而 $\mathrm{Re}\, \tilde{g}(T)>0$ 成立.

注　容易看出，当 f 与 g 属于 $\mathrm{Hol}(\Delta, C)$ 时，定理35变为 Ky Fan 定理，因而前者是后者的一种推广.

推论1　设 $T_1, T_2, \cdots, T_n \in B(H)$ 满足 $|T_j|_\sigma<1$ 与 $T_i \cup T_j, i,j=1,2,\cdots,n, f \in \mathrm{Hol}(\Delta, B(H))$ 满足 $\|f(\lambda)\|<1, \forall \lambda \in \Delta$，且 $T_j \cup f(\lambda)$ 与 $T_j^* \cup f(\lambda)$，$\forall \lambda \in \Delta, j=1,2,\cdots,n$. 令 Φ 是由 $\{T_1, T_2, \cdots, T_n\}$ 生成的半群(在复合运算下). 则存在与范数 $\|\cdot\|$ 等价的

H 上的 Hilbert 范数 $\|\cdot\|_*$，使得对每个 $T\in\Phi$，都有 $\|\tilde{f}(T)\|_*<1$.

证明 根据[12]中定理 2.1 与 3.1，存在与范数 $\|\cdot\|$ 等价的 H 上的 Hilbert 范数 $\|\cdot\|_*$，使得只要 $T\in\Phi$，便有 $\|T\|_*<1$. 这样，本推论的结果可由定理 35 与 $T\cup f(\lambda)$，$T^*\cup f(\lambda)$，$\forall\lambda\in\Delta$，$T\in\Phi$ 的事实直接得出.

下面的推论给出著名的 Schwarz 引理的算子形式.

推论 2（对算子的Schwarz引理） 设 $f\in \mathrm{Hol}(\Delta, B(H))$ 满足 $\|f(\lambda)\|<1$，$\forall\lambda\in\Delta$，且 $T\in B(H)$ 是真正压缩，它满足 $T\cup f(\lambda)$ 与 $T^*\cup f(\lambda)$，$\forall\lambda\in\Delta$. 如果对某整数 $n\geqslant 1$，有

$$f(0)=f'(0)=\cdots=f^{(n-1)}(0)=0$$

那么有

$$\tilde{f}(T)\tilde{f}(T)^*\leqslant T^nT^{*n} \tag{13}$$

$$\|\tilde{f}(T)\|\leqslant\|T^n\| \tag{14}$$

证明 应用定理 35 与[16]中推论 2 的推证办法即可得到本推论.

推论 3（最大模原理） 假设 $f\in\mathrm{Hol}(\Delta,B(H))$，对满足 $0\leqslant r<1$ 的实数 r，令

$$m(r)=\max\{\|f(\lambda)\|\mid|\lambda|=r\} \tag{15}$$

则有

$$m(r)=\max\{\|\tilde{f}(T)\|\mid\|T\|\leqslant r\} \tag{16}$$

其中 max 取遍 H 上范数小于或等于 r 且满足 $T\cup f(\lambda)$ 与 $T^*\cup f(\lambda)$，$\forall\lambda\in\Delta$ 的所有算子 T.

证明 除去 $m(r)=0$ 与 $r=0$ 的平凡情形，可设 $0<r<1$ 与 $m(r)>0$. 定义函数 g：$g(\lambda)=\dfrac{f(r\lambda)}{m(r)}$. 则

g 在 $|\lambda|<\frac{1}{r}$ 内全纯，且由式(15)，只要 $|\lambda|=1$，便有 $\|g(\lambda)\|\leqslant 1$. 按算子值函数的最大模原理可推出，对所有 $|\lambda|<1$，$\|g(\lambda)\|\leqslant 1$. 因此，对 $B(H)$ 中任意真正压缩 T，只要 $T\cup g(\lambda)$ 与 $T^*\cup g(\lambda)$，$\forall\lambda\in\Delta$，此由 $f(\lambda)$ 与 T,T^* 可换性推出，按定理 35 的证明可得到 $\|\widetilde{g}(T)\|\leqslant 1$. 这表示 $\|\widetilde{f}(T)\|\leqslant m(r)$ 对所有范数小于 r 且满足条件 $T\cup f(\lambda)$ 与 $T^*\cup f(\lambda)(\lambda\in\Delta)$ 的任意 $T\in B$ 成立，于是，由 $\widetilde{f}$ 的连续性推出

$$\max\{\|\widetilde{f}(T)\|\mid\|T\|\leqslant r\}\leqslant m(r)$$

这里 max 的取值范围同于式(16). 另一方面，相反的不等式成立可从取 $T=\lambda_0 I$ 直接看出，这里，λ_0 是满足条件 $|\lambda_0|=r$ 与 $\|f(\lambda_0)\|=m(r)$ 的复数. 证毕.

由[12]知道，当我们局限于考虑复值全纯函数时，则定理 32、定理 33 与推论 3 的谱半径形式变种(即诸命题中范数为谱半径所代替)仍然成立. 这里的关键在于对由式(6)定义的 $\widetilde{f}(T)$，谱映射定理成立. 然而当我们考虑由式(5)定义的 $\widetilde{k}(x)$ 时，如果 $k\in\mathrm{Hol}(\Omega,A)$，那么 $\sigma(\widetilde{k}(x))=k(\sigma(x))$ 一般失去意义. 有幸的是，我们可以推出如下形式的谱映射定理(见下面定理 36). 应用它容易得到基本定理的谱半径推广结果.

在本节中，只假定 A 是具有单元 e 的复 Banach 代数(不必有对合).

定理 36(谱映射定理)　设 Ω 是 C 内区域，$f\in\mathrm{Hol}(\Omega,A)$，且 $x\in A_\Omega$ 满足 $x\cup f(\lambda)$，$\forall\lambda\in\Omega$. 则有

$$\sigma(\widetilde{f}(x))\subseteq\bigcup_{\lambda\in\sigma(x)}\sigma(f(\lambda))\tag{17}$$

假若 f 还满足 $f(\lambda)\cup f(\mu)$，$\forall\lambda,\mu\in\Omega$，则有

$$\{\lambda \in C \mid \lambda e \in f(\sigma(x))\} \subseteq \sigma(\tilde{f}(x)) \subseteq \bigcup_{\lambda \in \sigma(x)} \sigma(f(\lambda)) \tag{18}$$

证明　式(17) 即是[15]，定理 2. 这里给出较为简单的证明. 令 $\mu \in \sigma(\tilde{f}(x))$ 但 $\mu \notin \bigcup_{\lambda \in \sigma(x)} \sigma(f(\lambda))$. 这时由 $h(\lambda)=(f(\lambda)-\mu e)^{-1}$ 定义的 A－值函数 h 将在含有 $\sigma(x)$ 的 Ω 的某个开集内全纯. 由 $f(\lambda)-\mu e$ 与 x 的可换性与引理 22 得到

$$\tilde{h}(x)(\tilde{f}(x)-\mu e)=(\tilde{f}(x)-\mu e)\tilde{h}(x)=e$$

因而 $\mu \notin \sigma(\tilde{f}(x))$，导出矛盾. 因此，式(17) 成立. 为证明式(18)，设存在复数 β，使得 $\beta e \in f(\sigma(x))$，于是，对某个 $\lambda_0 \in \sigma(x)$，$f(\lambda_0)=\beta e$. 今定义 A－值函数 g，它与 f 有相同的定义域，并且，$f(\lambda)-f(\lambda_0)=g(\lambda)(\lambda-\lambda_0)$. 这时，$g \in \mathrm{Hol}(\Omega, A)$，且 $g(\lambda) \cup x$（因为 $f(\lambda) \cup x$），$\forall \lambda \in \Omega$. 再用引理 22 得出

$$\tilde{f}(x)-\beta e=\tilde{g}(x)(x-\lambda_0 e)=(x-\lambda_0 e)\tilde{g}(x)$$

因此，如果 $\tilde{f}(x)-\beta e$ 在 A 内有逆 y，即

$$\tilde{g}(x)(x-\lambda_0 e)y=y\tilde{g}(x)(x-\lambda_0 e)=e$$

那么 $y\tilde{g}(x)$ 将是 $x-\lambda_0 e$ 在 A 内的逆，因为由假设保证 $\tilde{g}(x)$ 与 x, y 均可换. 这表明 $\beta \in \sigma(\tilde{f}(x))$. 证毕.

注　假如 $f \in \mathrm{Hol}(\Omega, C)$，则显然有

$$\bigcup_{\lambda \in \sigma(x)} \sigma(f(\lambda))=f(\sigma(x))$$

与

$$\{\lambda \in C \mid \lambda e \in f(\sigma(x))\}=f(\sigma(x))$$

且这时 $f(\lambda)$ 与 $f(\mu)$ 之间的可换性自动成立. 因此，在此时定理 36 退化为通常的复 Banach 代数中的谱映射定理.

应用刚才证明过的定理 36 可以得到一些有价值

的推论，其中包括基本定理的关于谱半径的推广形式（见后面推论 5 与推论 6），下面的推论与[17] 中谱半径极大原理以及[18] 中一个问题密切相关.

推论 4　设 $f \in \mathrm{Hol}(\Delta, A)$. 对满足 $0 < r < 1$ 的实数 r，令 $m(r)$ 如同式(15)，并令

$$M(r) = \sup\{|f(\lambda)|_\sigma \mid |\lambda| = r\} \tag{19}$$

则有

$$\sup\{|\widetilde{f}(x)|_\sigma \mid |x|_\sigma \leqslant r\} \leqslant M(r) \leqslant m(r) \tag{20}$$

这里，sup 取遍所有谱半径（小于或等于 r），且与 f 可换的 $x \in A$. 如果 A 还是一个 B^* －代数，且对每个 $\lambda \in \Delta$，$f(\lambda)$ 是 A 内正规元素，那么有

$$\max\{|\widetilde{f}(x)|_\sigma \mid |x|_\sigma \leqslant r\} = M(r) = m(r) \tag{21}$$

这里，max 的取值范围同于式(20) 中 sup 的取值范围.

证明　可以看到，式(20) 可直接从式(17) 以及 $|f(\lambda)|_\sigma \leqslant \|f(\lambda)\|$ 的事实推出. 假如 A 是 B^* －代数，且 $f(\lambda)$ 在 A 内是正规的，那么，对任意 $\lambda \in \Delta$

$$|f(\lambda)|_\sigma = \|f(\lambda)\|$$

因而

$$M(r) = m(r), 0 < r < 1$$

另一方面，存在复数 β，使得

$$|\beta| = r \text{ 与 } |f(\beta)|_\sigma = M(r)$$

因而 $\beta e \in A$ 满足

$$|\beta e|_\sigma = r \text{ 与 } |\widetilde{f}(\beta e)|_\sigma = |f(\beta)|_\sigma = M(r)$$

因此，式(21) 得证.

推论 5　设 $\Omega \supseteq \bar{\Delta}$，$f \in \mathrm{Hol}(\Omega, A)$ 满足

$$|f(\lambda)|_\sigma \leqslant 1, \forall \lambda \in \bar{\Delta}$$

则只要 $x \in A$ 有 $|x|_\sigma \leqslant 1$，且与 f 可换，便有 $|\widetilde{f}(x)|_\sigma \leqslant 1$.

推论 6 设 $f \in \mathrm{Hol}(\Delta, A)$ 满足

$$|f(\lambda)|_\sigma < 1, \forall \lambda \in \Delta$$

则只要 $x \in A$ 有 $|x|_\sigma < 1$，且与 f 可换，便有 $|\widetilde{f}(x)|_\sigma < 1$.

前述两个推论可直接由定理 36 以及 $|f(\lambda)|_\sigma$ 是 Ω（或 Δ）上的次调和函数，因而上半连续，它在紧集 $\sigma(x)$ 上达到上确界的事实得到.

推论 7（对谱半径的 Schwarz 引理） 设 $f \in \mathrm{Hol}(\Delta, A)$ 满足

$$|f(\lambda)|_\sigma \leqslant 1, \forall \lambda \in \Delta$$

且

$$f(0) = f'(0) = \cdots = f^{(n-1)}(0) = 0$$

这里 $n \geqslant 1$. 则有

$$|\widetilde{f}(x)|_\sigma \leqslant |x^n|_\sigma \tag{22}$$

这里 $x \in A$ 满足 $|x|_\sigma < 1$，且 $x \cup f(\lambda), \forall \lambda \in \Delta$.

证明 定义 h 为 $h(\lambda) = \dfrac{f(\lambda)}{\lambda^n}$. 由题设条件，$h \in \mathrm{Hol}(\Delta, A)$. 对任意 $\varepsilon, 0 < \varepsilon < 1$，选取 $\delta > 0$ 使得 $|\lambda^n| \geqslant 1 - \varepsilon$ 只要 $1 - \delta < |\lambda| \leqslant 1$. 这时

$$1 \geqslant |f(\lambda)|_\sigma = |\lambda^n| |h(\lambda)|_\sigma \geqslant (1 - \varepsilon) |h(\lambda)|_\sigma$$

对 $1 - \delta < |\lambda| < 1$ 成立. 应用[17] 中一个结果，我们有

$$|h(\lambda)|_\sigma \leqslant \frac{1}{1 - \varepsilon}, |\lambda| < 1$$

于是，$|h(\lambda)|_\sigma \leqslant 1$ 对 $|\lambda| < 1$ 成立. 因此，对任意 $x \in A$ 满足 $|x|_\sigma < 1$，且与 h 可换，有 $|\widetilde{h}(x)|_\sigma \leqslant 1$（按定理 36），再应用 x^n 与 f（因而与 h）可换的事实，得到

$$|\widetilde{f}(x)|_\sigma = |\widetilde{h}(x) x^n|_\sigma \leqslant |\widetilde{h}(x)|_\sigma |x^n|_\sigma \leqslant |x^n|_\sigma$$

对所有 A 中满足 $|x|_{\sigma}<1$ 与 $x\cup f(\lambda)(\lambda\in\Delta)$ 的 x 均成立. 证毕.

注 当 $n=1$ 与 $x=\lambda e$（λ 是复数）时上述推论即为[19]中对于谱半径的 Schwarz 引理的原始形式.

附录 1　线性变换与 Lobachevsky 几何

1　Lobachevsky 几何在圆上的 Euclid 图像

大家都知道，Lobachevsky 几何中的公理与 Euclid 几何中的公理只有一点不同，就是代替关于平行直线的 Euclid 公理："通过直线外一点可以引一条而且只能引一条直线与已知直线不相交"，引进了 Lobachevsky 公理："通过直线外一点可以引无数多条直线，都不与已知直线相交，这些直线填满了某一个角形区域，这个角的边线称为已知直线的平行线". 在这里，"两条直线的平行性与在这一条或那一条直线上所取的点的位置无关".

为了作出这种 Euclid 的几何图像，我们在一部分 Euclid 空间中考虑一些 Euclid 几何的元素与运算，使它们对应于 Lobachevsky 几何的元素与运算，称呼它们都用 Lobachevsky 几何的术语，只是在前面加上"非 Euclid 的" 以下简称"非欧的" 这个形容词；我们要证明这些元素具有一些按着 Lobachevsky 几何的基本命题，用上述术语表达出来的性质.

用 G 代表一个称为基本圆周的 Euclid 圆周 Γ 的内部. 我们约定，取 Γ 内部的点作为非欧点，取与 Γ 正交的圆周在 G 内的部分作为非欧直线. 于是通过两点 A 与 B 只有唯一的一条非欧直线. 于是通过两点 A 与 B

只有唯一的一条非欧直线(图 1). 圆周 Δ 与 Γ 相交于 α 与 β 两点. 我们把 A,B 两点间的非欧距离定义为圆周 Δ 上四点 α,β,B,A 的反调和比的对数,乘上一个可以选定的任意的正数值 k

$$D(A,B)=k\ln(\alpha,\beta,B,A)>0 \tag{1}$$

不难看出,当点 A 趋向 α 或 B 趋向 β 时,非欧距离 $D(A,B)$ 就无限增大. 因此,圆周 Γ 可以看作是代表了非欧平面上的无穷多个无穷远点. 两条非欧直线间的非欧角可以定义为对应圆周间的夹角,而非 Euclid 的运动就是保持圆周 Γ 内部不变的线性变换.

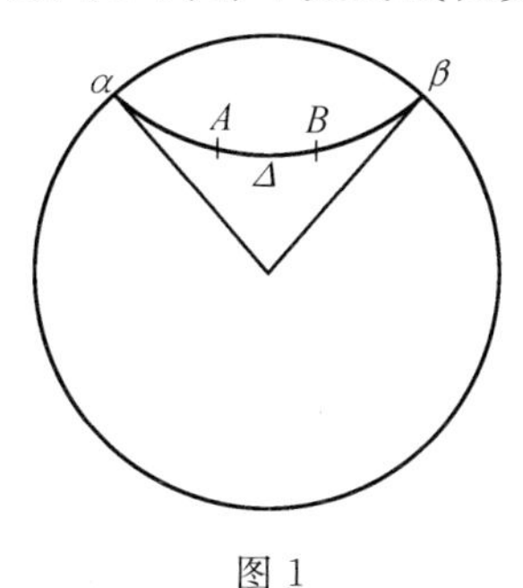

图 1

为了指明这些定义满足 Lobachevsky 的公理,我们不做详细研究,只简略地说明以下几点:

(1) 非 Euclid 运动保持非欧直线、距离与角度不变. 很明显,这一点可以根据保持圆周 Γ 内部不变的线性变换的性质得出来;

(2) 在非欧直线上,非欧距离具有可加性,即当 A,B,C 是同一条非欧直线上的三点时

$$D(A,C)=D(A,B)+D(B,C) \tag{2}$$

事实上,我们可以用 α,β,a,b,c 表示圆周 Δ 上的点 α,β,A,B,C 在复平面上的附标,我们来证明

$$(\alpha,\beta,c,a)=(\alpha,\beta,b,a)=(\alpha,\beta,c,b)$$

这个等式的正确性是很容易验证的，只要把它明白地写出来就行

$$\frac{c-\alpha}{c-\beta}\cdot\frac{a-\beta}{a-\alpha}=\frac{b-\alpha}{b-\beta}\cdot\frac{a-\beta}{a-\alpha}\cdot\frac{c-\alpha}{c-\beta}\cdot\frac{b-\beta}{b-\alpha}$$

把这个等式取对数，再用 k 乘，就得到式(2)；

(3) 关于平行线的 Lobachevsky 公理是成立的.

我们考虑从点 P 引出的非欧直线与它对于不含点 P 的非欧直线 Δ 的相对位置. 作圆周 P_α 与 P_β 使与 Δ 相切于点 α 与点 β，我们看到，可以把从 P 引出的非欧直线分成与 Δ 相交和不与 Δ 相交的两类；后面的这一类都在某一个角形内，就是在图 2 中，画斜线的部分内，也就是由平行线 P_α，P_β 所围成的部分内. 因为，在我们的图像中，平行直线意味着与基本圆周正交的一些 Euclid 圆周在基本圆周上一点相交，所以，上面所述的平行性质是非常明显的.

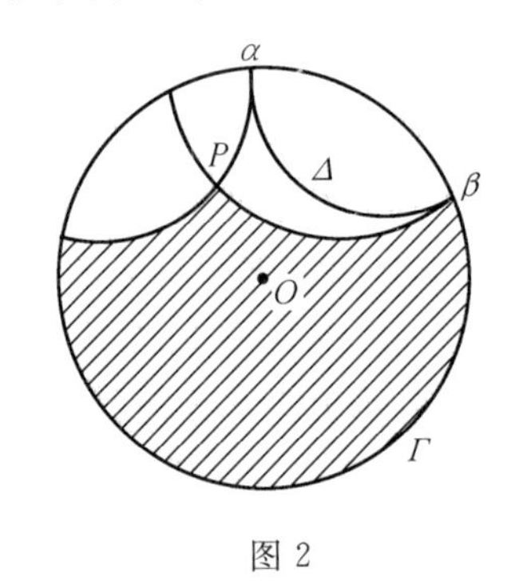

图 2

2 给定附标的两点间的非欧距离的计算法

用 z_1 与 z_2 表示给定的点的附标，并通过非 Euclid

运动,把 z_1 变换到圆周 Γ 的中心 O(图 3). 如果 Γ 是单位圆周,而 w_2 是对应于 z_2 的点且 $|w_2|=r$,则

$$D(z_1,z_2)=D(O,w_2)=k\ln(-1,1,r,0)=k\ln\frac{1+r}{1-r}$$

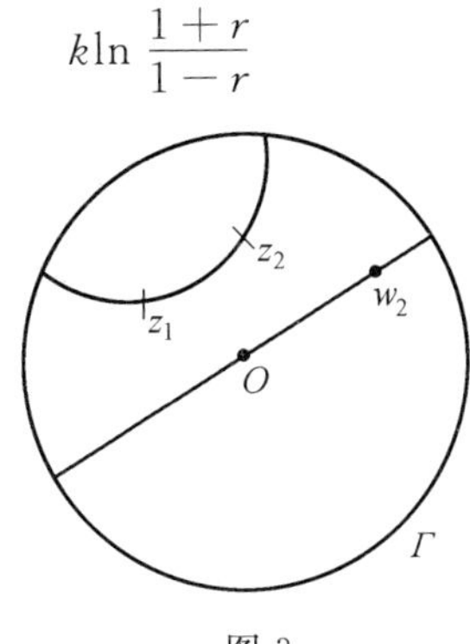

图 3

实际上,在非 Euclid 运动中,非欧直线 z_1z_2 变成了直线 Ow_2,并且 $D(z_1,z_2)=D(O,w_2)$. 另一方面,利用绕点 O 的旋转,可以把点 w_2 转到以 r 为附标的点,换句话说,$D(O,w_2)=D(O,r)$.

于是,我们就得到所要证明的结果

$$D(z_1,z_2)=D(O,r)=k\ln(-1,1,r,0)=k\ln\frac{1+r}{1-r}$$

因此,要想用点 z_1 与 z_2 的附标来表示 $D(z_1,z_2)$,就只需设法表示出 $r=|w_2|$.

由于保持圆周 Γ 不变,而又把 z_1 变到圆心的线性变换是

$$w=e^{i\theta}\frac{z-z_1}{1-z\bar{z}_1}$$

我们就可以得到

$$w_2=e^{i\theta}\frac{z_2-z_1}{1-z_2\bar{z}_1}$$

换句话说

$$r = | w_2 | = \left| \frac{z_2 - z_1}{1 - z_2 \overline{z}_1} \right|$$

因此，我们得到了下述计算具有给定的附标 z_1 与 z_2 的两点之间的非欧距离的公式

$$D(z_1, z_2) = k\ln \frac{1+r}{1-r} \tag{3}$$

其中

$$r = \left| \frac{z_2 - z_1}{1 - z_2 \overline{z}_1} \right|$$

3　非 Euclid 圆周

依定义，距一个定点的非欧距离为一常数 $d(d > 0)$ 的点的轨迹称为一个非 Euclid 圆周. 根据公式(3)，如果 z_1 是定点，则非欧圆周是具有下列方程的 Euclid 曲线

$$\left| \frac{z - z_1}{1 - z\overline{z}_1} \right| = \frac{e^{\frac{d}{k}} - 1}{e^{\frac{d}{k}} + 1}$$

即

$$\frac{| z - z_1 |}{\left| z - \frac{1}{\overline{z}_1} \right|} = | z_1 | \frac{e^{\frac{d}{k}} - 1}{e^{\frac{d}{k}} + 1}$$

这个方程表示在基本圆周内的一个圆周，属于具有对称于 Γ 的彭色列点 z_1 与 $\frac{1}{\overline{z}_1}$ 的圆周. 这里所谓一个圆周束的彭色列点是指对称于圆周束中每一个圆周的那两个点，也就是与给定的圆周束正交的圆周束的基点. 显然，所有在 Γ 内的圆周都可以看作并且只有一种方法看作非 Euclid 圆周. 点 z_1 称为上述非欧圆周的非欧中心. 从 z_1 出发的非欧直线，也称为非欧半径. 不难看

出，这些半径与这个非欧圆周以及一切有同样非欧中心的圆周都正交. 事实上，这些半径是从 z_1 出发并与 Γ 正交的一些圆周，因而它们与具有彭色列点 z_1 与 $\frac{1}{\overline{z}_1}$ 的圆周束中的一切圆周都互相垂直.

4 曲线的非欧长度

跟 Euclid 几何的情形一样，在 Lobachevsky 几何中，曲线的弧长也可以定义为内切于这段弧的折线的极限. 因此，要想定义曲线上一段弧的非欧长度，必须在 Euclid 图像中取分点，算出各对相邻点间的非欧距离之和，再取它的极限. 我们知道，z 与 $z+\Delta z$ 两点间的非欧距离等于 $k\ln\frac{1+r}{1-r}$，其中

$$r=\frac{|\Delta z|}{|1-(z+\Delta z)\overline{z}|}$$

把 Δz 当作无穷小，于是，这个距离等价于

$$2kr=\frac{2k|\Delta z|}{|1-(z+\Delta z)\overline{z}|}$$

从而也等价于 $\frac{2k|\Delta z|}{1-|z|^2}$. 因此，我们得到

$$D(z,z+\Delta z)=\frac{2k|\Delta z|}{1-|z|^2}(1+\varepsilon)$$

式中的 ε 对于在 G 的内部的每一个闭区域中的 z 而言，都一致地随 Δz 趋于零. 由此立刻看出，在 Γ 内的弧 L 的非欧长度是

$$k\int_L\frac{2\mathrm{d}s}{1-|z|^2}\tag{4}$$

5 非 Euclid 面积

跟 Euclid 几何的情形一样，在 Lobachevsky 几何

中一个区域 d 的面积也可以定义为一些内接于 d 的多边形的面积之和的极限. 因此，要想确定 d 的非欧面积，必须在 d 的 Euclid 图像中，取与 Γ 正交的圆周构成的多边形，求出所有这些多边形的非欧面积之和，然后取极限.

从前文我们知道非欧面积元素的表达式是 $\frac{4k^2\mathrm{d}w}{(1-|z|^2)^2}$，其中 $\mathrm{d}w$ 是 Euclid 面积元素. 由此，我们可以得出结论：一个连边界都在 G 内的区域 d 的面积是

$$k^2\iint_d \frac{4\mathrm{d}w}{(1-|z|^2)^2}=k^2\iint_d \frac{4\mathrm{d}x\mathrm{d}y}{(1-|z|^2)^2} \tag{5}$$

6 远 环

我们来考察一族互相平行的非欧直线，在图 4 中，它们的图像是在点 α 与 Γ 正交的一些圆周上. 跟它们全都正交的曲线可以用与 Γ 在点 α 相切的圆周表示，这些曲线称为远环.

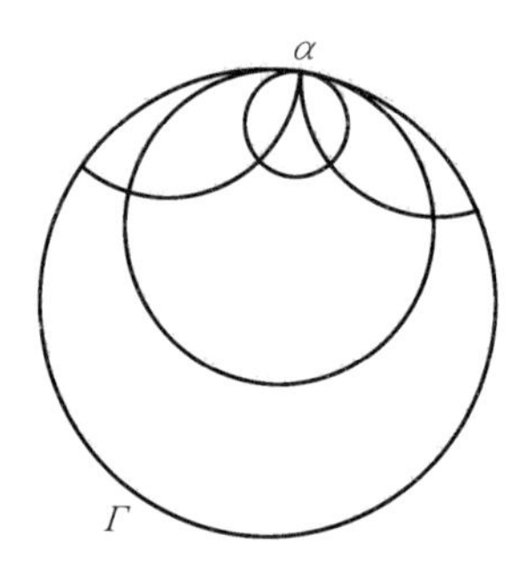

图 4

不难指出，对应于一点 α 的非欧直线族中的一切直线在两个确定的远环间的截下部分的非欧长度都彼

此相等的.事实上,我们可以用线性变换把点 α 变到无限远.这时,G 变成了半平面,通过 α 的非欧直线变成垂直于半平面的边界 Γ_1 的半直线,而这两个远环就变成两条平行于 Γ_1 的直线,结果非欧直线在两个远环间截下部分的非欧长度变成了平行线间的欧氏距离.由此可知,对于整个非欧直线族而言,这个长度是一定值.

7 超 环

我们已经知道,非欧圆周(在 Γ 内的圆周)可以作为从一点出发的一些非欧直线的正交曲线;在前段中也曾经看到,远环(与 Γ 相切的圆周)是非欧平行直线族的正交曲线.

因此,我们一方面已经研究了由具有两个实中心,并与 Γ 正交的圆周束所表示的非欧直线族;另一方面,也考虑了由具有一个中心并与 Γ 正交的圆周束所表示的非欧平行直线族.现在很自然地要来考虑由具有虚中心并与 Γ 正交的圆周束所表示的另一类型的非欧直线族.这个圆周束的彭色列点 α,β 显然是实的并且在 Γ 上,它们可以当作与所考虑的束正交的圆周束的中心.我们把通过 α,β 的圆周在 Γ 内的部分叫作超环(图 5).

我们已经知道,非欧圆周是到某定点(中心)的非欧距离为一常量的点的几何轨迹,我们要证明,超环是到一条给定的非欧直线的非欧距离为一常量的点的轨迹.

为此,我们用线性变换把 α 变到无穷远,于是在 Γ 内的区域 G 变成一个半平面,Γ 变成 Γ_1—— 半平面的边界,而非欧直线 $\alpha\beta$ 就变成在点 β_1 垂直于 Γ_1 的一条

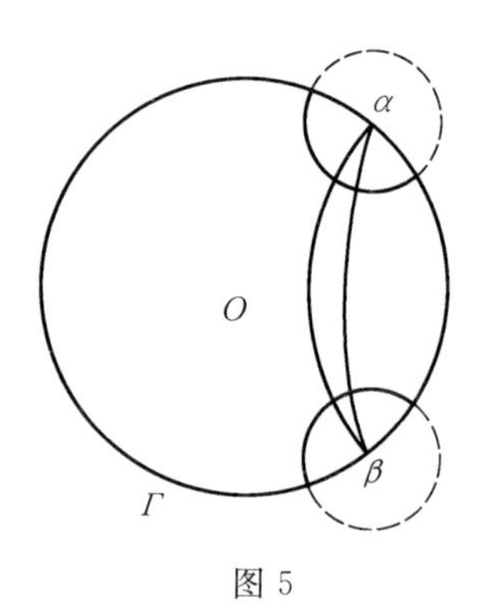

图 5

半直线(图 6). 于是问题即变成,要在半平面上找出点 M 的几何轨迹,使得在以 β_1 为中心,通过 M 的圆周上,反调和比 (u,v,M,w) 是一个常量,其中 u,v 是 Γ_1 上的点,而 w 是在对应于 $\alpha\beta$ 的半直线上的点.

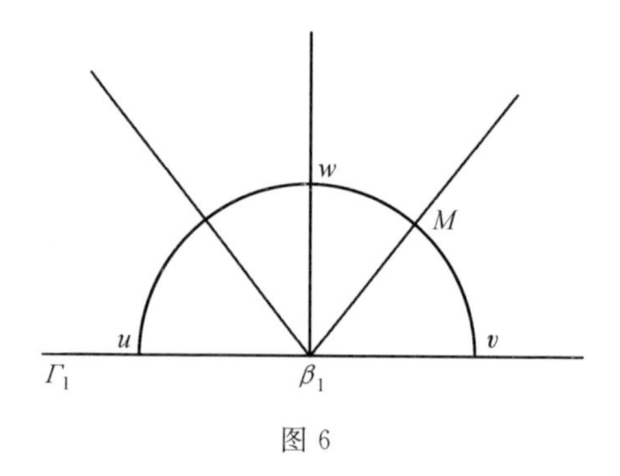

图 6

我们可以按照 M 是在半直线的这一边或那一边,得到两个几何轨迹,要想确定这些几何轨迹,我们需要考虑四条半射线:uw,uM,uv 与在点 u 的圆周切线,并且注意到它们的反调和比应当是不变的;这就只有在 $\angle u\beta_1 M$ 保持不变时才能成立,也就是说,点 M 必须在半直线 $\beta_1 M$ 上. 因此,所求的点 M 在半平面上的几何

轨迹是对称于半直线 $\beta_1 w$ 的两条半直线.

回到图 4,我们得到通过 α,β 的两个超环,它们和与 Γ 正交的圆周 $\alpha\beta$ 作成等角(图 7).

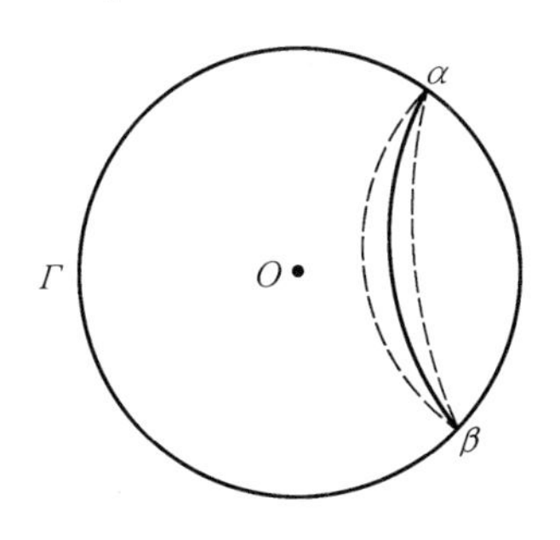

图 7

总结起来,我们可以说:任意一个圆周 C 在 Γ 内的部分是一个非欧圆周、一个远环或一个超环,要看 C 是在 Γ 以内的,与 Γ 相切的,或与 Γ 相交的圆周而定. 这种曲线的分类,对非欧运动而言是不变的. 很显然,非欧直线是超环的特殊情形.

8 Lobachevsky 几何在半平面上的 Euclid 图像

一直到现在,我们是用单位圆来表示 Lobachevsky 几何,其实,用上半平面也可以. 为此,只要用一个线性变换把单位圆的区域 G 变成上半平面 (z),而把在线性变换之下的对应元素当作 Lobachevsky 几何中一切元素的新的图像.

于是,非欧点就是上半平面的点,无穷远非欧点就是实轴上的点或半平面 (z) 上的无穷远点. 又非欧直线的图像是与实轴正交的半圆周或半直线,非欧圆周是上半平面内的圆周,远环是与实轴相切的圆周或与实轴平行的直线；最后，超环的图像则是通过实轴上任意两点 α,β 的圆周在上半面上的一段弧或通过实轴上任意一点在上半面上的半段直线(图 8). 至于上面所引进的两点间非欧距离的公式. 弧长公式与面积公式在这里都变得更简单. 它们的表达式可以用以前讲过的线性变换

$$w=\mathrm{e}^{\mathrm{i}\theta}\frac{z-\beta}{z-\bar{\beta}},I(\beta)>0$$

从前面得到的公式推出来.

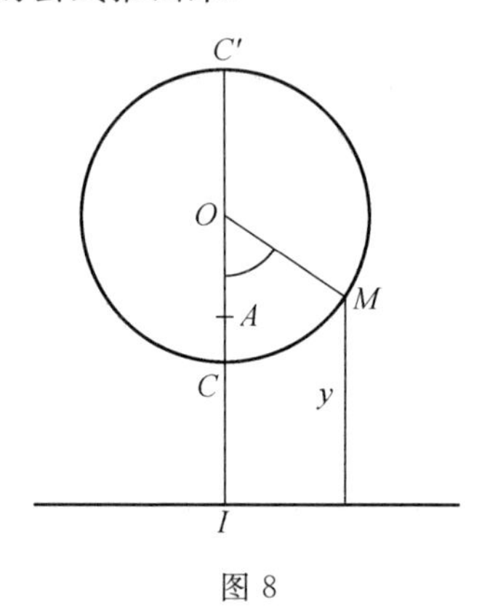

图 8

例如从式(3)，我们可以得到

$$D(z_1,z_2)=k\ln\frac{1+\left|\dfrac{z_2-z_1}{z_2-\bar{z}_1}\right|}{1-\left|\dfrac{z_2-z_1}{z_2-\bar{z}_1}\right|}\tag{3}'$$

这是因为根据上述线性变换，我们有

$$r=\left|\frac{w_2-w_1}{1-w_2\bar{w}_1}\right|=\left|\frac{z_2-z_1}{z_2-\bar{z}_1}\right|$$

在公式(3)′ 中令 $z_1=z,z_2=z+\Delta z$，并且把 Δz 当作无穷小，就可以得到非欧曲线的弧元素 $k\dfrac{\mathrm{d}s}{y}$. 事实上

$$D(z,z+\Delta z)=k\ln\frac{1+\left|\dfrac{\Delta z}{2\mathrm{i}y+\Delta z}\right|}{1-\left|\dfrac{\Delta z}{2\mathrm{i}y+\Delta z}\right|}$$

$$2k\left|\frac{\Delta z}{2\mathrm{i}y+\Delta z}\right|\sim k\frac{|\Delta z|}{y}\sim k\frac{\mathrm{d}s}{y}$$

因此,上半平面内弧 L 的非欧长度是

$$k\int_L\frac{\mathrm{d}s}{y}\tag{4$'$}$$

最后,相当于公式(5),连边界一起都在上半平面内的区域 d 的非欧面积则是

$$k^2\iint_d\frac{\mathrm{d}x\mathrm{d}y}{y^2}\tag{5$'$}$$

附录 2　陆启铿—— 在断弦琴上奏出多复变最强音

作为杰出的数学家和数学物理学家，陆启铿院士在中国多复变函数和数学物理的发展事业中做出了巨大贡献，取得了不少具有世界先进水平的开创性和奠基性的工作，其中一些成就曾领先于西方近二十年.

陆启铿的人生之路也颇为传奇. 幼时因小儿麻痹双腿致残，家境清贫，无力进高小及初中读书，但他以坚强的意志，自学成才，成为新中国成立之后华罗庚亲自指导的第一个学生.

1　断弦琴终奏美妙曲

陆启铿 1927 年 5 月 17 日出生于广东佛山一个商人家庭，父亲陆子骥、母亲梁志雅. 陆启铿兄妹四人，按年龄顺序依次为：陆启壎(1923—1996)、陆筠乔(女，1925—2012)、陆启铿(1927—2015)、陆筠仪(女，1929—1948).

陆启铿幼时承受了太多波折，过得并不快乐. 先是作为大人获利的工具，早早离开家人被送作养子，没能达到目的后，自然免不了遭受恚嗔. 继而不幸染病，双腿落下终身残疾. 步入少年，又遭遇家道中落，成了家中额外的负担. 1938 年日军进攻广州，全家逃到澳门成为难民，他又从小学失学. 一个懵懂的孩子接连遭遇到这一连串的不幸，心中的压抑、苦闷，甚至于无措地

恐慌可想而知.

在逃避战乱迁居澳门时,陆启铿的腿疾愈发严重,只能终日卧床,而家人奔波于生计,无暇顾及他,伴随他的只有孤独和绝望.但陆启铿在沉默中并没有停止对未来的思考,前辈的一句"你的A弦断了,应该用其他三弦把你的生命之曲奏完!"极大地鼓励了他.几年内,他陆续从一位在澳门读中学的堂姐那里借课本,自学了从小学到初中的全部课程,并于1942年以同等学力考进澳门"中山县立联合中学",获得了清贫奖学金.第二年又转入澳门中德联合中学,因成绩优秀而多次获得奖学金.由于行动不便,很多体育活动不能参加.然而,陆启铿居然学会了游泳,在海滩上一游就是几公里之远,学期考评时,体育竟也不居别的同学之后.

1946年,陆启铿考入中山大学数学天文系,开始了半工半读的大学生涯.经过四年的学习,他于1950年顺利毕业,毕业论文"模函数"深得行家好评.

2 千里马自荐

"梁园虽好,非久居之乡."1950年,著名数学家华罗庚从美国返回新中国,途中在香港中转时,曾在广州作短暂停留,其间被盛邀到中山大学做了一次学术演讲.陆启铿这时正毕业留校任助教,对数学怀有浓厚兴趣的他自然不会缺席这个难得的机会.在当时,这次报告会只是名震天下的数学家回国途中的小插曲,新闻报道中鲜有提及,但对陆启铿来说却是彻底改变了自己的人生轨迹.

华罗庚这时正从异国享誉归来,已是备受国家重视的大师级学界领袖.而陆启铿只是偏居广东省南部一隅，刚刚毕业、默默无闻的一个小助教. 两个地位相差如此悬殊的人，经过这次不经意的邂逅，命运竟交集到一起，亦师亦友几十年.

听过演讲，陆启铿既敬佩华先生的人格，更钦服于他精深的学术造诣，于是不久之后就去信向华先生介绍自己学业、工作情况，表达了希望成为华先生的学生的强烈愿望.

这才有了华罗庚不厌琐碎，亲自协调各方关系，把陆启铿调进中国科学院数学与系统科学研究院（以下简称“数学所”）筹备处自己的身边. 其中华先生曾给陆启铿写过两封信（如下），陆启铿珍藏至今.

1951 年 1 月 2 日，华罗庚从北京寄给在广州中山大学数学系的陆启铿（注意，下文中的刘先生，指的是中山大学理学院的刘俊贤教授）.

陆启铿先生：

示悉已久，因忙未即复.

刻拟向先生了解一下情况：如中国科学院拟聘先生为研究实习员，专做研究工作，不知可否由中大协商办理？切实言之：

1. 先生是否愿意？

2. 如先生愿意，请与刘俊贤先生商讨，可否协商办理.

3. 如刘先生与校方同意，请刘先生写一推荐信及先生写一自荐寄来.

4. 我当向科学院推荐.

此请

研安.

华罗庚

五一年一月二日

刘先生处请代问安.

1951年2月10日,华罗庚又寄出一封信给陆启铿:

启铿同志:

来示已奉到,我们为了照顾到全面,已写了一信给刘俊贤先生(见附稿).如果刘先生再来信,我们就可以提出.此复即致.

敬礼.

华罗庚

二月十日

在华罗庚的协调下,青年陆启铿终于迎来了他人生道路上最重要的一个机遇.

到数学所后不久,陆启铿就开始在华罗庚的指导下学习和研究多复变函数,成为新中国成立之后华罗庚亲自指导的第一个学生.陆启铿与这位老师的成长经历颇有几分相似之处,首先他们都患有残疾却自学成才;当年熊庆来不拘一格提携华罗庚,今日华罗庚慧眼识珠拔擢陆启铿,一时传为佳话.

3 创建中国多复变

我们经常看到报纸上宣传,说某某技术国内领先,但数学上完全不兴这一套,如果这样宣传甚至会弄出笑话.与工程、技术领域最大的区别在于,数学没有国内领先的说法,它的标准主要是发表论文的先后与影响.比如谁最先提出了这一理论,谁的贡献最大,国际上一般有公论.数学家历来重视优先权,历史上不少数学家还曾为了优先权而争论.所以对中国数学某一分支的评价也很简单,结论无非是国际领先、紧跟国际潮流或落后于国际水平.

而中国多复变学科的创立,从一开始就瞄着国际标准,可以看作是中国数学其他分支的一面旗帜.2014年6月9日,中国科学院第十七次院士大会、中国工程院第十二次院士大会在北京人民大会堂隆重开幕.中共中央总书记、国家主席、中央军委主席习近平在会议上发表了讲话,在回顾新中国成立以来我国取得的科技成就时,在列举基础科学突破时,把"多复变的数论"排在第二位,位于"两弹一星"之后.

20世纪50年代早期,陆启铿得到了华罗庚三年的精心指导,打下了坚实的基础,他们先后合作发表了一系列研究调和函数的论文,但当时整个数学所也只有华罗庚与陆启铿研究多复变,队伍太小而不足以建立起一个学科.到50年代中期,随着钟同德、龚昇的加入,数学所已经能组织起多复变函数讨论班,研究队伍初步建立起来了.50年代末,许以超与陆汝钤先后加入多复变的学习当中,研究队伍进一步扩大.当时北京大学程民德教授认识到多复变的重要性,邀请华罗庚到北大开设多复变专门化,华罗庚因太忙而最终由陆启铿代行,这一举措也培养了不少人才.

在华罗庚的指导下,陆启铿通过组织数学所多复变函数论讨论班,以及到北大数学系多复变函数专门化开班授课,培养起国内第一支多复变函数领域研究的基本队伍.他们的研究成果也达到了国际领先,特别是陆启铿.陆启铿与钟同德合作发表了"Privalov定理的推广",独立完成了"Schwarz lemma and analytic invariants"(Schwarz 引理及解析不变量)等论文,引

起了国际数学界的重视,部分成果被写入苏联数学家的专著中.他在Schwarz引理证明上取得的成果,现在被称为“陆启铿引理”.1959年国庆十周年之际,陆启铿总结了十年来中国多复变研究作为献礼,引起了美国数学会的注意.正是华罗庚和陆启铿做出的大量的开拓性工作,使多复变函数学科在新中国得以初创.

考虑到中国多复变建立在政治运动频繁、国家多事之秋的年代,就更为难能可贵了.

进入60年代,陆启铿在多复变函数论领域的研究取得突破性进展.他发表的论文“关于常曲率的Khler流形”,证明了常曲率的完备界域解析等价于单位超球,这一成果被称为“陆启铿定理”,得到国际数学界的普遍认可,领先西方同行近二十年,至今仍被广泛引用.在此基础上陆启铿提出一个猜想,即有界域的核函数作为两点的函数是否有零点,在国际上被称为“陆启铿猜想”,而称核函数没有零点的域为“陆启铿域”.“陆启铿猜想”是新中国成立后国际数学界首次以中国数学家命名的猜想,此外以陆启铿名字命名的还有“陆启铿不变量”“陆启铿常数”.一个科学家的名字接连出现在数学概念中,足以说明他在数学上的贡献.

70年代以后,着眼于多复变函数论的应用,陆启铿又开始涉足理论物理领域,厚实的理论基础和捕捉科学难题的敏锐眼光,让他在这一领域依旧得心应手.1973年3月,他完成的论文“规范场与主纤维丛上的联络”,在国际上率先明确给出规范场与纤维丛联络之间的对应关系,并以联络论观点讨论了作为规范场的引力场.规范场与纤维丛的关系问题,至今仍是理论物理界的热门话题之一.

1980年,陆启铿当选为中国科学院学部委员(院士),标志着国内科学界对他的认可.他在多复变领域硕果累累,先后获得了"国家自然科学三等奖""华罗庚数学奖""何梁何利基金科学与技术进步奖"等多项奖项.或许他最重要的奖励就是中国多复变学科的建立.

陆启铿对数学界的贡献之一还在于他培养了一大批学生,其中涌现出多位院士与国家自然科学奖获得者.周向宇就是其中的一位代表人物,经过十年的努力,他在1998年解决了"扩充未来光锥管域的猜想",这一突破被国际数学界称为20世纪下半叶数学发展的亮点之一.2002年周向宇在国际数学家大会上做了45分钟的报告,2013年当选为中科院院士.

4 办开放的研究所

因在澳门上过中学的缘故,陆启铿在一些政治运动中被定为"特嫌",一直被控制,禁止见外宾."文革"期间他还有过调离数学所并逃回的经历.

1976年,美国代表团访华,代表团成员伍鸿熙注意到陆启铿1958年发表的"Schwarz引理及解析不变量"的论文,与他的研究领域相近.伍鸿熙认为那是一篇极好的文章,并得知陆启铿是华罗庚的学生,加之陆启铿的英文名(K. H. Look)是按广东的口音英文拼写的,同为广东人的伍鸿熙自然想见见这位同乡加同行,于是与J. Kohn一起非要找陆启铿见面,无形中解除了陆启铿的禁令.

"文革"后,在陈省身的建议与华罗庚的同意下,陆启铿先后邀请了伍鸿熙、丘成桐与萧荫堂到数学所访问,他们的报告大获成功,吸引了大批人前来听讲,为"文革"后中国数学的复兴打了一针强心剂.伍鸿熙随后邀请陆启铿到美国访问,这样,年近六旬的陆启铿

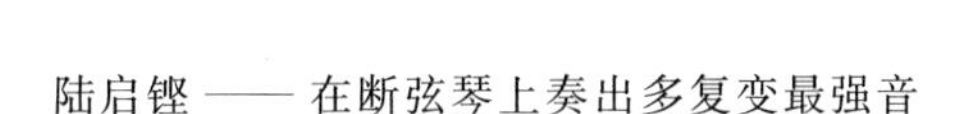

第一次走出国门，先后到伯克利、普林斯顿访问，接触到国外数学机构的先进理念.

1980年，华罗庚委托陆启铿担任数学所的常务副所长，陆启铿固辞不受.他坚持选举多数通过才接受，华罗庚当即召集助研以上的人员开会，结果陆启铿以三分之二多数票当选.

当时国家已经开始改革开放，陆启铿深知数学研究虽不大规模需要试验设备与器材，学术交流却是必不可少的，交流不通畅曾是制约新中国数学发展的主要瓶颈之一.鉴于世界上著名数学研究所的管理制度，加上他本人从数学交流中的获益，陆启铿的办所理念逐渐形成，那就是将数学所办成一个面向世界的开放机构.

他坚持“请进来、走出去”的方针，先后邀请了阿提亚、博莱尔、希策布鲁赫等国际知名数学家来所访问，人数之多以至于名字记满了两个本子.其中，1983年丘成桐再次应邀回国访问，受到了当时胡耀邦总书记的接见.当时数学所经费并不充裕，能邀请这些数学家来主要依靠的是华罗庚、陆启铿等个人的魅力.陆启铿还先后凭借个人与国外数学家的私人关系，推荐不少人到国外留学访问，推动了中国数学的现代化.

然而，在改革研究所的过程中，陆启铿遇到的困难远比想象的复杂——他的选举措施曾得到科学院领导的认可，然而在其他所的推广过程中由于种种问题而作罢；他试图精简数学所行政人员，然而在当时“铁饭碗”制度的中国，非政治性错误任何人无权开除工作人员；他要求保证质量严格晋升程序，却被很多人骂为断了他们的前程……这些行政改革也曾给他个人带来了不少麻烦.

5 音乐游泳寄闲情

有一种误解,认为数学家是一些不食人间烟火的怪人,这些人多半是书呆子,至于音乐、文学与艺术这种高雅品,更是与他们风马牛不相及.诚然有少部分数学家为人木讷,但更多的是像陆启铿这样热爱家庭生活、对艺术等也有很深的理解的数学家.

和睦的家庭生活是陆启铿事业成功的基础.1962年,陆启铿与张木兰喜结连理,还得到了华罗庚当场祝福.这两位耄耋老人携手走过了超过一个甲子的漫长光阴,在谈及夫人对自己事业上的支持,陆启铿的脸上充满着的是满足和幸福.

早在澳门中德中学时,受郭秉琦校长的影响,陆启铿开始迷上古典音乐.这种兴趣伴随了他一生,以至于工作之余常要听上一会儿作为休息,他自己则戏称为“养脑”.不仅如此,他还系统学习过钢琴演奏.陆启铿对文学的涉猎十分广泛,家中藏书除了数学典籍,世界名著、二次大战历史、各类人物传记、科普读物、金庸小说无所不包,加之他博闻强识,孩子小时候最爱听他讲故事,他的普通话不好,夹杂着广东话的说书风格常引得家人哈哈大笑.

陆启铿的象棋下得极好,连华罗庚都不是他的对手,还要请来国手“教训”他.而游泳更不在话下,年轻时可以横渡昆明湖.陆启铿广泛的业余爱好,让生活变得更有趣,这或许是他做出业绩的原因之一吧.

晚年的陆启铿仍然勤耕不辍,每天上午准时出现在数学所办公室,继续谱写多复变领域的精彩人生.

2015年8月31日凌晨1时,陆启铿走完了他传奇的一生.而他对科学做出的巨大贡献将被历史永远铭记.

附录 3 Schwarz 引理在重整化变换中的一个应用

复动力系统理论研究复解析映照迭代生成的动力系统,这一理论起源于1920年前后 Fatou 和 Julia 的研究工作.在第一次世界大战期间,他们将正规族理论应用于复动力系统研究,创立了经典的 Fatou-Julia 理论,为复动力系统理论的形成和发展奠定了坚实的基础.在 Fatou-Julia 理论诞生以后,复动力系统理论的研究几乎停滞了60年.20世纪80年代,伴随着非线性科学的崛起,复动力系统理论蓬勃发展起来.在与双曲几何、分形几何、现代分析和混沌学等学科发展相互促进的同时,它本身无论是在深度还是在广度上都获得了划时代的巨大发展.

复动力系统在统计力学中的应用始于20世纪80年代.物理学家在研究相变问题时很早就涉及了复解析问题.20世纪50年代初,杨振宁和李政道提出用配分函数复零点极限集来刻画相变点集,证明了著名的单位圆定理.进入80年代后,在非线性科学大发展的背景下,人们借助获诺贝尔奖的重要物理学成就——重整化群方法,发现大量物理模型的复相变点集的分布非常复杂,它们具有异常丰富的分形结构.事实上,它们可以对应于重整化变换复动力系统的不稳定集.

Fatou 分支是使动力系统稳定的一个连通开集,它可能是单连通的或多连通的,其边界的拓扑性质一般十分复杂，即便是单连通的 Fatou 分支，其边界一般也具有复杂的分形结构.

对于重整化变换 $T_{2\lambda}$，Qiao 于 2005 年利用 Schwarz 引理证明了下述定理：

定理 当 $\lambda \in R$ 时，$F(T_{2\lambda})$ 的每个分支均是单连通的，进一步，$F(T_{2\lambda})$ 的每个分支要么是 Jordan 域，要么是完全不变域，事实上：

(1) 当 $\lambda \in \left(0,\dfrac{32}{27}\right)$ 时，$T_{2\lambda}$ 是双曲的，存在 $F(T_{2\lambda})$ 的单连通的完全不变域 D_λ，$\partial D_\lambda = J(T_{2\lambda})$，$F(T_{2\lambda})\backslash D_\lambda$ 由无穷多个 Jordan 区域组成；

(2) 当 $\lambda = \dfrac{32}{27}$ 时，存在完全不变的抛物 Fatou 分支 L_λ，$\partial A_\lambda(1)$ 和 $\partial A_\lambda(\infty)$ 上没有抛物周期点，$\partial L_\lambda = J(T_{2\lambda})$，$F(T_{2\lambda})\backslash L_\lambda$ 由无穷多个 Jordan 区域组成；

(3) 当 $\lambda \in \left(\dfrac{32}{27},3\right]$ 时，$F(T_{2\lambda})$ 由无穷多个 Jordan 区域组成；

(4) 当 $\lambda \in (-\infty,0] \cup (3,+\infty)$ 时，$F(T_{2\lambda})$ 仅包含两个 Fordan 区域.

为了证明上述定理，需要以下两个引理：

引理 1 设 $M \subseteq C$ 是一个局部连通的连续统，a 和 b 是属于 $C\backslash M$ 不同分支的两个点，则存在 Jordan 曲线 $\omega \subseteq M$，使得 a 和 b 分别属于 $C\backslash\omega$ 的不同分支.

引理 2 设 D 是有理映照 R 的单连通 Fatou 分支，$R(D)=D$. 如果 R 在 ∂D 上是扩张的，则 ∂D 是局部连通的. 如果 R 是次双曲的，则 ∂D 是局部连通的.

定理的证明 由于 $J(T_{2\lambda})$ 是连通的，因而 $F(T_{2\lambda})$ 的每个分支都是单连通的. 下面证明结论

(1) ~ (4) 成立. 易见 $z=1,\infty$ 是 $T_{2\lambda}(\lambda\in R)$ 的两个不动点，且

$$T'_{2\lambda}(z)=\frac{4(z-1)(z+\lambda-1)(z^2+\lambda-1)}{(2z+\lambda-2)^3}$$

因此 $z=1$ 和 ∞ 是 $T_{2\lambda}(\lambda\in R\backslash\{0\})$ 的两个超吸性不动点. 下面分六种情形讨论：

(1) 若 $\lambda\in\left(0,\frac{32}{27}\right)$，下面证明 $T_{2\lambda}$ 是双曲的. 对任意的 $\lambda\in(0,1)$，由上式可知，$T_{2\lambda}$ 有 6 个临界点 $\pm\sqrt{1-\lambda}, 1-\lambda, -\frac{\lambda}{2}+1, 1$ 和 ∞. 显然

$$\max_{-\sqrt{1-\lambda}\leqslant x\leqslant\sqrt{1-\lambda}} T_{2\lambda}(x)=T_{2\lambda}(1-\lambda)=(1-\lambda)^2 \quad (1)$$

$$\min_{-\sqrt{1-\lambda}\leqslant x\leqslant\sqrt{1-\lambda}} T_{2\lambda}(x)=0 \quad (2)$$

并且 $T'_{2\lambda}(z)$ 在 $(-\sqrt{1-\lambda},\sqrt{1-\lambda})$ 上只有一个零点 $z=1-\lambda$. 又

$$T_{2\lambda}(1-\lambda)=(1-\lambda)^2<1-\lambda$$

易验证，$T_{2\lambda}$ 仅有 4 个实不动点，所以 $T_{2\lambda}$ 在 $(-\sqrt{1-\lambda},\sqrt{1-\lambda})$ 上只有一个不动点 x_0. 进一步，可验证 x_0 是吸性不动点. 由

$$T_{2\lambda}([0,x_0])=\left[\left(\frac{\lambda-1}{\lambda-2}\right)^2,x_0\right]\subseteq(0,x_0]$$

和

$$T_{2\lambda}([x_0,1-\lambda])=[x_0,(1-\lambda)^2]\subseteq[x_0,1-\lambda]$$

可知，$[0,1-\lambda)\subseteq A_\lambda(x_0)$，这里 $A_\lambda(x_0)$ 是 x_0 的直接吸性域，由(1) 和(2) 知

$$T_{2\lambda}([-\sqrt{1-\lambda},\sqrt{1-\lambda}])=[0,(1-\lambda)^2]\subseteq[0,1-\lambda]$$

因此，$[-\sqrt{1-\lambda},\sqrt{1-\lambda}]\subseteq A_\lambda(x_0)$，并且 $-\sqrt{1-\lambda}$，

$\sqrt{1-\lambda}, 1-\lambda \in A_\lambda(x_0)$，注意 $T_{2\lambda}\left(-\frac{\lambda}{2}+1\right)=\infty$，所以 $T_{2\lambda}$ 在 $\lambda \in (0,1)$ 时是双曲的. 又由于

$$0 \in A_\lambda(x_0), T_{2\lambda}^{-1}(0)=\{-\sqrt{1-\lambda}, \sqrt{1-\lambda}\} \subseteq A_\lambda(x_0)$$

故 $A_\lambda(x_0)$ 是完全不变域.

易见，$T_{21}(z)=\frac{z^4}{(2z-1)^2}$ 有 4 个临界点 $z=0,1,\frac{1}{2},\infty$，显然 T_{21} 也是双曲的. 令 $\varphi(z)=\frac{1}{z}$，则

$$\varphi^{-1} \circ T_{21} \circ \varphi(z)=z^2(2-z)^2$$

是一个多项式. 由于 $\varphi(\infty)=0$，$z=0$ 是 $T_{21}(z)$ 的超吸性不动点，故 $z=0$ 的直接吸性域 $A_1(0)$ 是 $F(T_{21})$ 的完全不变域.

若 $\lambda>1$，由(1) 知 T_λ 有 6 个临界点：$\pm\sqrt{\lambda-1}\mathrm{i}$，$-\lambda+1$，$-\frac{\lambda}{2}+1$，1 和 ∞. 易验证，对任意 $\lambda \in \left(1,\frac{32}{27}\right)$，$T_{2\lambda}$ 有 4 个不动点 $z=1, a_0, \alpha, \beta$. 易证 a_0 和 1 是吸性不动点，α 和 β 是斥性不动点，并且满足

$$0<a_0<\alpha<-\frac{\lambda}{2}+1, 1<\beta<\infty$$

由于

$$T_{2\lambda}([-\lambda+1, a_0])=[(-\lambda+1)^2, a_0] \subseteq (-\lambda+1, a_0]$$

所以

$$-\lambda+1 \in [-\lambda+1, a_0] \subseteq A_\lambda(a_0)$$

注意

$$T_{2\lambda}(\pm\sqrt{\lambda-1}\mathrm{i})=0$$

$$0 \in [-\lambda+1, a_0] \subseteq A_\lambda(a_0)$$

$$T_{2\lambda}\left(-\frac{\lambda}{2}+1\right)=\infty$$

所以，$T_{2\lambda}$ 在 $\lambda \in \left(1,\frac{32}{27}\right)$ 时也是双曲的.

$$\begin{cases}\Gamma_1(\lambda):\left|z+\frac{\lambda}{2}-1\right|=\frac{\lambda}{2} \\ \Gamma_1^*=\Gamma_1(\lambda)\cap\{z\,|\,\mathrm{Re}\,z\leqslant 0\}\end{cases}\tag{3}$$

易证，当 $\lambda\in(1,2)$ 时

$$T_{2\lambda}(\Gamma_1^*(\lambda))=[0,(1-\lambda)^2]\subseteq F(T_{2\lambda})$$

且 $\Gamma_1^*(\lambda)\subseteq F(T_{2\lambda})$. 又

$$[1-\lambda,a_0]\subseteq A_\lambda(a_0)\subseteq F(T_{2\lambda}),1-\lambda\in\Gamma_1^*(\lambda)$$

所以

$$\Gamma_1^*(\lambda)\cup[1-\lambda,a_0]\subseteq A_\lambda(a_0)$$

注意

$$\pm\sqrt{\lambda-1}\,\mathrm{i}\in\Gamma_1^*(\lambda)\subseteq A_\lambda(a_0),0\in A_\lambda(a_0)$$

$$T_\lambda^{-1}(0)=\pm\sqrt{\lambda-1}\,\mathrm{i}$$

所以，当 $\lambda\in\left(1,\frac{32}{27}\right)$ 时，$A_\lambda(a_0)$ 是 $T_{2\lambda}$ 的完全不变域.

于是证明了，当 $\lambda\in\left(0,\frac{32}{27}\right)$ 时 $T_{2\lambda}$ 是双曲的，并且 $F(T_{2\lambda})$ 有一个完全不变域 D_λ. 由 $J(T_{2\lambda})$ 的连通性可知，D_λ 是单连通的.

易见，$F(T_{2\lambda})$ 仅有 3 个周期循环域 D_λ，$A_\lambda(1)$ 和 $A_\lambda(\infty)$. 故 $F(T_{2\lambda})$ 有无穷多个分支. 任取 $F(T_{2\lambda})\backslash D_\lambda$ 的一个分支 D_*. $J(T_{2\lambda})$ 是局部连通的. 由引理 1，存在 Jordan 闭曲线 $\omega\subseteq J(T_{2\lambda})$，使得 D_* 和 D_λ 属于 $C\backslash\omega$ 的不同分支. 记 $C\backslash\omega$ 的包含 D_* 的分支为 Ω，则 $D_\lambda\in C\backslash\Omega$. 由于 D_λ 是完全不变域，由 $\Omega\cap J(T_{2\lambda})=\varnothing$，故 $D_*=\Omega$ 为 Jordan 域，这就证明了：$F(T_{2\lambda})\backslash D_\lambda$ 的每个分支都是 Jordan 域.

(2) 若$\lambda=\frac{32}{27}$，记 $T_{2\lambda}=T_{\frac{32}{27}}$，容易计算，$T_{\frac{32}{27}}$ 仅有 3 个实不动点 $z=1,x_0,x_1$，其中 1 是超吸性不动点，$x_0\in\left(0,\frac{11}{27}\right)$ 是有理中性不动点，$x_1\in(1,+\infty)$ 是斥性不动点.

由于当 $x\in\left[-\frac{5}{27},x_0\right]$ 时 $T_{\frac{32}{27}}(x)\in(0,x_0)$，当 $x\in[0,x_0)$ 时 $T_{\frac{32}{27}}(x)<x$，所以，当 $x\in\left[-\frac{5}{27},x_0\right)$ 时 $T^k_{\frac{32}{27}}(x)\to x_0(k\to\infty)$，从而 $\left[-\frac{5}{27},x_0\right)\subseteq L_{\frac{32}{27}}(x_0)$，这里 $L_{\frac{32}{27}}(x_0)$ 是抛物不动点 x_0 的直接抛物域. 注意

$$0\in\left[-\frac{5}{27},x_0\right),T^{-1}_{\frac{32}{27}}(0)=\left\{\pm\sqrt{\frac{5}{27}}\mathrm{i}\right\}$$

由 $F(T_{\frac{32}{27}})$ 关于实轴的对称性知，$L_{\frac{32}{27}}(x_0)$ 是 $F(T_{\frac{32}{27}})$ 的完全不变分支. 由于 $J(T_{\frac{32}{27}})$ 是连通的，故 $L_{\frac{32}{27}}(x_0)$ 是单连通的.

下面证明 $\partial A_\lambda(1)$ 和 $\partial A_\lambda(\infty)$ 上没有抛物周期点. $A_{\frac{32}{27}}(1)$ 和 $A_{\frac{32}{27}}(\infty)$ 是单连通的，可见 $\partial A_{\frac{32}{27}}(1)$ 和 $\partial A_{\frac{32}{27}}(\infty)$ 是连通的. 下面利用(3) 定义圆周 $\Gamma_1\left(\frac{32}{27}\right)$. 易见

$$T_{\frac{32}{27}}\left(\Gamma_1\left(\frac{32}{27}\right)\right)=\left[0,\left(\frac{5}{27}\right)^2\right]$$

下证

$$A_{\frac{32}{27}}(\infty)\cap\overline{\mathrm{Int}\left(\Gamma_1\left(\frac{32}{27}\right)\right)}=\varnothing \tag{4}$$

事实上，如若不然，则在 $A_{\frac{32}{27}}(\infty)$ 的紧子集上存在一条

曲线 γ_1，使得 γ_1 连接 $\overline{\mathrm{Int}(\Gamma_1)}$ 和 ∞. 由于

$$T_{\frac{32}{27}}\left(\gamma_1 \cap \Gamma_1\left(\frac{32}{27}\right)\right) \subseteq \left[0, \left(\frac{5}{27}\right)^2\right] \subseteq \mathrm{Int}\left(\Gamma_1\left(\frac{32}{27}\right)\right)$$

$$T_{\frac{32}{27}}(\infty) = \infty \in \mathrm{Out}\left(\Gamma_1\left(\frac{32}{27}\right)\right)$$

故 $T_{\frac{32}{27}}(\gamma_1) \cap \overline{\mathrm{Int}\left(\Gamma_1\left(\frac{32}{27}\right)\right)} \neq \varnothing$，依次重复此过程就有

$$T^k_{\frac{32}{27}}(\gamma_1) \cap \overline{\mathrm{Int}\left(\Gamma_1\left(\frac{32}{27}\right)\right)} \neq \varnothing, \forall k \in N$$

这与 $T^k_{\frac{32}{27}}(\gamma_1) \to \infty (k \to \infty)$ 矛盾，从而(4)成立. 由于 $x_0 \in \mathrm{Int}\left(\Gamma_1\left(\frac{32}{27}\right)\right)$，所以 $x_0 \notin \partial A_{\frac{32}{27}}(\infty)$. 令

$$\Gamma_2\left(\frac{32}{27}\right): y^2 = -\frac{\left(x - \frac{11}{27}\right)\left(x^2 + \frac{5}{27}\right)}{x + \frac{11}{27}}, z = x + \mathrm{i}y$$

易证 $\Gamma_2\left(\frac{32}{27}\right)$ 是位于 $-\frac{11}{27} < \mathrm{Re}\, z < \frac{11}{27}$ 上的一条简单曲线，它与 x 轴交于点 $\frac{11}{27}$，与 y 轴交于点 $\sqrt{\frac{5}{27}}\mathrm{i}$ 和 $-\sqrt{\frac{5}{27}}\mathrm{i}$，且 $\Gamma_2\left(\frac{32}{27}\right)$ 的两端点分别趋于 $-\frac{11}{27} + \mathrm{i} \cdot \infty$ 和 $-\frac{11}{27} - \mathrm{i} \cdot \infty$，$T_{\frac{32}{27}}\left(\Gamma_2\left(\frac{32}{27}\right)\right) \subseteq (-\infty, 0]$.

记 $C \backslash \Gamma_2\left(\frac{32}{27}\right)$ 包含点 $-\frac{32}{27}$ 的分支为 $\Omega_L\left(\frac{32}{27}\right)$. 以下证明

$$A_{\frac{32}{27}}(1) \cap \overline{\Omega_L\left(\frac{32}{27}\right)} = \varnothing \tag{5}$$

事实上，如若不然，则在 $A_{\frac{32}{27}}(1)$ 的紧子集上存在一条

曲线 γ_2 连接$\overline{\Omega_L\left(\frac{32}{27}\right)}$ 和 $z=1$. 由于

$$T_{\frac{32}{27}}\left(\Gamma_2\left(\frac{32}{27}\right)\right)\subseteq(-\infty,0]\subseteq\overline{\Omega_L\left(\frac{32}{27}\right)}$$

所以 $T_\lambda(\gamma_2)\cap(-\infty,0]\neq\varnothing$，于是有 $T_{\frac{32}{27}}(\gamma_2)\cap\overline{\Omega_L\left(\frac{32}{27}\right)}\neq\varnothing$. 又因为 $T_{\frac{32}{27}}(1)=1$，依次重复此过程可知

$$T^k_{\frac{32}{27}}(\gamma_2)\cap\overline{\Omega_L\left(\frac{32}{27}\right)}\neq\varnothing,\forall k\in N$$

这与 $T^k_{\frac{32}{27}}(\gamma_2)\to1(k\to\infty)$ 矛盾，从而(5) 成立. 由于 $x_0\in\Omega_L\left(\frac{32}{27}\right)$，所以 $x_0\notin\partial A_{\frac{32}{27}}(1)$.

在这种情形下，每个临界点都属于 $F(T_{\frac{32}{27}})$，且任一临界点的正向轨道只能趋于 x_0，1 或 ∞. 从而，$T_{\frac{32}{27}}$ 是几何有限的. $J(T_{\frac{32}{27}})$ 是局部连通的. 从此结论出发，用情况(1) 中的讨论方法，自然可以迅速完成情况(2) 的证明，但是，下面要说明，在这种情况下仅从 $T_{\frac{32}{27}}$ 在 $\partial A_{\frac{32}{27}}(1)$ 和 $\partial A_{\frac{32}{27}}(\infty)$ 上的扩张性出发，也可导出所要的结论. 具体证明方法如下：记 P 为所有临界点的正向轨道的并集，则 $\bar{P}\cap J(T_{\frac{32}{27}})=\{x_0\}$. 记 U 为区域 $\hat{C}\backslash\bar{P}$. 由上面的讨论可知 $\partial A_{\frac{32}{27}}(1)$ 和 $\partial A_{\frac{32}{27}}(\infty)$ 是 U 的两个紧子集. 由于 $T_{\frac{32}{27}}(\bar{P})\subseteq\bar{P}$，所以 $T^{-1}_{\frac{32}{27}}(U)\to U$. 又 $\bar{P}$ 至少包含 3 个点，于是可知，U 的万有覆盖 $\widetilde{U}$ 是单位圆，因此 $T^{-1}_{\frac{32}{27}}:U\to U$ 可提升为 $\widetilde{U}$ 到其自身的单值解析映射. 应用 Schwarz 引理得到，$T_{\frac{32}{27}}$ 在 $\partial A_{\frac{32}{27}}(1)$ 和 $\partial A_{\frac{32}{27}}(\infty)$ 上是扩张的，从而由引理 2 可知 $\partial A_{\frac{32}{27}}(1)$ 和 $\partial A_{\frac{32}{27}}(\infty)$ 是局部连通的. 由引理 1，用情况(1) 中的讨论方法可以证明，$A_{\frac{32}{27}}(1)$ 和 $A_{\frac{32}{27}}(\infty)$ 是两个 Jordan 域，由于

$F(T_{\frac{32}{27}})\setminus L_{\frac{32}{27}}(x_0)$ 的每个分支至多包含一个临界点，可知 $F(T_{\frac{32}{27}})\setminus L_{\frac{32}{27}}(x_0)$ 的每个分支均是 Jordan 域.

(3) 若 $\lambda\in\left(\frac{32}{27},3\right]$，设

$$\Gamma_1(\lambda):\left|z+\frac{\lambda}{2}-1\right|=\frac{\lambda}{2}$$

$$\Gamma_2(\lambda):y^2=-\frac{\left(x+\frac{\lambda}{2}-1\right)(x^2+\lambda-1)}{x-\frac{\lambda}{2}+1},z=x+\mathrm{i}y$$

这里 $\lambda\neq 2$，$\Gamma_2(2)$ 为虚轴 $\operatorname{Re} z=0$. 易证它们有下列性质：

(ⅰ) $\Gamma_1(\lambda)$ 是一个圆周且 $T_{2\lambda}(\Gamma_1(\lambda))\subseteq[0,1]\cup[0,(1-\lambda)^2]$；

(ⅱ) $\Gamma_2(\lambda)$ 是位于 $\frac{\lambda}{2}-1<\operatorname{Re} z<-\frac{\lambda}{2}+1$ 上的一条简单曲线，它与 x 轴交于点 $-\frac{\lambda}{2}+1$，与 y 轴交于点 $\sqrt{\lambda-1}\,\mathrm{i}$ 和 $-\sqrt{\lambda-1}\,\mathrm{i}$，且 $\Gamma_2(\lambda)$ 的两端点分别趋于 $\frac{\lambda}{2}-1+\mathrm{i}\cdot\infty$ 和 $\frac{\lambda}{2}-1-\mathrm{i}\cdot\infty$，$T_{2\lambda}(\Gamma_2(\lambda))\subseteq(-\infty,0]$.

记 $C\setminus\Gamma_2(\lambda)$ 包含 $1-\lambda$ 的分支为 $\Omega_L(\lambda)$. 以下证明

$$A_\lambda(\infty)\cap\overline{\operatorname{Int}(\Gamma_1(\lambda))}=\varnothing,A_\lambda(1)\cap\overline{\Omega_L(\lambda)}=\varnothing \tag{6}$$

分下列两种情形讨论：

① 若 $\lambda\in\left(\frac{32}{27},2\right]$，由于

$$T_{2\lambda}(\Gamma_1(\lambda))\subseteq[0,1]\subseteq\overline{\operatorname{Int}(\Gamma_1(\lambda))}$$

$$T_{2\lambda}(\infty)=\infty\in\operatorname{Out}(\Gamma_1(\lambda))$$

且

$$T_{2\lambda}(\Gamma_2(\lambda)) = (-\infty,0] \subseteq \overline{\Omega_L(\lambda)}, T_{2\lambda}(1) = 1 \notin \overline{\Omega_L(\lambda)}$$

应用类似于(4)和(5)的证明方法可证(6)也成立.

② 若 $\lambda \in (2,3]$,易验证,在$(1,\infty)$上 $T_{2\lambda}$ 有且仅有一个不动点 x_1,并且 x_1 是斥性不动点.又$[1,x_1) \subseteq A_\lambda(1)$,$(x_1,+\infty) \subseteq A_\lambda(\infty)$,因此,当 $x \in (1,x_1)$ 时 $T_{2\lambda}(x) < x$,当 $x \in (x_1,+\infty)$ 时 $T_{2\lambda}(x) > x$.

由于 $\lambda \in (2,3]$,易证 $T_{2\lambda}((\lambda-1)^2) \leqslant (\lambda-1)^2$,所以

$$T_{2\lambda}(-\lambda+1) = (\lambda-1)^2 \in (1,x_1] \subseteq A_\lambda(1)$$

由于$\dfrac{\lambda-1}{\lambda-2} \geqslant 2$,所以

$$\frac{\left(\dfrac{\lambda-1}{\lambda-2}\right)^4 + \lambda - 1}{2\left(\dfrac{\lambda-1}{\lambda-2}\right)^2 + \lambda - 2} \geqslant \frac{\lambda-1}{\lambda-2}$$

这说明 $T_{2\lambda}^2(0) \geqslant T_{2\lambda}(0)$.又由于 $T_{2\lambda}(0) = \left(\dfrac{\lambda-1}{\lambda-2}\right)^2 > 1$,于是得到 $T_{2\lambda}(0) \in [x_1,+\infty) \subseteq A_\lambda(\infty)$.

由

$$T_{2\lambda}(\Gamma_1(\lambda)) \subseteq [0,(1-\lambda)^2], T_{2\lambda}(\Gamma_2(\lambda)) \subseteq (-\infty,0]$$

有

$$T_{2\lambda}(\Gamma_1(\lambda)) \setminus \mathrm{Int}(\Gamma_1(\lambda)) = [1,(1-\lambda)^2]$$

$$T_{2\lambda}(\Gamma_2(\lambda)) \setminus \Omega_L(\lambda) = \left[-\frac{\lambda}{2}+1,0\right]$$

由上面的讨论可知,$[1,(1-\lambda)^2] \subseteq \overline{A_\lambda(1)}$.又由 $T_{2\lambda}(0) \in [x_1,+\infty)$ 和 $T'_{2\lambda}(x) < 0\left(x \in \left[-\dfrac{\lambda}{2}+1,0\right]\right)$ 可知,$T_{2\lambda}(x) > x_1\left(x \in \left(-\dfrac{\lambda}{2}+1,0\right)\right)$,于是

$$\left[-\frac{\lambda}{2}+1,0\right]\subseteq\overline{D\left(-\frac{\lambda}{2}+1\right)}$$

这里 $D\left(-\frac{\lambda}{2}+1\right)$ 为 $F(T_{2\lambda})$ 包含 $-\frac{\lambda}{2}+1$ 的分支. 综上所述,有以下结论成立

$$T_{2\lambda}(\Gamma_1(\lambda))\subseteq\overline{\mathrm{Int}(\Gamma_1(\lambda))\cup A_\lambda(1)}\qquad(7)$$

$$T_{2\lambda}(\Gamma_2(\lambda))\subseteq\overline{\Omega_L(\lambda)\cup D\left(-\frac{\lambda}{2}+1\right)}\qquad(8)$$

由(7)和(8)知,连接 ∞ 和 $\overline{\mathrm{Int}(\Gamma_1(\lambda))}$ 的弧,其像仍连接 ∞ 和 $\overline{\mathrm{Int}(\Gamma_1(\lambda))}$,并且连接 1 和 $\overline{\Omega_L(\lambda)}$ 的弧也具有这样的性质. 应用类似于 $\lambda=\frac{32}{27}$ 时的讨论可知,当 $\lambda\in(2,3]$ 时,(6)也成立.

下面证明在 $\lambda\in\left(\frac{32}{27},3\right]$ 这种情形下,$F(T_{2\lambda})$ 由无穷多个 Jordan 域组成. 当 $\lambda\in\left(\frac{32}{27},3\right]$ 时,由于

$$1-\lambda,\pm\sqrt{\lambda-1}\mathrm{i},-\frac{\lambda}{2}+1\in\overline{\mathrm{Int}(\Gamma_1(\lambda))}\cap\overline{\Omega_L(\lambda)}$$

所以 $A_\lambda(\infty)$ 和 $A_\lambda(1)$ 都只含有一个临界点. 它们都是单连通的.

易验证,在 $(1,\infty)$ 上 $T_{2\lambda}$ 有且仅有一个不动点 x_0. 显然 x_0 是斥性不动点, 且当 $x\in R\backslash[1,x_1]$ 时 $T_{2\lambda}(x)>x$. 于是,对任意的 $\eta\in\{\pm\sqrt{\lambda-1}\mathrm{i},-\lambda+1\}$,若 $\eta\in J(T_{2\lambda})$,则 $T_{2\lambda}^k(\eta)\to x_1(k\to\infty)$,又由于 $J(T_{2\lambda})$ 与 $[1,\infty)$ 仅有一个交点 x_1,所以当 k 充分大时 $T_{2\lambda}^k(\eta)=x_1$;若 $\eta\in F(T_{2\lambda})$,则要么存在 $n_0\in N$,使得 $T_{2\lambda}^{n_0}(\eta)\in[1,x_1)\subseteq A_\lambda(1)$,要么存在 $m_0\in N$,使得 $T_{2\lambda}^{m_0}(\eta)\in A_\lambda(\infty)$,故当 $\lambda\in\left(\frac{32}{27},3\right]$ 时,$T_{2\lambda}$ 是次双曲的. $F(T_\lambda)$ 仅

包含两个周期域 $A_\lambda(1)$ 和 $A_\lambda(\infty)$.

由于 $\pm\sqrt{\lambda-1}\mathrm{i}$, $-\lambda+1\in\Gamma_1(\lambda)$, $T_{2\lambda}\left(-\frac{\lambda}{2}+1\right)=\infty$ 且式(7)成立,通过与上面类似的讨论可知,临界点 $-\frac{\lambda}{2}+1$ 与另外 3 个临界点 $\pm\sqrt{\lambda-1}\mathrm{i}$, $-\lambda+1$ 中的任何一个都不位于 $F(T_{2\lambda})$ 的同一分支中. 进一步有 $\{\pm\sqrt{\lambda-1}\mathrm{i}, -\lambda+1\}$ 中任意两个也不能同时位于 $F(T_{2\lambda})$ 的同一分支中. 事实上,如若不然,由于 $T_\lambda(\pm\sqrt{\lambda-1}\mathrm{i})=0$, $T_{2\lambda}(-\lambda+1)\in A_\lambda(1)$ 且 $T_{2\lambda}(0)\in A_\lambda(\infty)$,故 $\sqrt{\lambda-1}\mathrm{i}$ 和 $-\sqrt{\lambda-1}\mathrm{i}$ 位于 $F(T_{2\lambda})$ 的同一分支 D 中,且 $-\lambda+1\notin D$. 于是 $T_{2\lambda}: D\to D_0$ 是 4 重覆盖映射,这里 $D_0=T_{2\lambda}(D)$ 是 $F(T_{2\lambda})$ 的一个分支. 由上面的讨论可知,每个 $T_{2\lambda}^k(D_0)(k\geqslant 0)$ 至多包含一个临界点,且 k 充分大时,要么 $T_{2\lambda}^k(D_0)=A_\lambda(\infty)$,要么 $T_{2\lambda}^k(D_0)=A_\lambda(1)$. 因为 $A_\lambda(1)$ 和 $A_\lambda(\infty)$ 都是单连通的,由 Riemann-Hurwitz 公式,D_0 也是单连通的. 再对 $T_{2\lambda}: D\to D_0$ 应用 Riemann-Hurwitz 公式有 $\chi(D)=4\chi(D_0)-2=2$. 于是 $D=\hat{\mathbb{C}}$,矛盾,因此有结论:$F(T_{2\lambda})$ 的每个分支至多包含一个临界点.

由于 $A_\lambda(\infty)$ 和 $A_\lambda(1)$ 是单连通的,且 $T_{2\lambda}$ 是次双曲的,可知 $\partial A_\lambda(\infty)$ 和 $\partial A_\lambda(1)$ 都是局部连通的. 下面证明 $A_\lambda(\infty)$ 和 $A_\lambda(1)$ 都是 Jordan 域.

由(6)知,$0, \pm\sqrt{\lambda-1}\mathrm{i}$ 位于 $\hat{\mathbb{C}}\setminus\overline{A_\lambda(\infty)}$ 的分支 D_0 的闭包内. 存在 ∂D_0 上的 Jordan 曲线 Γ_∞, Γ_∞ 将 D_0 与 $A_\lambda(\infty)$ 分离,故 $\Gamma_\infty=\partial D_0$. 记 $T_{2\lambda}^{-1}(\hat{\mathbb{C}}\setminus\overline{D_0})$ 包含 $A_\lambda(\infty)$ 的分支为 E. 由于

$$T_{2\lambda}(\partial A_\lambda(\infty)) = \partial A_\lambda(\infty), 0 \in \overline{D_0}$$

且

$$T_{2\lambda}^{-1}(0) = \pm\sqrt{\lambda-1}\,\mathrm{i} \in \overline{D_0}$$

故 $T_{2\lambda}^{-1}(D_0) \subseteq \overline{D_0}$. 所以 $\partial E \subseteq \overline{D_0}$, 于是

$$E \supseteq \overline{C} \setminus \overline{D_0} = T_{2\lambda}(E)$$

所以 E 是 $F(T_\lambda)$ 的一个分支，因此 $E = \hat{C} \setminus \overline{D_0}$. 由于 $E \supseteq A_\lambda(\infty) = \overline{C} \setminus \overline{D_0}$, 故 $A_\lambda(\infty)$ 是 Jordan 域.

由(6) 和

$$0 \in \Omega_L(\lambda), T_{2\lambda}^{-1}(0) \in \Omega_L(\lambda)$$

知 $0, T_{2\lambda}^{-1}(0)$ 位于 $\hat{C} \setminus \overline{A_\lambda(1)}$ 的分支 D_1 的闭包内. 通过对 $A_\lambda(1)$ 进行类似的讨论知，它也是 Jordan 域.

由于 $F(T_{2\lambda})$ 仅有两个周期域 $A_\lambda(1)$ 和 $A_\lambda(\infty)$, 可知 $F(T_{2\lambda})$ 由 $T_{2\lambda}^{-k}(A_\lambda(1))$ 和 $T_{2\lambda}^{-k}(A_\lambda(\infty))(k=0,1,2,\cdots)$ 的所有分支组成. 注意 $F(T_{2\lambda})$ 的每个分支至多包含一个临界点. $F(T_{2\lambda})$ 由无穷多个 Jordan 域组成.

(4) 若 $\lambda < 0$, 易证

$$0 \leqslant T_{2\lambda}(x) \leqslant T_{2\lambda}(1) = 1 \tag{9}$$

$$x \in [-\sqrt{-\lambda+1}, \sqrt{-\lambda+1}]$$

且

$$x < T_{2\lambda}(x) < 1, x \in [0,1) \tag{10}$$

由(9) 和(10) 知，对任意 $x \in [-\sqrt{-\lambda+1}, \sqrt{-\lambda+1}]$, 有 $T_{2\lambda}^k(x) \to 1 (k \to \infty)$, 于是

$$[-\sqrt{-\lambda+1}, \sqrt{-\lambda+1}] \subseteq F(T_{2\lambda})$$

对因为

$$0 \in A_\lambda(1)$$

$$T_{2\lambda}^{-1}(0) = \{-\sqrt{-\lambda+1}, \sqrt{-\lambda+1}\} \subseteq A_\lambda(1)$$

故 $A_\lambda(1)$ 是 $F(T_{2\lambda})$ 的完全不变域.

令 $f(t)=t^4-2t^3+(2-\lambda)t-(1-\lambda)$，则

$$f'(t)=4t^3-6t^2+(2-\lambda),f''(t)=12t(t-1)$$

显然，当 $t>1$ 时，$f''(t)>0$ 且 $f'(1)=-\lambda>0$，于是，当 $t>1$ 时，$f'(t)>0$. 进一步由 $f(1)=0$ 可知，当 $t>1$ 时，$f(t)>0$，即当 $t>1$ 时

$$t^4+\lambda-1>2t^3+(\lambda-2)t \tag{11}$$

若 $x>-\dfrac{\lambda}{2}+1$，令 $x=t^2$，则 $2t^2+(\lambda-2)>0$. 由(11)知

$$\frac{x^2+\lambda-1}{2x+\lambda-2}>\sqrt{x}$$

且当 $x>-\dfrac{\lambda}{2}+1$ 时，$T_{2\lambda}(x)>x$. 所以，对任意 $x>-\dfrac{\lambda}{2}+1$ 有 $T_{2\lambda}^k(x)\to\infty(k\to\infty)$，因此

$$\left[-\frac{\lambda}{2}+1,\infty\right)\subseteq A_\lambda(\infty)$$

又由

$$T_{2\lambda}^{-1}(\infty)=\left\{\infty,-\frac{\lambda}{2}+1\right\}\subseteq A_\lambda(\infty)$$

知 $A_\lambda(\infty)$ 也是 $F(T_{2\lambda})$ 的一个完全不变域. $F(T_\lambda)$ 由两个 Jordan 域 $A_\lambda(1)$ 和 $A_\lambda(\infty)$ 组成.

(5) 若 $\lambda=0$，记 $T_{2,0}=T_0$，则 $T_0(z)=\dfrac{1}{4}(z+1)^2$，$T'_0(z)=\dfrac{1}{2}(z+1)$，$T_0$ 仅有一个临界点 $z=-1$. 显然，$z=1$ 是 T_0 的有理中性不动点，且当 $x\in[-1,1)$ 时，$0\leqslant T_0(x)<T_0(1)=1$. 另一方面，对任意 $x\in[0,1)$ 有 $T_0(x)>x$，且 $T_0^k(x)\to 1(k\to\infty)$，于是有[−1,

1) $\subseteq F(T_0)$. 记有理中性不动点 $z=1$ 的直接抛物域为 $L_0(1)$. 因为 $T_0^{-1}(0)=\{-1\}\subseteq L_0(1)$. 所以 $L_0(1)$ 是 $F(T_0)$ 的完全不变域. $F(T_0)$ 由两个 Jordan 域 $L_0(1)$ 和 $A_\lambda(\infty)$ 组成.

(6) 若 $\lambda>3$, 易验证, $T_{2\lambda}$ 在 $(1,+\infty)$ 上有且仅有一个不动点 x_1, 且 x_1 是斥性不动点. 又

$$(x_1,\infty)\subseteq A_\lambda(\infty),[1,x_1)\subseteq A_\lambda(1)$$

因此, 当 $x\in(1,x_1)$ 时 $T_{2\lambda}(x)<x$, 而当 $x\in(x_1,+\infty)$ 时 $T_{2\lambda}(x)>x$. 又因为当 $\lambda>3$ 时

$$T_{2\lambda}((1-\lambda)^2)>(1-\lambda)^2$$

所以

$$T_{2\lambda}(-\lambda+1)=(\lambda-1)^2>x_1$$

注意

$$\min_{x\in\left(-\infty,-\frac{\lambda}{2}+1\right)} T_{2\lambda}(x)=T_{2\lambda}(-\lambda+1)=(\lambda-1)^2$$

所以

$$T_{2\lambda}\left(\left(-\infty,-\frac{\lambda}{2}+1\right)\right)\subseteq(x_1,+\infty)\subseteq A_\lambda(\infty)$$

这说明 $\left(-\infty,-\frac{\lambda}{2}+1\right)\subseteq F(T_{2\lambda})$. 另一方面, $T_{2\lambda}^{-1}(\infty)=\left\{-\frac{\lambda}{2}+1,\infty\right\}$, 因此 $\left(-\infty,-\frac{\lambda}{2}+1\right]\subseteq A_\lambda(\infty)$, 于是 $A_\lambda(\infty)$ 是 $F(T_{2\lambda})$ 的完全不变域. 易证当 $\lambda>3$ 时

$$\frac{\left(\frac{\lambda-1}{\lambda-2}\right)^4+\lambda-1}{2\left(\frac{\lambda-1}{\lambda-2}\right)^2+\lambda-2}<\frac{\lambda-1}{\lambda-2}$$

即 $T_{2\lambda}^2(0)<T_{2\lambda}(0)$. 注意 $T_{2\lambda}(0)=\left(\frac{\lambda-1}{\lambda-2}\right)^2>1$, 故

$$T_{2\lambda}(0) \in (1, x_1) \subseteq A_\lambda(1)$$

显然，$T_{2\lambda}(x)$ 在$[0,1)$ 上是单调递减的，于是

$$T_{2\lambda}(x) \in (1, T_{2\lambda}(0)] \subseteq (1, x_1) \subseteq A_\lambda(1), x \in [0,1)$$

故 $0 \in A_\lambda(1)$. 又因为

$$T_{2\lambda}^{-1}(0) = \{-\sqrt{\lambda-1}\mathrm{i}, \sqrt{\lambda-1}\mathrm{i}\}, T_{2\lambda}(A_\lambda(1)) = A_\lambda(1)$$

且 $F(T_{2\lambda})$ 关于实轴对称，所以 $\pm\sqrt{\lambda-1}\mathrm{i} \in A_\lambda(1)$，从而 $A_\lambda(1)$ 是 $F(T_{2\lambda})$ 的完全不变域. $F(T_{2\lambda})$ 由两个 Jordan 域 $A_\lambda(1)$ 和 $A_\lambda(\infty)$ 组成. 证毕.

参考文献

[1] 康威 J B. 单复变函数[M]. 吕以辇,张南岳,译. 上海:上海科学技术出版社,1985.

[2] CARATHEODORY C. 复变函数论:第1卷[M]. 赵彦达,译. 北京:高等教育出版社,1985.

[3] 郑建华. 复分析[M]. 北京:清华大学出版社,2000.

[4] 庄圻泰,张南岳. 复变函数[M]. 北京:北京大学出版社,1984.

[5] 功力金二郎. 复变函数论[M]. 刘书琴,译. 上海:上海科学技术出版社,1963.

[6] 李忠. 复分析导引[M]. 北京:北京大学出版社,2004.

[7] 普里瓦洛夫 N N. 复变函数引论[M]. 北京:人民教育出版社,1953.

[8] 朱静航. 复变函数论[M]. 长春:东北师大出版社,1957.

[9] 钟玉泉. 复变函数论[M]. 北京:高等教育出版社,1979.

[10] 伦兹,艾尔斯哥尔兹. 复变函数与运算微积分初步[M]. 熊振翔,杨应辰,丘玉圃,译. 北京:人民教育出版社,1960.

[11] 马库雪维奇 A И. 解析函数论简明教程[M]. 阎

昌龄，吴望一，译. 北京：人民教育出版社，1961.

[12] SHIN M H, TAN K K. Analytic functions of topological proper contractions[J]. Math. Z., 1984, 187: 317-323.

[13] FAN K Y. Analytic functions of a proper contraction[J]. Math. Z., 1978, 160: 275-290.

[14] RIESZ F, SZNAGY B. Functional Analysis[M]. New York: Ungar, 1960.

[15] KANTOROVITZ S. Operational calculus in Banach algebras for algebra-valued functions[J]. Trans. Amer. Math. Soc., 1964, 110: 519-537.

[16] TAO Z G. Analytic operator functions [J]. J. Math. Anal. Appl., 1984, 103: 293-320.

[17] VESENTINI E. On the subharmonicity of the spectral radius[J]. Boll. Un. Mat. Ital., 1968, 1: 427-429.

[18] BROWN A, DOUGLAS R G. On maximum theorems for analytic operator functions[J]. Acta Sci. Math. Szeged, 1966, 26: 325-327.

[19] GLOBERNIK J. Schwarz's lemma for the spectral radius[J]. Rev. Roum. Math. Pures et Appl., 1974, 8: 1009-1072.

◎编辑手记

本书是从一道美国加利福尼亚大学分校数学系的一道博士生资格考试的试题谈起的.

中国目前已经成为了全球最大的博士生产基地,每年都有数以万计的博士被批量生产出来.产量大跃进的同时对质量下滑的垢病也随之而来.即使像清华北大这样的学校民间也早有:一流的本科生,二流的硕士生,三流的博士生的评价.那么一流的人才都去哪读博士去了呢?答案是有目共睹的:美国.更详细的统计材料笔者没有.但由于笔者有近30年的奥数培训经历,所以对那些当年中学生中的天之骄子——国际数学、物理、信息学竞赛的金银牌选手后来的去向还是略知一二的,具不完全统计,昔日中国奥赛获奖选手在美国读博士的就有如下数人:

罗华章,1989数学金牌,美国麻省理工博士,美国某软件公司任职;

霍晓明,1989 数学金牌,美国斯坦福统计学博士,Georgia 工程系助理教授;

唐若曦,1989 数学银牌,美国哈佛统计学博士;

颜华菲,1989 数学银牌,美国麻省理工数学博士,TAMU 副教授;

吴明扬,1990 物理金牌,美国俄亥俄大学计算机工程博士;

陈伯友,1990 物理铜牌,WPI 电子工程博士;

段志勇,1990 物理铜牌,美国耶鲁物理博士;

杨澄,1990 信息学银牌,1991 信息学金牌,美国斯坦福博士;

汪建华,1990 数学金牌,美国麻省理工数学博士,美国某软件公司任职;

王菘,1990 数学金牌,美国麻省理工数学博士,Yale 大学数学系助理教授;

库超,1990 数学银牌,美国加州理工数学博士,UIC 数学系任教;

王泰然,1990 物理金牌,美国麻省理工物理博士,新泽西 NEC 公司研究员;

宣佩琦,1990 物理金牌,美国加州大学伯克利分校电子工程博士;

罗炜,1991 数学金牌,美国麻省理工数学博士;

张里钊,1991 数学金牌,美国麻省理工数学博士;

王绍昱,1991 数学金牌,美国加州理工数学博士;

王菘,1991 数学金牌,美国普林斯顿数学博士,Yale 大学数学系助理教授;

陈涵,1992 物理金牌,美国普林斯顿计算机科学博士,IBM Watson 研究中心研究员;

石长春，1992物理金牌，美国加州大学伯克利分校电子工程博士，D. E. Shaw研究中心研究员；

罗卫东，1992物理金牌，美国加州大学伯克利分校物理博士；

张霖涛，1992物理金牌，美国普林斯顿电子工程博士，微软硅谷研究所研究员；

杨保中，1992数学金牌，美国斯坦福金融博士生；

罗炜，1992数学金牌，美国麻省理工博士，浙江大学数学系教授；

何斯迈，1992数学金牌，美国纽约州立大学博士；

章寅，1992数学金牌，美国康奈尔计算机科学博士，德州大学计算机系助理教授；

张俊安，1993物理金牌，美国加州大学圣地亚哥分校电子工程博士生；

李林波，1993物理金牌，美国普林斯顿电子工程博士生；

贾占峰，1993物理银牌，美国加州大学伯克利分校电子工程博士生；

黄稚宁，1993物理铜牌，美国普林斯顿电子工程博士生；

郭远山，1993信息学金牌，美国加州理工博士；

袁汉辉，1993数学金牌，原美国麻省理工数学博士生，因精神问题被退学；

杨克，1993数学金牌，美国卡内基梅隆大学计算机科学博士，Google公司职员；

杨亮，1994物理金牌，美国哈佛物理博士生；

田涛，1994物理金牌，美国加州大学洛杉矶分校电子工程博士，QUALCOMM公司研究员；

张健，1994 数学金牌，俄罗斯莫斯科国立大学数学系博士；

姚健钢，1994 数学金牌，美国加州大学伯克利分校数学博士生；

彭建波，1994 数学金牌，美国纽约大学计算机科学博士生；

奚晨海，1994 数学银牌，美国匹兹堡大学计算机科学博士生；

王海栋，1994 数学银牌，美国斯坦福计算机科学博士生；

于海涛，1995 物理金牌，美国哥伦比亚物理博士生；

毛蔚，1995 物理金牌，美国加州大学伯克利分校电子工程博士生；

谢小林，1995 物理金牌，美国麻省理工物理博士生；

倪彬，1995 物理金牌，美国普渡大学通讯工程博士生；

蒋志，1995 物理金牌，美国普渡大学通讯工程博士生；

常成，1995 数学金牌，美国加州大学伯克利分校电子工程博士生；

朱辰畅，1995 数学金牌，美国加州大学伯克利分校数学博士；

王海栋，1995 数学金牌，美国斯坦福计算机科学博士生；

林逸舟，1995 数学银牌，美国加州大学洛杉矶分校计算机科学博士生；

姚一隽,1995 数学银牌,法国巴黎理工大学数学系博士生;

刘雨润,1996 物理金牌,美国加州理工计算机科学博士生;

张蕊,1996 物理金牌,美国斯坦福电子工程博士生;

徐开闻,1996 物理金牌,美国麻省理工物理博士生;

倪征,1996 物理金牌,美国伊利诺斯大学计算机科学博士生;

陈汇钢,1996 物理金牌,美国马里兰大学电子工程博士生;

陈磊,1996 信息学金牌,美国威斯康星麦迪逊分校计算机科学博士生;

闫珺,1996 数学金牌,美国斯坦福金融博士生;

何旭华,1996 数学金牌,美国麻省理工数学博士生;

王列,1996 数学银牌,美国宾夕法尼亚大学统计系博士生;

蔡凯华,1996 数学银牌,美国加州理工数学博士生;

刘拂,1996 数学铜牌,美国麻省理工数学博士生;

赖柯吉,1997 物理金牌,美国普林斯顿电子工程博士生;

王晨扬,1997 物理金牌,美国斯坦福金融博士生;

倪欣来,1997 物理银牌,美国马里兰大学计算机科学博士生;

魏小亮,1997 信息学银牌,美国加州理工计算机科学博士生；

易珂，1997 信息学银牌，美国杜克大学计算机科学博士生；

陈磊，1997 信息学铜牌，美国威斯康星麦迪逊分校计算机科学博士生；

倪忆，1997 数学金牌，美国普林斯顿数学博士生；

韩嘉睿，1997 数学金牌，美国斯坦福统计学博士生；

邓志峰，1998 物理金牌，美国斯坦福物理博士生；

吴欣安，1998 物理金牌，美国斯坦福应用物理博士生；

刘媛，1998 物理金牌，美国普林斯顿物理博士生；

蒋良，1999 物理金牌，美国加州理工计算机科学博士生；

段雪峰，1999 物理银牌，美国加州理工博士生；

张志鹏，1999 物理银牌，美国斯坦福金融博士生；

贾旬，1999 物理银牌，美国加州大学洛杉矶分校物理博士生；

邵铮，1999 信息学金牌，美国伊利诺伊香槟分校计算机科学博士生；

齐鑫，1999 信息学银牌，美国康奈尔大学计算机科学博士生；

瞿振华，1999 数学金牌，美国德州大学数学系博士生；

刘若川，1999 数学金牌，美国麻省理工数学博士生；

朱琪慧，1999 数学银牌，美国宾夕法尼亚大学计算机科学博士生；

恽之玮,2000 数学金牌,美国普林斯顿数学博士生;

袁新意,2000 数学金牌,美国哥伦比亚数学博士生;

吴忠涛,2000 数学金牌,美国麻省理工数学博士生;

威扬,2001 物理金牌,美国哈佛物理博士生;

吴彬,2001 物理银牌,美国斯坦福电子工程博士生;

肖梁,2001 数学金牌,美国麻省理工数学博士生;

华南师范大学吴康教授曾评论道:

截止 2014 年,114 年以来,共有 889 个诺贝尔奖获得者,四成来自美国,其中生于美国的诺奖得主达到 267 位,获奖时在美国工作的得主更是高达 365 位.美国获得这么多诺贝尔奖,中国何时可以追得上?这就是为何要选此题为引子的原因.

菲茨杰拉德的《了不起的盖茨比》因电影大卖在中国火了.他还有一篇随笔叫《爵士时代的回声》,在其中他这样评论那个时代:

> "那是奇迹频生的年代,那是艺术的年代,那是挥霍无度的年代,那是嘲讽的年代."

本书的主人公就生活在这样的年代.Schwarz 是德国数学家.生于西里西亚的赫姆斯多夫(Hermsdorf 现为波兰索比辛(Sobiecin)),卒于柏林.早年在柏林工业学院(现在是技术大学)学习化学,后来受 Kummer 和 Weirstrass 影响转而攻读数学,1864 年获博士学位,1867 年任助理教授,两年后转为正教授,在苏黎世瑞士工业大学任教.1875 年到格丁根主持数学讲座.1892 年作为

Weirstrass 的继任者赴柏林大学就职. 任教其间当选为普鲁士科学院和巴伐利亚科学院院士,并和 Kummer 的一个女儿结了婚. Schwarz 作为数学家具有极强的几何直觉才能. 他发表的第一篇论文给出了轴线测定中主要理论的初等证明,不久又开始将几何学融会于分析领域,为综合几何学的发展开辟了道路. 他在数学中的重要贡献之一是"拯救"Riemann 数学成果中的某些缺陷,包括证明了平面上每个单连通域均可以保形地映射为圆等问题,同时给出任意多角形变换成半平面函数的一般解析公式,还创立了本书所论及的保形映射中的"Schwarz 引理". 为了解决任意形的 Dirichlet 问题,他提出著名的"交替方法"(1870),在关于边界曲线的普遍假设下证明了该问题解的存在性. Schwarz 早年从事过最小曲面的研究,给出了泊松积分的严格理论,还第一个解决了构成四面体的特殊空间曲线问题. 在微分方程的解析理论方面,他引入"Schwarz 函数",证明了薄膜振动方程第一特征函数的存在性(1885),导出了一类著名的偏微分方程

$$\psi(u',t) = \psi(u,t)$$

其中的 $\psi(u,t)$ 被称为"Schwarz 导数". 1869 年由 Schwarz 引入的一个涉及导数组合的概念:

设 $f(x)$ 是一个具有三阶导数的函数,当 $f'(x) \neq 0$ 时,定义

$$S(f,x) = \frac{f'''(x)}{f'(x)} - \frac{3}{2}\left(\frac{f''(x)}{f'(x)}\right)^2 = \left(\frac{f''(x)}{f'(x)}\right)' - \frac{1}{2}\left(\frac{f''(x)}{f'(x)}\right)^2$$

为 $f(x)$ 的 Schwarz 导数.

这个概念应用很广. 比如乔建永教授就曾用其在重

整化变换的复动力学中建立了如下定理：

设 $f_\lambda(x) = H(x,\lambda)$ 关于 x 和 λ 均具有三阶连续导数，并且满足：

(1) 在 (x,λ) 平面上存在一个不动点 (x_0,λ_0)；

(2) $\dfrac{\partial f_\lambda}{\partial x}(x_0,\lambda_0) = -1$；

(3) $\dfrac{\partial^2 f_\lambda^2}{\partial x \partial \lambda}(x_0,\lambda_0) > 0$（或者 $\dfrac{\partial^2 f_\lambda^2}{\partial x \partial \lambda}(x_0,\lambda_0) < 0$）；

(4) $S(f_{\lambda_0},x_0) < 0$.

则存在 x_0 的邻域 I_0 和 λ_0 的邻域

$$\Delta_0 = \{\lambda \mid \lambda_0 - \varepsilon < \lambda < \lambda_0 + \varepsilon, \varepsilon > 0\}$$

使得 $\lambda \in (\lambda_0 - \varepsilon, \lambda_0)$（或者 $\lambda \in (\lambda_0, \lambda_0 + \varepsilon)$）时，$f_\lambda$ 在 I_0 上仅有一个吸性不动点；$\lambda \in (\lambda_0, \lambda_0 + \varepsilon)$（或者 $\lambda \in (\lambda_0 - \varepsilon, \lambda_0)$）时，$f_\lambda$ 在 I_0 上有一个斥性不动点，以及两个吸性 2 阶周期点.

1873 年 Schwarz 首次得到混合导数等式的证明，并给出皮亚诺定理（内接于三角形的所有三角形中周长最小的是垂心三角形）的证明，在《纪念文集》(Festschrift，1885) 中论证了所谓范数的“Schwarz 不等式”

$$\|(f,g)\| < \|f\| \cdot \|g\|$$

该式已成为函数论的重要工具. Schwarz 的其他论著涉及自守函数论、超几何级数理论、极大化曲线的存在性证明、限定条件下偏微分方程解的存在性证明等. 他是继 Kronecker，Kummer 和 Weirstrass 等人之后德国数学界的领导人之一，对 20 世纪初期的数学发展做出了重要贡献.

正如 L. Felix 所指出：数学对具有代数和拓扑结构的抽象集合进行研究. 数学越来越成为综合的和多价的. 它的进展主要是靠对每一理论的最初结果进行扩

展.目的在于推广性质和统一那些具有公共结构的理论 —— 如 Schwarz 所说的是"合成与统一".

读完本书您一定会同意 Schwarz 的观点!

刘培杰
2016.5.1 于哈工大